건축시공기술사

장판지랑 암기법

예문사

친숙한것들

박지영 창작집

산과

머리말

현대를 살아가는 이들에게는 국제화·세계화·정보화가 필연적이며, 이러한 무한 경쟁에서 앞서가기 위해서는 자신의 실력을 연마하고 노력하는 자세가 꼭 필요하다 하겠다.

건설업에 종사하는 기술인들에게는 이제는 기술사 취득이 더 이상 선택요건이 아니며, 필수요건이 되어가고 있다.

이에 바쁜 일상생활에서 좀 더 효율적으로 공부하기 위해, 기술사 준비의 핵심을 정리하여 기술사 취득에 도움이 되고자 이 책을 발간한다.

그간 공부와 자격증 취득에 필요성을 느끼고 있으면서, 시간의 제약 때문에 많은 시간을 할애하지 못한 분들과 장기간 공부를 하면서 핵심을 제대로 간파하지 못하여 자격증 취득이 늦어지고 있는 분들을 위하여 단기간에 기술사 준비를 완성할 수 있도록 하는 것이 이 책의 목적이다.

학원에서의 강의와 이 책을 함께 습득하면 최대한 빨리 자격증을 취득할 수 있을 것이며, 학습의 편의를 위해 꼭 필요하다고 생각한다.

> **본서의 특징**
> 1. 건축시공기술사 길잡이 중심의 요약·정리
> 2. 각 공종별로 핵심사항을 일목요연하게 전개
> 3. 암기를 위한 기억법 추가
> 4. 강사의 다년간의 Know-How 공개
> 5. 주요 부분의 도해화로 연상 암기 가능

끝으로 본서의 발간을 함께한 이맹교 교수와 예문사 정용수 사장님 및 편집부 직원들의 노고에 감사드리며, 본서가 출간되도록 허락하신 하나님께 영광을 돌린다.

대표저자 金宇植

목 차

1장 계약제도 | 11

† 영생의 길잡이, 하나 : 당신과 나를 위한 자유 | 12

■ 장판지(계약제도, 가설공사) ·· 13

① 도급 ··· 15
② 공동도급(Joint Venture) 방식 ·· 15
③ 실비 정산 보수 가산식(Cost plus for fee contract) 방식 ······················· 17
④ Turn key(설계·시공 일괄 계약) 방식 ·· 18
⑤ SOC(사회간접자본) 방식 ·· 19
⑥ Partnering 방식 ·· 19
⑦ 성능발주방식 ·· 20
⑧ 신기술지정제도 ··· 20
⑨ PQ(입찰참가자격 사전 심사) 제도 ··· 21
⑩ 낙찰제도 ·· 21
⑪ 최고가치(Best value) 낙찰제도 ··· 21
⑫ 대안 입찰제도 ··· 22
⑬ 기술개발 보상제도 ··· 22
⑭ 성능, 대안, 기술개발 비교 ·· 22
⑮ 시공능력평가제도 ··· 22
⑯ Cost plus time 계약방식 ·· 23
⑰ EC, TK, 종합·건설업(면허)제도, CM(PM) ··· 23

† 영생의 길잡이, 둘 : 물에 빠져 죽은 오리 | 24

2장 가설공사 | 25

† 영생의 길잡이, 셋 : 변화시키는 사랑 | 26

■ 장판지 ·· 27

3장　토공사 | 29

† 영생의 길잡이, 넷 : 북경에 불어닥친 불시험 | 30

■ 장판지 ··· 31

1　사전조사 ·· 33
2　지반조사 ·· 33
3　지반개량공법 ·· 38
4　흙파기공법 ··· 42
5　흙막이공법 ··· 42
6　침하·균열(이상현상) ·· 48
7　계측관리(정보화시공) ·· 49
8　지하수대책 ··· 50
9　근접시공 ·· 51
10　건설공해 ·· 51
11　Soil Cement ·· 52

4장　기초공사 | 53

† 영생의 길잡이, 다섯 : 새 삶을 얻은 주정뱅이 | 54

■ 장판지 ··· 55

1　개론 ·· 57
2　기성 Con'c pile ··· 58
3　현장타설 콘크리트 말뚝(제자리 콘크리트 말뚝) ··· 64
4　기초침하 ·· 67
5　부상방지 ·· 68
6　RCD와 Barrette 기초의 비교 ··· 69

† 영생의 길잡이, 여섯 : 용서의 능력 | 70

5장 철근콘크리트공사 | 71

† 영생의 길잡이, 일곱 : 하나님의 거미줄 | 72

■ 장판지 ··· 73

1절 철근공사 | 77

① 이 음 ··· 77
② 정 착 ··· 79
③ 조 립 ··· 80
④ 피복두께 ··· 81
⑤ 철근의 방청법 ··· 82

2절 거푸집공사 | 83

① 종 류 ··· 83
② 조 립 ··· 85
③ 검 사 ··· 85
④ 측 압 ··· 85
⑤ 거푸집 존치기간(해체) ·· 87
⑥ 동바리 ··· 88
⑦ 시공시 유의사항 ··· 88

3절 콘크리트공사 | 89

① 재 료 ··· 89
② 배합설계 목적 : 강도, 내구성, 수밀성 ·· 91
③ 시 공 ··· 93
④ 시 험 ··· 96
⑤ W/B & workability(강도+내구성=균열) ·· 98
⑥ Con'c 이음(줄눈, joint) ·· 99
⑦ Con'c 균열 ·· 100
⑧ Con'c 성질 ·· 101

6장   P.C 및 Curtain wall 공사 | 103

† 영생의 길잡이, 여덟 : 3,000불짜리 청구서 | 104

■ 장판지 ··· 105

1절   P.C 공사 | 107

1. 공법 종류 ··· 107
2. 특 징 ·· 108
3. 필요성 ·· 108
4. PC 개발방식 ·· 108
5. 문제점(활성화 안 된 이유) ·· 108
6. 대책(금후 방향, 나아갈 방향) ·· 109
7. 공장제작 ··· 109
8. 현장시공 ··· 110
9. 시공시 주의사항 ·· 112

2절   Curtain wall 공사 | 113

1. 공법분류 ··· 113
2. 특 징 ·· 115
3. 필요성 ·· 115
4. PC 개발방식 ·· 115
5. 문제점 ·· 115
6. 대 책 ·· 115
7. 요구성능 ··· 115
8. 현장시공 ··· 115
9. 시공시 주의사항(=QC) ·· 116
10. 시험 ·· 117

† 영생의 길잡이, 아홉 : 씨 뿌리기를 멈추지 말라 | 120

7장　철골공사 및 초고층공사 | 121

† 영생의 길잡이, 열 : 돌격 앞으로! | 122

■ 장판지 ·· 123

1 공장제작(공장가공) ··· 125
2 현장세우기 ··· 127
3 접합 ·· 128
4 철골정밀도 ··· 133
5 내화피복 ·· 135
6 초고층공사 ··· 136

8장　마감 및 기타 | 141

† 영생의 길잡이, 열하나 : 머리로 이해할 수 없는 은혜 | 142

■ 장판지 ·· 143

1절　마감 | 145

1 조적공사 ·· 145
2 석공사 ··· 149
3 타일공사 ·· 152
4 미장공사 ·· 156
5 도장공사 ·· 158
6 방수공사 ·· 159

2절　기타 | 163

1 유리공사 ·· 163
2 단열 ·· 164
3 결로 ·· 166

| ④ 소음 ··· 167
| ⑤ 건설공해 ··· 169
| ⑥ 해체 ··· 170
| ⑦ Remodeling ·· 172
| ⑧ 양중기계 ··· 172
| ⑨ 적산 ··· 175

9장　녹색건축 | 177

† 영생의 길잡이, 열둘 : 성경은 무슨 책입니까? | 178

■ 장판지 ·· 179

① 지구온난화 ··· 181
② 교토의정서(1997년) ·· 181
③ 한국의 온실가스 배출목표치 ·· 182
④ 녹색건축 관련제도 ··· 183
⑤ 녹색 건축물 ··· 183
⑥ 녹색건축 인증제도 ··· 183
⑦ Zero Energy House ·· 184

† 영생의 길잡이, 열셋 : 성경이 말하는 훌륭한 거부는 어떤 사람인가? | 188

10장　총론 | 189

† 영생의 길잡이, 열넷 : 아름다운 가정 | 190

■ 장판지 ·· 191

① 시공계획 관리 ··· 195
② 공사관리 ··· 196
③ 시공의 근대화 ··· 197
④ 관리 핵심 ··· 200

| 1절 | 품질관리 | 208 |

① 개론 ·· 208
② 7가지 tool ··· 209

| 2절 | 안전관리 | 213 |

† 영생의 길잡이, 열다섯 : 가장 소중한 지혜 | 214

| 11장 | 공정관리 | 215 |

† 영생의 길잡이, 열여섯 : 하나님도 동기를 보신다. | 216

■ 장판지 ·· 217

① 공정표 ·· 219
② Network ··· 223
③ 공기단축 ·· 227
④ 자원배당 ·· 228
⑤ 진도관리(follow up) ··· 230
⑥ 공기와 시공속도 ··· 233

■ Full 장판지 ··· 235

† 영생의 길잡이, 열일곱 : 길은..... | 237

영생의 길잡이

† 하나 : 당신과 나를 위한 자유 | 12
† 둘 : 물에 빠져 죽은 오리 | 24
† 셋 : 변화시키는 사랑 | 26
† 넷 : 북경에 불어닥친 불시험 | 30
† 다섯 : 새 삶을 얻은 주정뱅이 | 54
† 여섯 : 용서의 능력 | 70
† 일곱 : 하나님의 거미줄 | 72
† 여덟 : 3,000불짜리 청구서 | 104
† 아홉 : 씨 뿌리기를 멈추지 말라 | 120

† 열 : 돌격 앞으로! | 122
† 열하나 : 머리로 이해할 수 없는 은혜 | 142
† 열둘 : 성경은 무슨 책입니까? | 178
† 열셋 : 성경이 말하는 훌륭한 거부는 어떤 사람인가? | 188
† 열넷 : 아름다운 가정 | 190
† 열다섯 : 가장 소중한 지혜 | 214
† 열여섯 : 하나님도 동기를 보신다. | 216
† 열일곱 : 길은..... | 237

계약제도

1장

- ■ 장판지(계약제도, 가설공사) ··· 13
- 1 도급 ··· 15
- 2 공동도급(Joint Venture) 방식 ·· 15
- 3 실비 정산 보수 가산식(Cost plus for fee contract) 방식 ···················· 17
- 4 Turn key(설계·시공 일괄 계약) 방식 ··· 18
- 5 SOC(사회간접자본) 방식 ·· 19
- 6 Partnering 방식 ··· 19
- 7 성능발주방식 ··· 20
- 8 신기술지정제도 ·· 20
- 9 PQ(입찰참가자격 사전 심사) 제도 ··· 21
- 10 낙찰제도 ··· 21
- 11 최고가치(Best value) 낙찰제도 ·· 21
- 12 대안 입찰제도 ··· 22
- 13 기술개발 보상제도 ·· 22
- 14 성능, 대안, 기술개발 비교 ··· 22
- 15 시공능력평가제도 ·· 22
- 16 Cost plus time 계약방식 ·· 23
- 17 EC, TK, 종합·건설업(면허)제도, CM(PM) ·· 23

永生의 길잡이─하나

■ 당신과 나를 위한 자유

몇 년 전, 우리는 인도 북부의 한 작은 교회에 있었습니다.
그 지방은 모슬렘과 힌두교 지역이기 때문에 그리스도를 전하는 것 자체가 불법입니다. 우리가 그곳에 있는 동안 세례를 받던 여러 사람 중 한 남자를 잊을 수 없습니다. 그는 20대 후반으로 보였습니다.
키가 크고 홀쭉하며 머리와 피부가 아주 검고 수염도 조금 있었습니다. 그는 힌두교도였습니다. 그들은 수백 만의 신들을 기쁘게 하려고 애쓰면서 삽니다. 그들은 두려움 가운데서 삽니다.
그런데 한 사람의 힌두교도가 예수 그리스도를 자신의 구주로, 단 하나뿐인 구주로 고백하고 있었습니다. 목사님은 그를 물에 담갔다가 끌어올렸습니다. 목사님의 표정은 전혀 변하지 않았습니다. 그러나 그 남자는 교인들을 쳐다보더니 두 팔을 하늘 높이 쳐들고는 물 속에서 첨벙첨벙 뛰기 시작했습니다.

그는 "자유다! 나는 자유다!"라고 말하는 것 같았습니다.
이제는 신들이 와서 그를 잡아가는 것이 문제가 되지 않았습니다.
그는 결국 진짜 하나님을 찾은 것입니다.

우리는 이 자유를 너무나 당연시하지 않습니까?

우리가 예수와 함께 죽을 때 우리의 결박이 끊어졌고, 그리스도와 함께 부활할 때 우리가 자유를 얻었다는 사실을…

제1장 계약제도

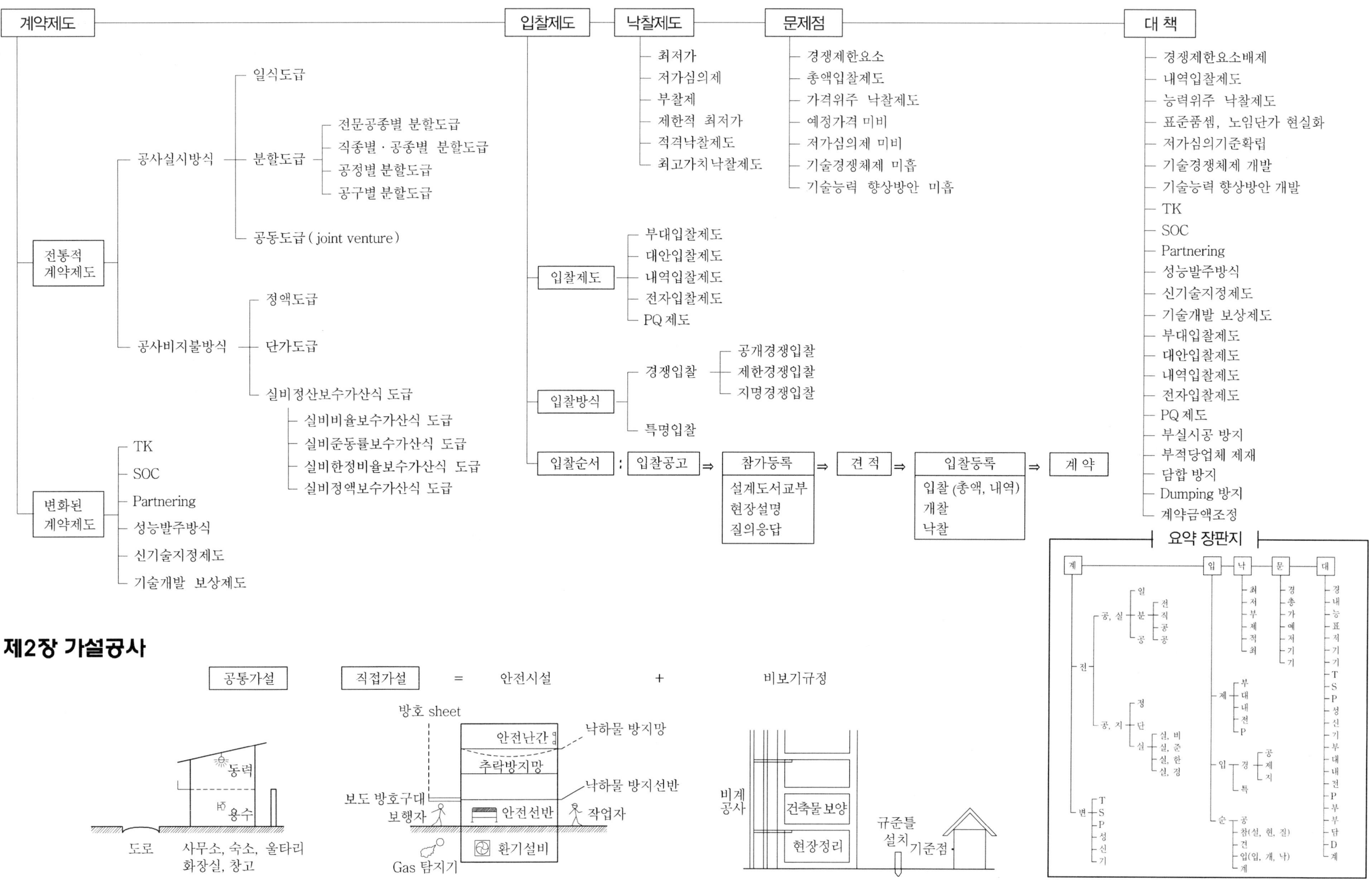

제2장 가설공사

제1장 계약제도 비교

	공동도급(Joint Venture)	Turn Key(설계시공일괄)	Pre-Qualification	신기술 지정제도	기술개발보상제도
개요	하나의 Project에 2개 이상의 도급자가 공동으로 도급	시공자가 기획, 금융, 토지조달, 설계, 시공, 시운전, 조업지도 등 일괄도급하는 계약제도	입찰자의 기술능력, 공사실적, 경영상태를 종합평가하여 입찰자격을 사전심사	국내 개발기술이나 외국에서 도입하여 개량한 기술로 신규성·진보성·현장적용성이 있는 기술을 지정 고시하여 보호	신기술, 신공법 개발시 새로운 건설기술의 보호제도
종류	① 공동이행방식 ② 분담이행방식 ③ 주계약자형 공동도급	① 성능 제시 : 도급자 제안 ② 기본설계, 시방서 제시 : 상세설계 및 성능 요구방식 ③ 설계도 제시 : 특정 부분에 대한 요구방식	① 300억 이상 모든 공사 ② 200억 이상 10개 공종	신기술 요건 ① 신규성 ② 진보성 ③ 현장적용성	
특징	(1) 장 점 ① 융자력 증대 ② 위험의 분산 ③ 기술의 확충 ④ 신용의 증대 (2) 단 점 ① 현장관리의 혼란 ② 경비 증대 ③ 책임소재의 불분명 ④ 구성원 간의 이해충돌	(1) 장 점 ① 단일계약 : 책임한계 명확 ② 설계, 시공의 기술접목 ③ Fast tracking : 공기단축 ④ 창의성 있는 설계유도 ⑤ 공사비 절감 (2) 단 점 ① 최저낙찰제로 질저하 ② 과다경쟁으로 담합 우려 ③ 응찰자 설계비지출 손해 ④ 대규모 회사에 유리	(1) 장 점 ① 부실공사 방지 ② 국제 경쟁력 강화 ③ 건설업체의 체질 개선 (2) 단 점 ① 실적 위주로 참가자격 제한 ② 심사기준 미정립 ③ 시공 위주로 기술개발 투자 미흡	(1) 장 점 ① 기술개발 의욕 고려 ② 국내 기술발전 도모 ③ 국제 경쟁력 강화 (2) 단 점 ① 기술사용료 과소 ② 보호기간 짧음 ③ 실적 미흡	(1) 장 점 ① 신기술 개발 의욕 확대 ② 기술경쟁력 강화 (2) 단 점 ① 제도 미흡 ② 심사 평가의 문제 ③ 실질적 효과 적음
도입배경	① 100억원 이상 공사 ② 정부권장	새로운 Plant 공사와 특정공사(원자력 등)	공사의 대형화 Turn key화 Package화	건설기술개발 촉진	기술개발 촉진
문제점	① 타 조직 간 관리의 혼란 ② 준공시 손익계산 분쟁 ③ 하자보수책임소재 불분명 ④ 도급한도액실적 적용문제 ⑤ Paper joint	① 최저낙찰제로 질저하 ② 설계도서 작성 등 입찰일수 부족 ③ 설계심사기준 필요 ④ 응찰자 과다 설계비지출	① 전문공인심사기관의 선정 ② 공정시공능력 평가기준 ③ 대기업 유리, 중소기업 불리 ④ 실적 위주로 참가자격 제한 ⑤ 가격방식에 의한 입찰	① 기술사용료 과소 ② 보호기간 단기 ③ 품질검증 비용 과다로 개발실적 미흡 ④ 보상규정 있으나 세부규정 없어 활용 저조	① 제도적 기준 미흡 ② 신기술, 신공법의 한계 애매 ③ 심사의 평가 및 전문성 결여 ④ 실질적 효과 적음
대책	① 공사관리의 책임 및 권한의 공동분할 ② J.V 협정시 명확 명문화 ③ 도급한도액 내의 지분율 정하도록 제도적 보완장치 마련	① P.Q 제도 강화 ② 입찰 준비일수 단축 강구 ③ 응찰자 최소설계비 보상제도 마련 ④ 신기술 보상제도 확대 ⑤ 종합건설업 면허제도 시행	① P.Q 심사기준 정립 ② 업체의 체질 개선 ③ 종합건설업 면허제도 ④ 정부의 일관된 정책 필요	① 신기술 사용료 상향 조정 ② 보호기간 연장 ③ 정부예산 시험비 지원 가능 ④ 신기술 적용시 수의계약	① 기술보호 및 우대제도 도입 ② 기술경쟁입찰제 실시 ③ 세제상 혜택 ④ 자금지원

1 도급

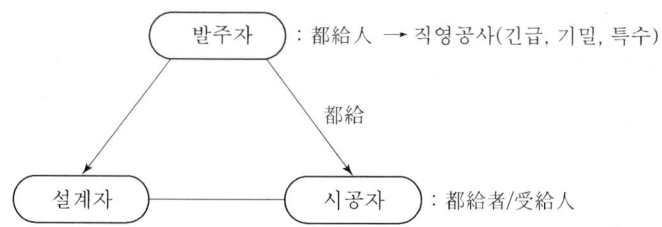

2 공동도급(Joint Venture) 방식

1) 정의 : 2개 이상의 회사가 공동 출자하여 공사를 수급 및 완공

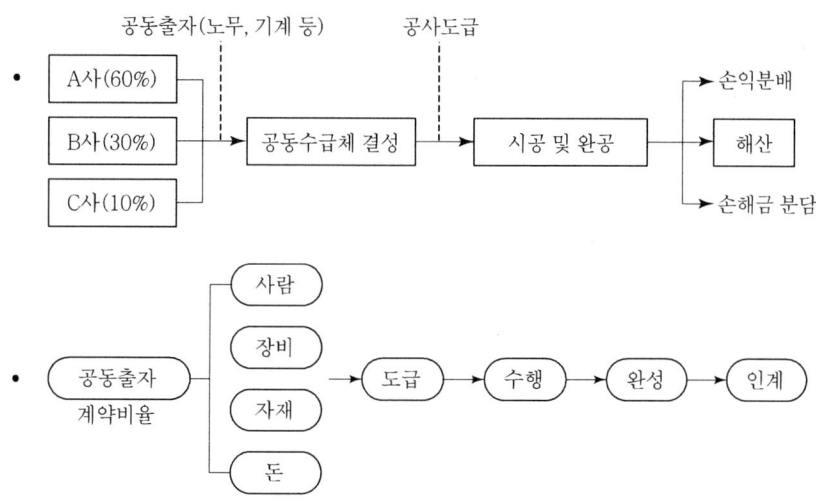

2) 특수성

① 단일목적성

② 일시성

③ 임의성

④ 손익분담의 공동계산

3) 장점

4) 단점

5) 이행방식(종류, 분류)

　① 공동이행방식 : 새로운 조직

　② 분담이행방식 : 공종, 공정, 공구별 분담

　③ 주계약자형 공동도급 : 연대책임

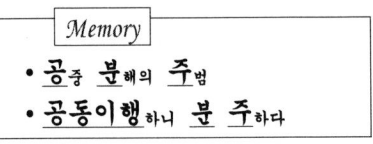

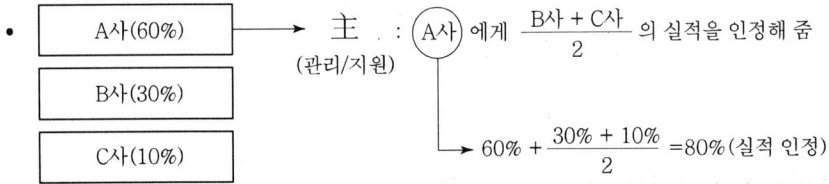

6) 문제점

　① 조직갈등

　② 조직간 대우문제

　③ 기술이전 불가

　④ 책임전가, 회피

　⑤ 설계변경 지연(공기연장) ─┬─ 3사 간의 의견차이
　　　　　　　　　　　　　　├─ 손익분배의 갈등
　　　　　　　　　　　　　　└─ 비협조적인 조직 구성

　⑥ 하자처리 지연

　⑦ Paper joint ─┬─ 서류상 계약, 실제 공사에 참여치 않음
　　　　　　　　├─ 발견 곤란
　　　　　　　　├─ 참여치 않은 회사 하자 이행 기피
　　　　　　　　├─ 위험분담, 경비과다
　　　　　　　　└─ 조직 상이

7) 개선대책

③ 실비 정산 보수 가산식(Cost plus for fee contract) 방식

1) 정의 : 실비공사비(직접비+간접비) + 이윤

　　　　　　　　　　　　　　　□□ 정하는 방식

2) 종류

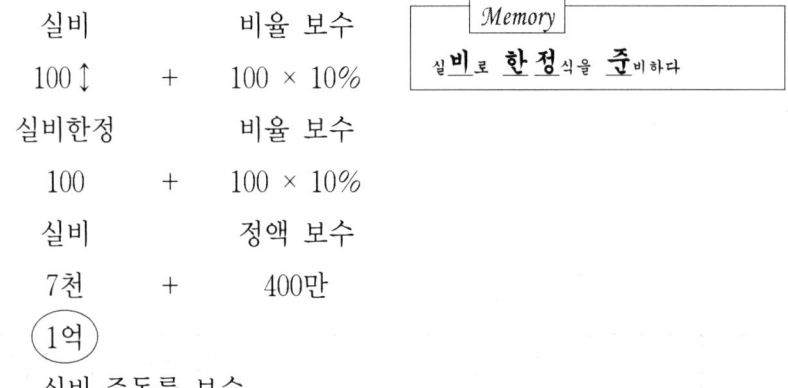

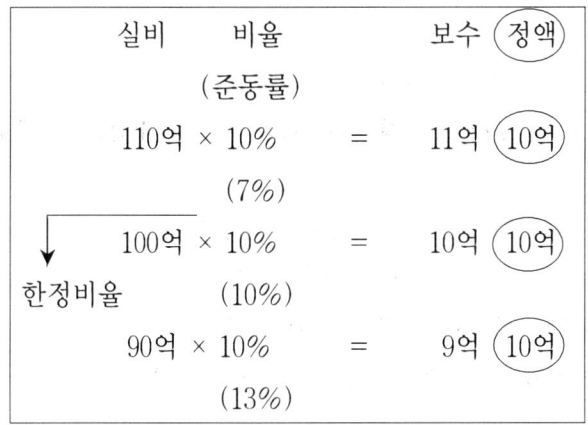

4 Turn key(설계·시공 일괄 계약) 방식

1) 정의 : Key만 돌리면 건물을 활용할 수 있는 계약방식

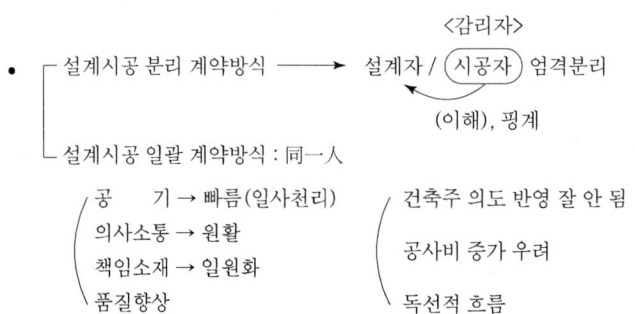

① 영역

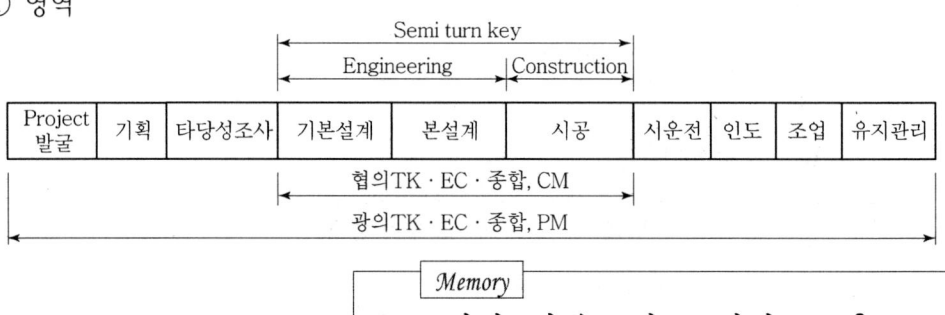

② 수행할 수 있는 업체 → EC(Engineering Construction)화된 업체
   : 종합건설업을 가진 업체
   → 제네콘(Gene-Con)화된 업체

③ 수행방식 : Fast track method(고속궤도방식) → 초고층 공사 편

2) 장점   3) 단점

4) 문제점

① 심사방법   ② 심사기간 짧다.
③ 심의위원 자질문제   ④ 심의위원 학계 편중
⑤ 참여업체 제한   ⑥ 중소기업 참여 기회 박탈 - 비용문제
⑦ 탈락업체 보상미흡   ⑧ 로비 만연(Green field)
⑨ 점수공개 - 이의 제기시 사유서 통보 ⑩ 비용과다 - 적은 보상
⑪ 설계사무실 역할 과다   ⑫ 준비기간 과다

5) 개선대책

5 SOC(사회간접자본) 방식

→ 개념 : 민간자본으로 시공 → 본전은 (나중)에

토목
- 1) BOO(Build-Operate-Own)
  - 설계·시공 → 운영 → 소유권 획득 － 소규모 공사
- 2) BOT(Build-Operate-Transfer)
  - 설계·시공 → 운영 → 소유권 이전
- 3) BTO(Build-Transfer-Operate)
  - BTO-rs(Risk Sharing)
  - BTO-a(Adjusted)

－ 터널, 항만, 공항, 도로

건축
- 설계·시공 → 소유권 이전 → 운영 － 학교, 병원
- 4) BTL(Build-Transfer-Lease)
  - 설계·시공 → 소유권 이전 → 임대료 징수

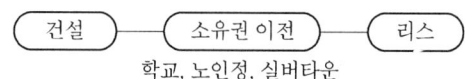
학교, 노인정, 실버타운

6 Partnering 방식(IPD)

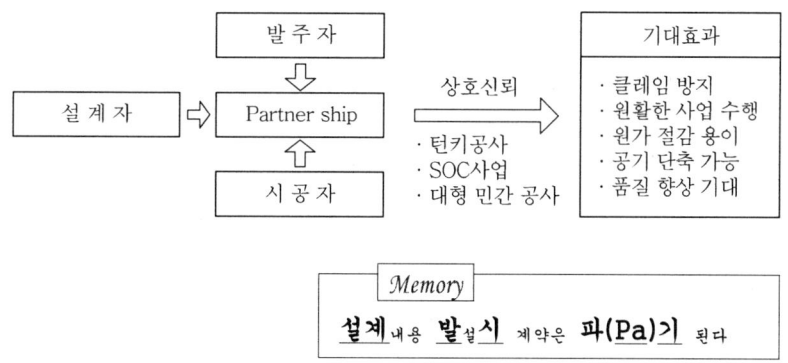

Memory
설계내용 **발설시** 계약은 **파(Pa)기** 된다

7 성능발주방식

1) 정의
    ① 설계도서를 사용치 않음
    ② 부분 또는 전체 성능만을 표시하여 발주

2) 종류
    ① 전체발주
    ② 부분발주
    ③ 대안발주
    ④ 형식발주

8 신기술지정제도

1) 정의

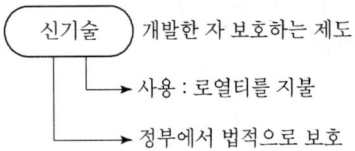

2) 신청절차

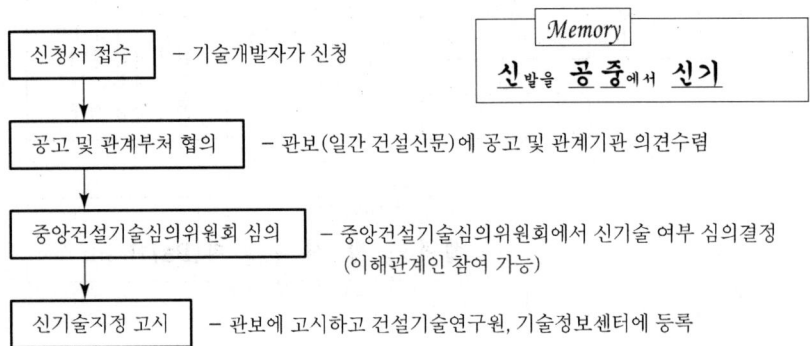

9 PQ(입찰참가자격 사전 심사) 제도

금액	300억 이상 모든 공사, 200억 이상 11개 공종(관람집회시설 외 10EA 토목공사)
심사기준	경영상태부문, 공사이행능력부문
낙찰	경영상태부문 70점 이상, 공사이행능력부문 90점 이상 → 입찰 참가자격 부여
공종 (11개)	교량, 공항, 댐, 철도, 지하철, 터널, 발전소, 쓰레기 소각로, 폐수처리장, 하수종말 처리장, 관람집회시설

10 낙찰제도

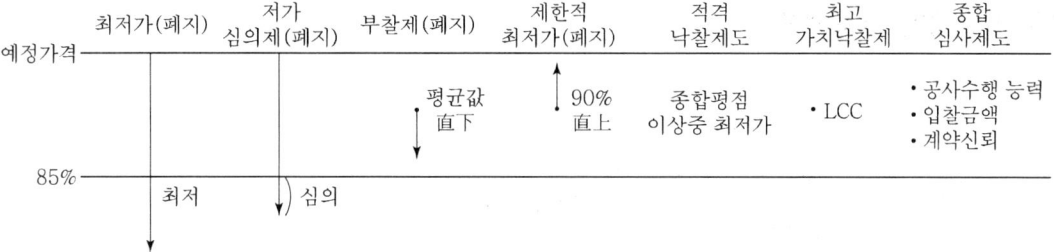

11 최고가치(Best value) 낙찰제도

① 최저가 낙찰제도에서 발생하는 문제점 보완
② LCC(Life Cycle Cost)의 최소화로 투자의 효율성을 얻기 위한 낙찰제도

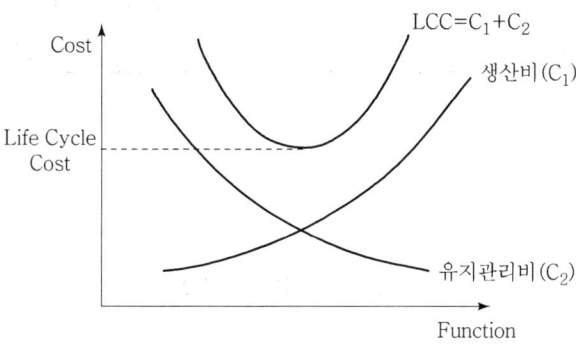

12 대안 입찰제도

↳ 입찰공고문에 본 공사는 (대안) 허용된 입찰임
　　　　　　　　　　　　　 신기술

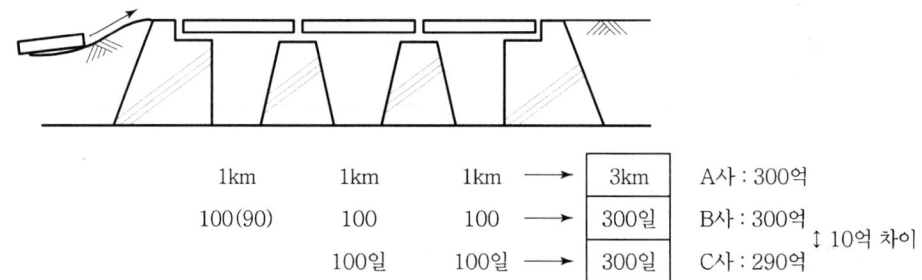

13 기술개발 보상제도

시공 中 ⎛ 공기단축 ⎞ 공법 변경하여
　　　　⎜ 품질향상 ⎟ 공사비를 절감했을 경우 보상
　　　　⎜ 원가절감 ⎟
　　　　⎜ 무재해　 ⎟
　　　　⎝ 무공해　 ⎠

14 성능, 대안, 기술개발 비교

구분	설계도서	계약	비고
성능발주방식	無	전	성능요구 → 성능실현
대안입찰제도	有	전	원안설계 → 대안설계
기술개발보상제도	有	후	당초공법 → 개선공법

15 시공능력평가제도

1) 정의

　업체의 시공능력을 금액 단위로 환산하여 매년 고시하는 제도

　　PQ 심사제도　~ 입찰참가자격 사전심사제도
　　　　　　　　　 시공능력 평가액

2) 시공능력 평가액

> Memory
> 실제 경기에서는 신인의 활약이 기대된다

시공능력 평가액 = 실적 평가액 + 경영 평가액 + 기술능력 평가액 + 신인도 평가액

평가항목	평가방법
실적 평가액	• 최근 3년간 연평균 시공실적의 70%
경영 평가액	• 실질자본금 × 경영평점 × 80%
기술능력 평가액	• 기술능력생산액 + (퇴직공제불입금×10) + 최근 3년간 기술개발투자액
신인도 평가액	• 신기술, 협력관계, 부도, 영업정지, 재해율 → 가점 또는 감점

16 Cost plus time 계약방식(목적 : 공기단축)

1) 정의
   ① 흔히 A+B 방식이라 함
   ② 입찰자가 공사금액(A)과 공사기간(B)을 제안하여 공사기간을 금액으로 환산한 값에 공사금액을 더하여 그 합계가 최저가 되는 자에게 낙찰시키는 방식

2) 전제조건
   ① 공사시간 정밀 계산 확인
   ② 설계변경 요소 제거

3) 선정기준

   A+(B×RUC)
   ― A : 입찰자가 제시한 공사금액
   ― B : 입찰자가 제시한 공사기간(일 단위)
   ― RUC : 발주처에서 입찰시 제시한 Road User Costs(금액/일)

17 EC, TK, 종합·건설업(면허)제도, CM(PM)

永生의 길잡이-둘

■ 물에 빠져 죽은 오리

자동차 서비스 회사에 근무하는 동생이 오랫동안 서울 본사에서 근무하다가 일산에 있는 회사의 부품 창고로 자리를 옮기게 되었습니다.
울적해진 동생은 기분도 달랠 겸 창고 옆에 오리를 키울 수 있는 작은 수영장을 만들었습니다. 그리고 나서 퇴근하기 전에 오리농장에 달려가 청둥오리 한 마리를 사서 물에 넣었습니다.
그런데 다음날 아침, 밤새 안녕할 것을 기대하며 출근을 해보니 오리가 물통 속에서 죽어 있는 게 아닙니까!
깜짝 놀라 오리를 이리저리 뒤척여 봐도 짐승에게 물린 흔적은 없었습니다. 그렇다고 수영이 '전문'인 오리가 물통 턱을 기어 올라오지도 못하고 30cm 정도밖에 안 되는 얕은 물에 빠져 죽었을 리는 없었습니다.

결국 동생은 오리농장에 가서 주인에게 따져 물었습니다. 하지만 자초지종을 들은 농장 주인은 그것도 몰랐느냐는 듯이 말했습니다.
"이 오리는 오리농장에서 부화하고 키운 오리입니다. 그래서 수영을 할 줄 모르지요. 게다가 이 오리는 어릴 때부터 물속에 집어넣지 않았기 때문에 깃털에서 기름이 분비되지 않아 물에 잘 뜨지도 못합니다."

외모가 오리라고 모든 오리가 수영을 할 수 있는 것은 아니듯, 교회에 다닌다고 그리스도인으로 바르게 사는 것은 아닙니다. 비둘기같이 순결하면서 뱀같이 지혜로울 때 온전한 그리스도인이라고 할 수 있습니다. 일상적인 삶의 현장에서 빛과 소금으로 살아가는 삶이 진정한 경건이요 성경적 세계관을 따르는 삶임을 기억합시다.

가설공사 2장

■ 장판지 ·· 27

永生의 길잡이-셋

■ 변화시키는 사랑

미국 닉슨 대통령 시절에 대통령 보좌관을 지낸 찰스 콜슨은 원래 아주 잔인한 사람이었습니다. 그는 '워터케이트 사건'에 연루돼 감옥신세를 지게 됩니다. 형기가 7개월 가량 남았을 때의 일입니다. 그를 위해 기도하던 상원의원 퀴에의 마음에 이상한 감동이 있었습니다.

콜슨 대신 7개월 동안만이라도 감옥생활을 해야겠다고 결심한 그는 이를 법원에 제안했지만 기각되었습니다. 그런데 퀴에의 이런 노력이 콜슨에게 전해지면서 그는 놀랍게 변하기 시작했습니다. 그는 자신도 누군가에게 사랑을 베풀어야겠다고 마음먹었습니다. 그래서 그는 동료 죄수들을 위해 과연 자신이 무엇을 할 수 있는지 찾기 시작했습니다. 가만히 보니 죄수들이 제일 싫어하는 일이 있었는데, 그것은 빨래였습니다. 그래서 콜슨은 빨래를 하겠다고 나섰습니다.

처음에 사람들은 그의 태도를 받아들이지 않았습니다. 뭔가 속셈이 있다고 생각했기 때문입니다. 하지만 그가 묵묵히 빨래하는 모습을 본 동료 죄수들은 서서히 감동을 받기 시작했습니다.

그때 일을 회고하며 콜슨은 자서전에서 이렇게 말합니다.
"평생 집안에서 손가락 하나 까딱하지 않던 나는 그들을 사랑하기 시작하며 인생의 진정한 행복을 발견했다."

콜슨을 위해 기도하던 상원의원 퀴에의 모습이 바로 예수님의 모습입니다. 예수님은 죄의 포로가 되어 감옥에 갇힌 우리를 위해 대신 감옥에 갇히기로 작정하셨습니다.
그곳이 바로 십자가입니다. 우리는 그 사랑을 입은 자들입니다.

제2장 가설공사

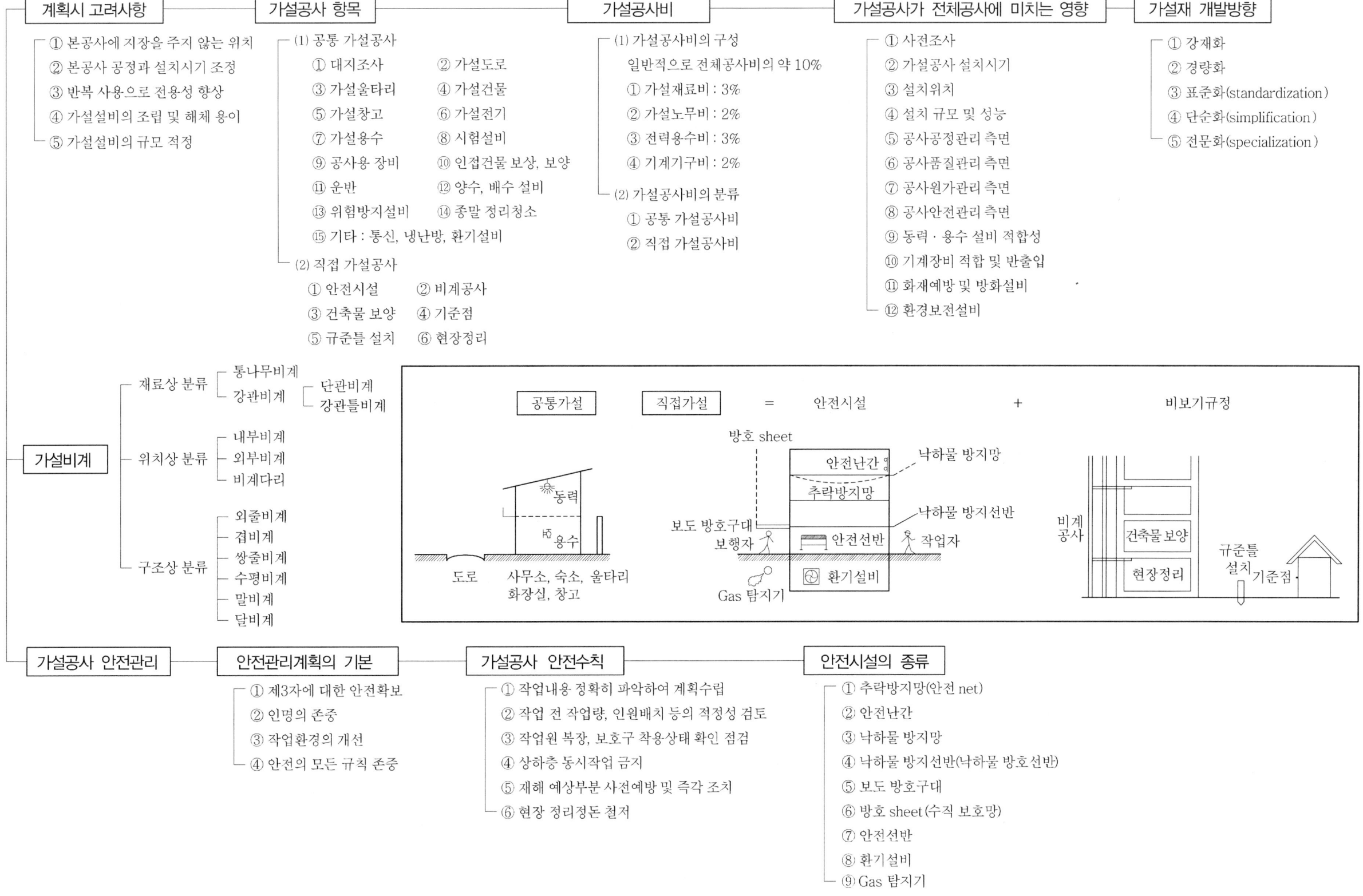

- 계획시 고려사항
  - ① 본공사에 지장을 주지 않는 위치
  - ② 본공사 공정과 설치시기 조정
  - ③ 반복 사용으로 전용성 향상
  - ④ 가설설비의 조립 및 해체 용이
  - ⑤ 가설설비의 규모 적정

- 가설공사 항목
  - (1) 공통 가설공사
    - ① 대지조사 ② 가설도로
    - ③ 가설울타리 ④ 가설건물
    - ⑤ 가설창고 ⑥ 가설전기
    - ⑦ 가설용수 ⑧ 시험설비
    - ⑨ 공사용 장비 ⑩ 인접건물 보상, 보양
    - ⑪ 운반 ⑫ 양수, 배수 설비
    - ⑬ 위험방지설비 ⑭ 종말 정리청소
    - ⑮ 기타 : 통신, 냉난방, 환기설비
  - (2) 직접 가설공사
    - ① 안전시설 ② 비계공사
    - ③ 건축물 보양 ④ 기준점
    - ⑤ 규준틀 설치 ⑥ 현장정리

- 가설공사비
  - (1) 가설공사비의 구성
    일반적으로 전체공사비의 약 10%
    - ① 가설재료비 : 3%
    - ② 가설노무비 : 2%
    - ③ 전력용수비 : 3%
    - ④ 기계기구비 : 2%
  - (2) 가설공사비의 분류
    - ① 공통 가설공사비
    - ② 직접 가설공사비

- 가설공사가 전체공사에 미치는 영향
  - ① 사전조사
  - ② 가설공사 설치시기
  - ③ 설치위치
  - ④ 설치 규모 및 성능
  - ⑤ 공사공정관리 측면
  - ⑥ 공사품질관리 측면
  - ⑦ 공사원가관리 측면
  - ⑧ 공사안전관리 측면
  - ⑨ 동력·용수 설비 적합성
  - ⑩ 기계장비 적합 및 반출입
  - ⑪ 화재예방 및 방화설비
  - ⑫ 환경보전설비

- 가설재 개발방향
  - ① 강재화
  - ② 경량화
  - ③ 표준화(standardization)
  - ④ 단순화(simplification)
  - ⑤ 전문화(specialization)

- 가설비계
  - 재료상 분류
    - 통나무비계
    - 강관비계 — 단관비계, 강관틀비계
  - 위치상 분류
    - 내부비계
    - 외부비계
    - 비계다리
  - 구조상 분류
    - 외줄비계
    - 겹비계
    - 쌍줄비계
    - 수평비계
    - 말비계
    - 달비계

- 가설공사 안전관리

- 안전관리계획의 기본
  - ① 제3자에 대한 안전확보
  - ② 인명의 존중
  - ③ 작업환경의 개선
  - ④ 안전의 모든 규칙 존중

- 가설공사 안전수칙
  - ① 작업내용 정확히 파악하여 계획수립
  - ② 작업 전 작업량, 인원배치 등의 적정성 검토
  - ③ 작업원 복장, 보호구 착용상태 확인 점검
  - ④ 상하층 동시작업 금지
  - ⑤ 재해 예상부분 사전예방 및 즉각 조치
  - ⑥ 현장 정리정돈 철저

- 안전시설의 종류
  - ① 추락방지망(안전 net)
  - ② 안전난간
  - ③ 낙하물 방지망
  - ④ 낙하물 방지선반(낙하물 방호선반)
  - ⑤ 보도 방호구대
  - ⑥ 방호 sheet(수직 보호망)
  - ⑦ 안전선반
  - ⑧ 환기설비
  - ⑨ Gas 탐지기

토공사

3장

- ■ 장판지 ·· 31

1. 사전조사 ·· 33
2. 지반조사 ·· 33
3. 지반개량공법 ·· 38
4. 흙파기공법 ·· 42
5. 흙막이공법 ·· 42
6. 침하·균열(이상현상) ·· 48
7. 계측관리(정보화시공) ·· 49
8. 지하수대책 ·· 50
9. 근접시공 ·· 51
10. 건설공해 ·· 51
11. Soil Cement ·· 52

永生의 길잡이—넷

■ 북경에 불어 닥친 불시험

중국의 그리스도인들이 사냥감이 되어 목숨을 잃고 길거리가 그들의 피로 붉게 물든 것은 1900년 6월의 일이었습니다.

당시 그곳에서 기독교인이 된다는 것은 모든 사람에게 미움을 받는다는 것을 의미했습니다. 외국인들과 중국인 기독교인들을 죽이겠다는 플래카드가 곳곳에 걸렸습니다.

6월 13일 밤에는 외국인 교사들과 함께 피난하지 못한 사람들에 대한 처참한 학살이 시작되었습니다. "죽여라! 죽여라!" 하는 외침이 하늘을 찌르고, 의화단들이 달려들어 어린이나 노인들을 가리지 않고 학살했습니다.

비긴 씨 부인은 이렇게 기록했습니다.
"총알들이 공사관과 주변에 있는 건물 위로 비 오듯 쏟아졌으나 모든 사람이 위험에 노출되어 있었던 것에 비하면 사망자는 비교적 적은 편이었습니다. 포위 공격이 끝난 후, 나는 중국인 친구 한 사람에게 어떻게 의화단원들이 공사관 안으로 쳐들어와 점령하지 않았는지 물어봤습니다. 그들은 성벽과 지붕 위에 수많은 천사가 있는 것을 보고 두려워했다고 대답했습니다. 그들이 불을 지르면 지를수록 그 숫자가 더 많아졌다는 것입니다."

환난이 시작될 때 하나님은 자신의 손을 뻗으셔서 성경에 나오는 것과 같은 놀라운 기적들을 그 땅에 부어주실 것입니다.

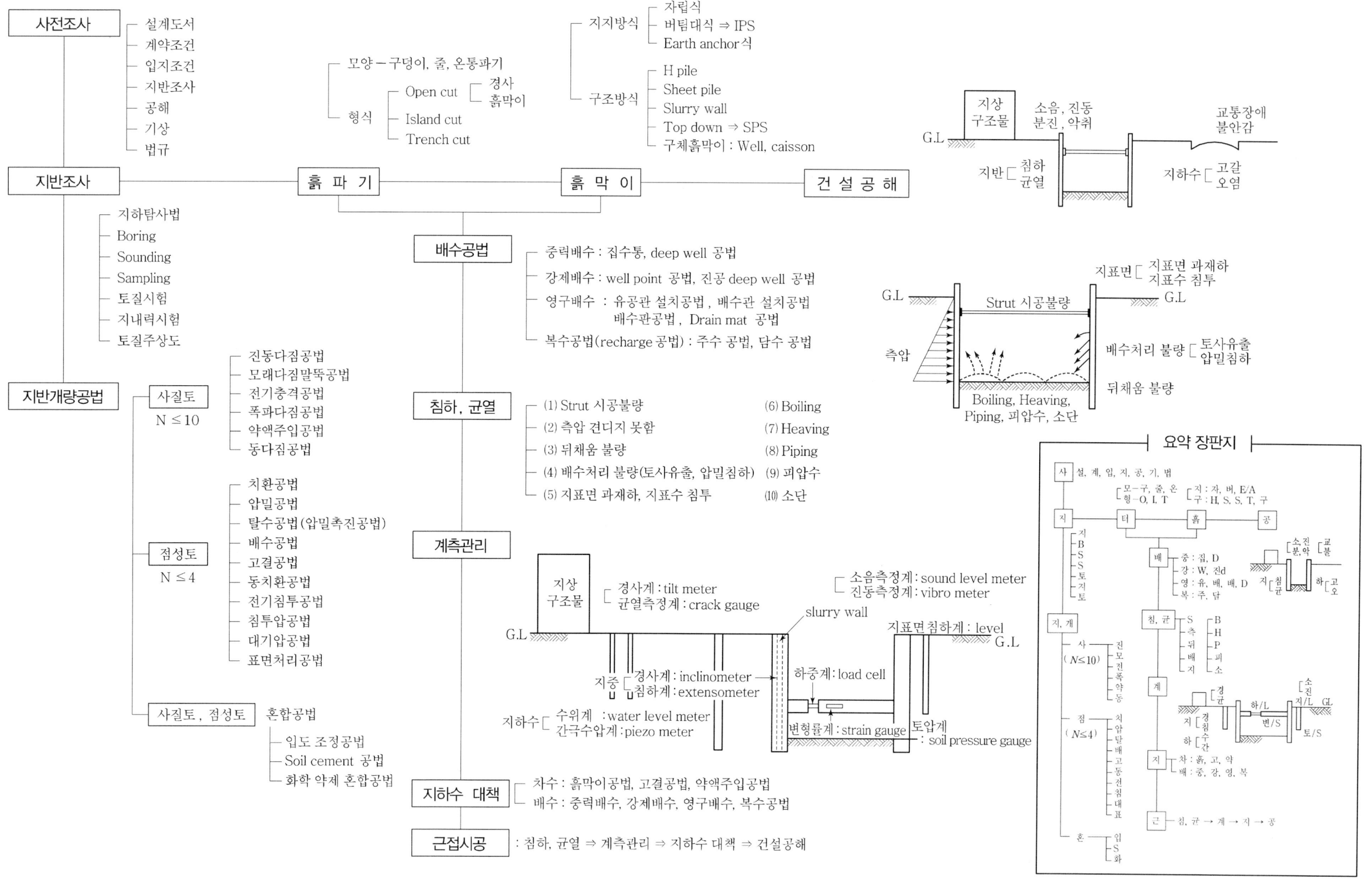

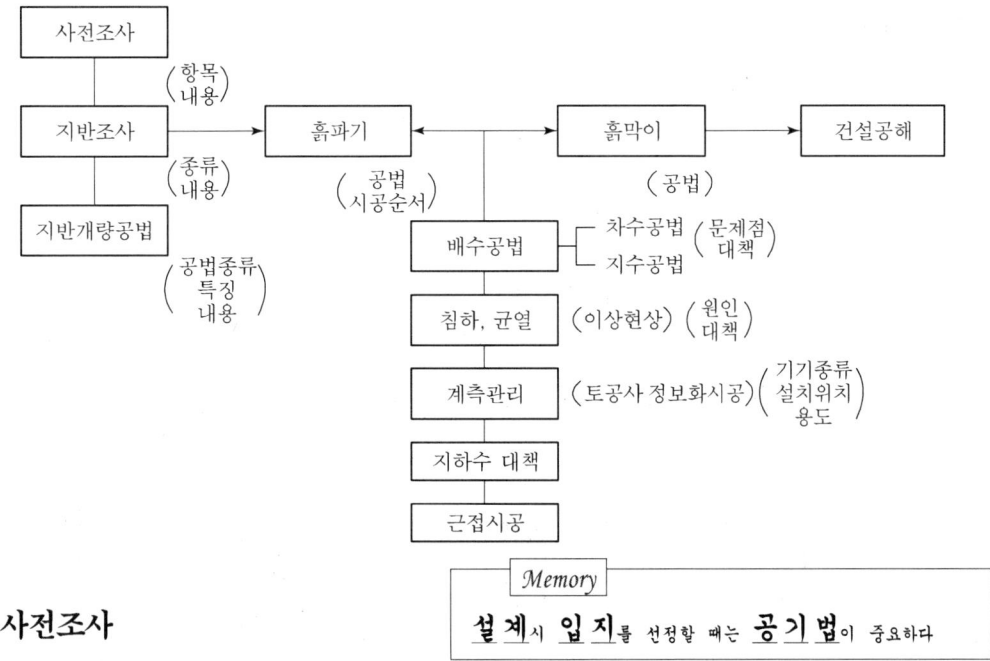

1 사전조사

① 설계도서 : 설계도면, 시방서, 계산서, 현장설명서, 질의응답서, 계획서, 기타 등등
② 계약조건 : 계약금액, 공사기간, 선급금, 기성청구, 인센티브, 페널티(지체상금), 물가조정 등등 및 천재지변, 피해보상, 각종 보험관계
③ 입지조건
④ 지반조사 : 지반고, 주변지반과의 고저차, 토질성상
⑤ 공해
⑥ 기상
⑦ 법규 : 교통통제, 러시아워, 일조권, 소음, 진동규제치, 공무원, 파출소장
⑧ 지하매설물 : 지하철, 가스관, 전력구, 통신구, 상하수도관 위치
⑨ 문화재 출토 여부 : 유적지, 주변시공실적
⑩ 주변환경 : 주거지, 상업지역, 악성민원

2 지반조사

1) 지하탐사법

Memory
G(지) B S사(Sa)의 토지에서 토질시험을 하다

~ 아주 소규모 사용 ─── 짚어보기
- 간단하다. ─── 터파보기 - 가장 정확(강도, 지지력 등)
- 정밀치 못하다. ─── 물리적 탐사법~전기저항식, 탄성파식
- 깊은 지층 불가

2) Boring
   ① 정의 : 천공하는 행위
      (오거로 천공하는 행위를 Boring이라 한다.)
   ② 목적

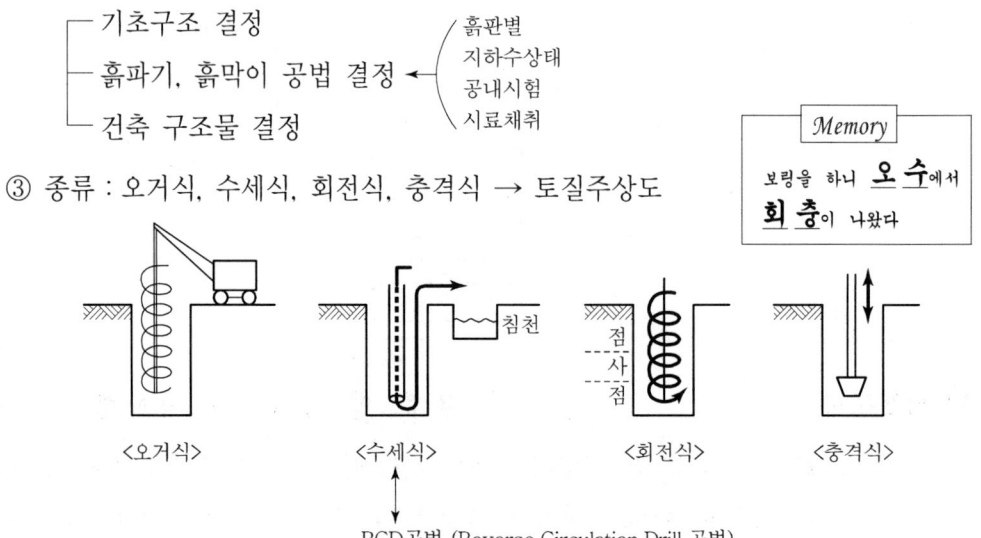

   ③ 종류 : 오거식, 수세식, 회전식, 충격식 → 토질주상도

   ④ 유의사항

3) Sounding

   전단강도 $S = C + \bar{\sigma}\tan\phi$ (C : 점착력, ϕ : 내부마찰각, $\bar{\sigma}$: 유효응력)

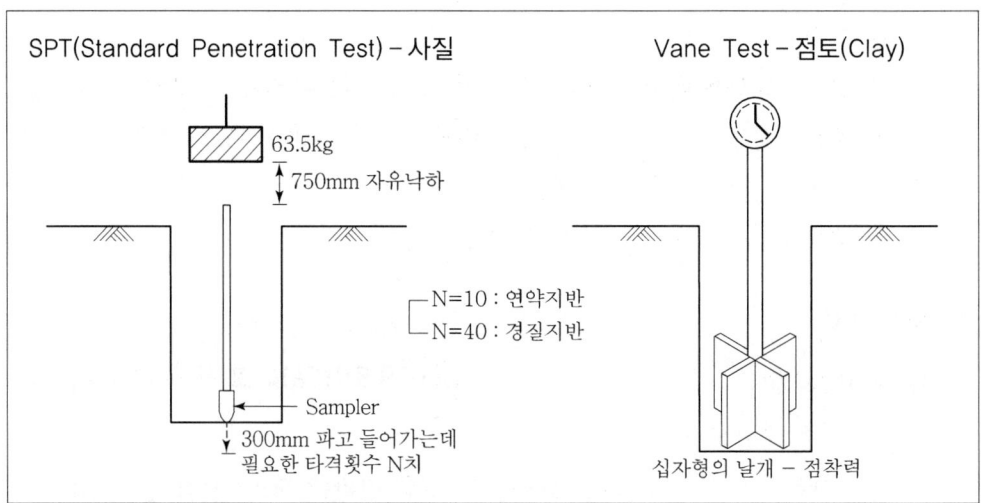

   ① 표준관입시험(SPT : Standard Penetration Test) - 사질
      Boring → 공내시험, 지반의 연경도를 판단~사질지반에 적용

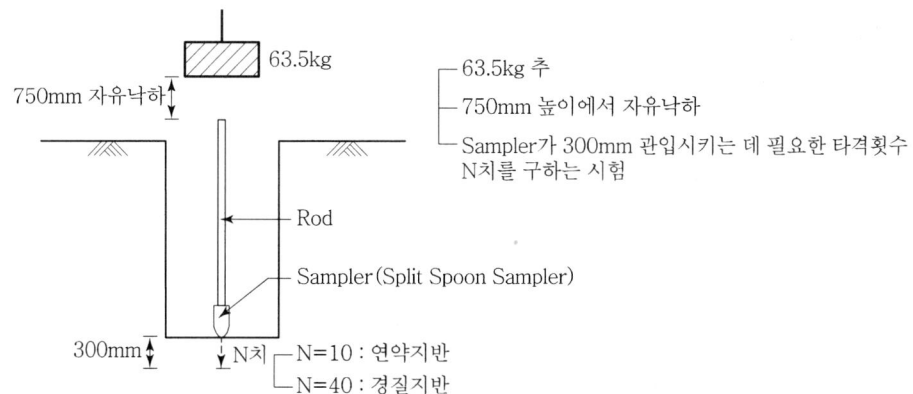

모래지반의 N치	점토지반의 N치	상대밀도
0~4	0~2	대단히 연약
4~10	2~4	연약
10~30	4~8	중간(보통)
30~50	8~15	단단한 모래, 점토
50 이상	15~30	아주 단단한 모래, 점토
-	30 이상	경질(硬質)

② Vane Test - 점토

┌ 공내에서 Vane 기를 삽입하여 회전시켜 점토의 점착력을 판별하는 시험
│   ~ 점성토 지반에 적용
└ 깊이가 10m 이내에 적용

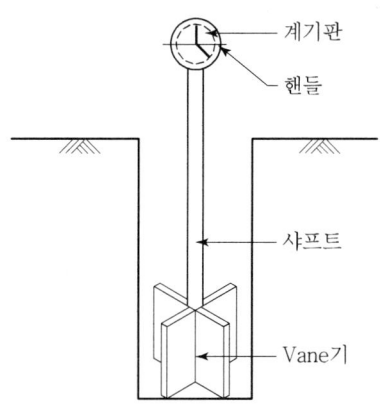

4) Sampling(시료채취)
- 교란시료 : 다짐성
- 불교란시료 : 전단, 압축

5) 토질시험
- 물리적 시험 : 간극비, 함수비, 예민비, 투수성, 연경도
- 역학적 시험 : 전단강도

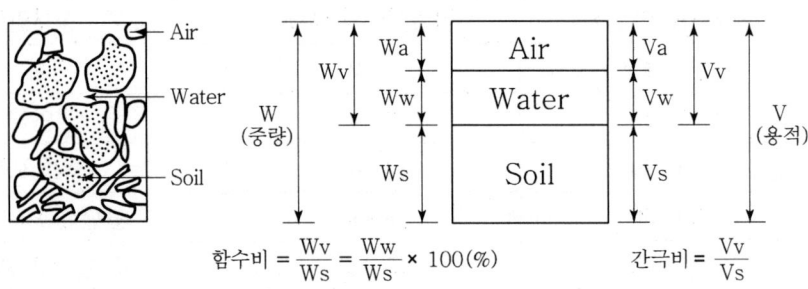

함수비 $= \dfrac{Wv}{Ws} = \dfrac{Ww}{Ws} \times 100(\%)$ 간극비 $= \dfrac{Vv}{Vs}$

※ 전단강도
  ① 정의
     흙의 가장 중요한 역학적 성질
  ② 공식 $S = C + \overline{\sigma} \tan \phi$
         점토   유효   사질토의
         점착력 응력   내부마찰각

  - 모래지반 $S = \overline{\sigma}\tan\phi$
  - 점토지반 $S = C$

  ③ 시험(실내시험)
     - 직접 전단 ┬ 1면 전단
                └ 2면 전단
     - 일축 압축 강도
     - 삼축 압축 강도

6) 지내력시험(Bearing Test)

① 평판재하시험(PBT : Plate Bearing Test)

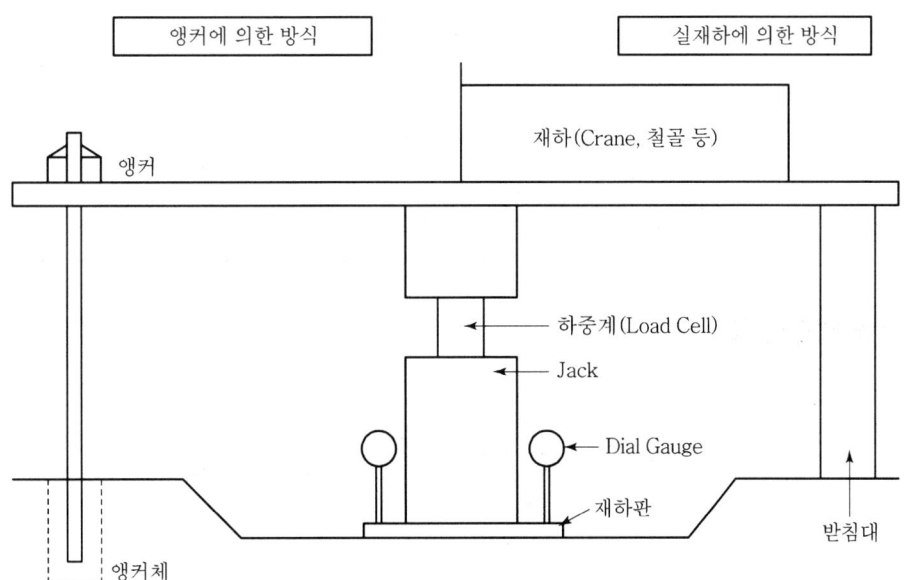

② 말뚝재하시험

- 정재하시험
- 동재하시험

구분	신뢰도	비용	공기
Pile 靜재하시험	높다.	고가	길다.
Pile 動재하시험(PDA)	낮다.	저가	짧다.

PDA : Pile Driving Analyzer

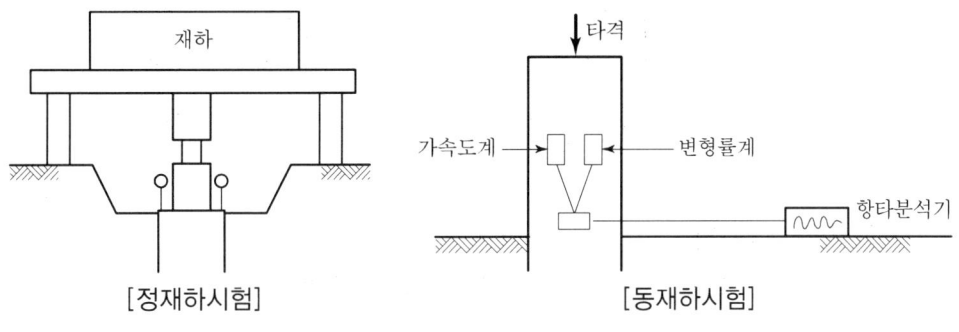

[정재하시험]　　　　　　　　[동재하시험]

③ 말뚝박기시험(시항타)

7) 토질주상도

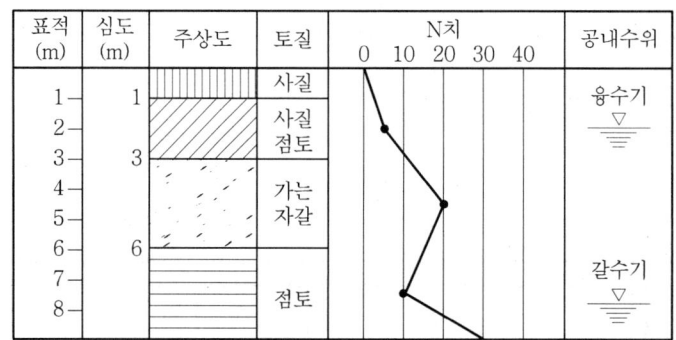

3 지반개량공법

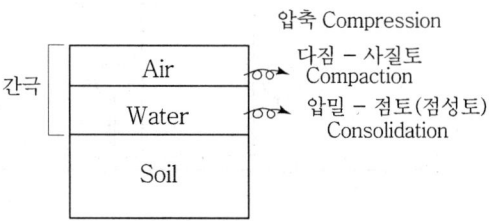

[Soil(흙)의 주상도]

1) 사질토 (N≤10)

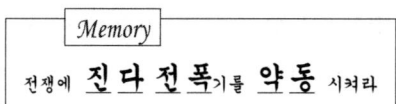

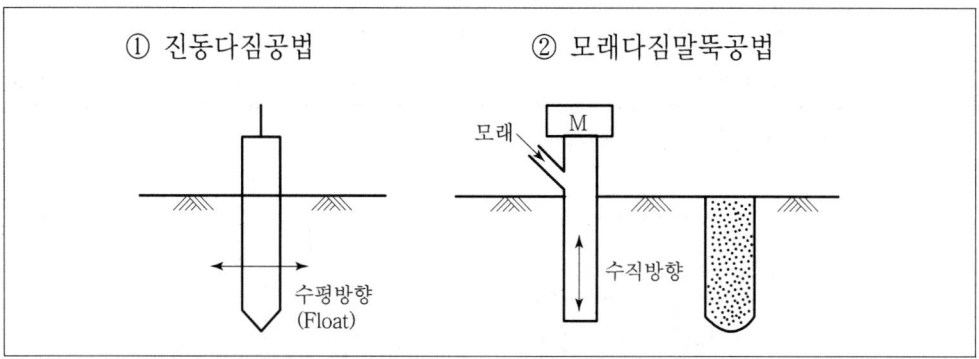

③ 전기충격공법
└→ 고압방전 → 대전류 : 방전전극 → 순간 충격

④ 폭파다짐공법 : Dynamite

⑤ 약액주입공법(JSP / CGS / SGR)

― 개념 : 천공 → 주입관설치 → 약액플랜트준비 → 약액주입 → 양생

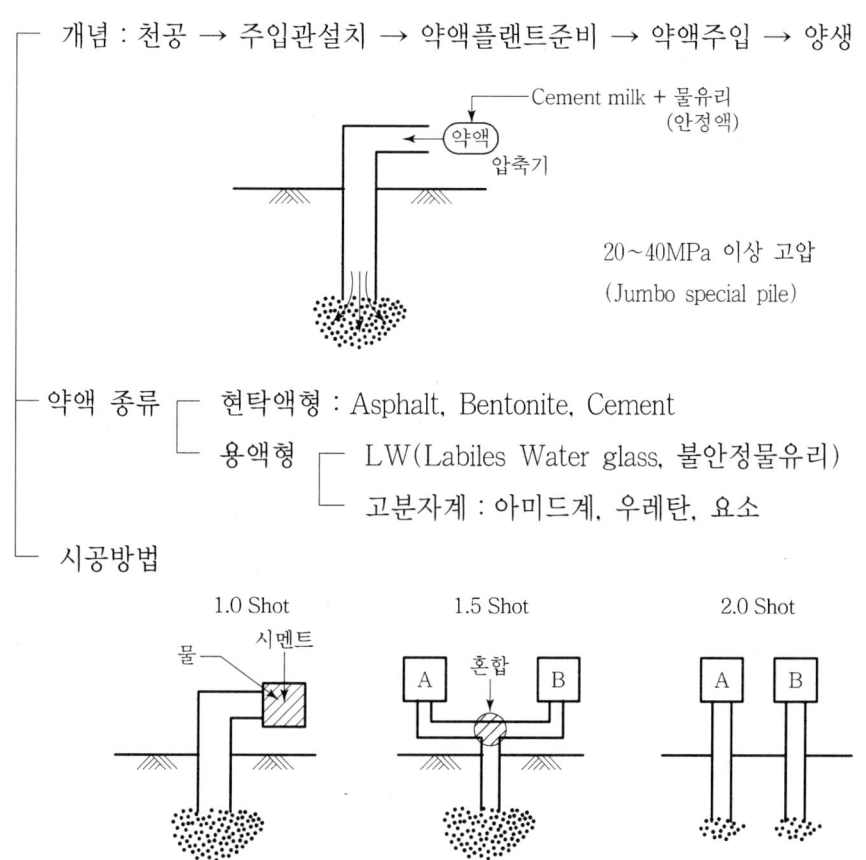

― 약액 종류 ┬ 현탁액형 : Asphalt, Bentonite, Cement
            └ 용액형 ┬ LW(Labiles Water glass, 불안정물유리)
                    └ 고분자계 : 아미드계, 우레탄, 요소

― 시공방법

⑥ 동다짐공법(동압밀공법 : Dynamic compaction method)

2) 점성토 (N≤4) *Memory* 치아(압)에 탈이 나서 배고동소리가 날때까지 전기침대 표면에서 뒹굴더라

① 치환공법

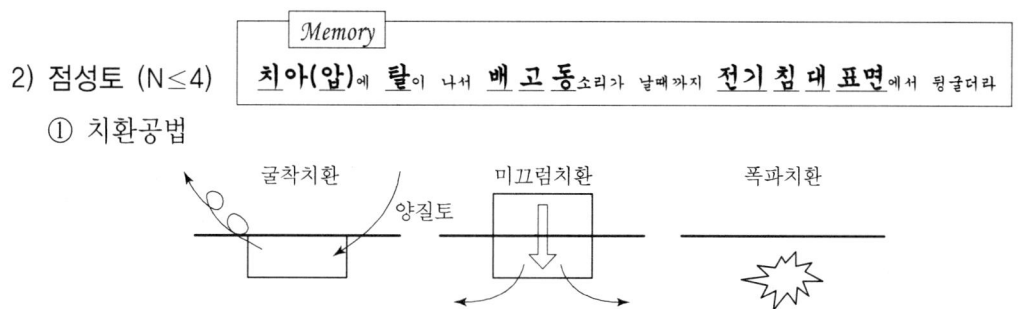

② 압밀공법

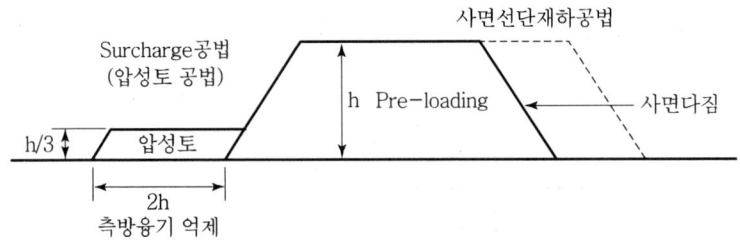

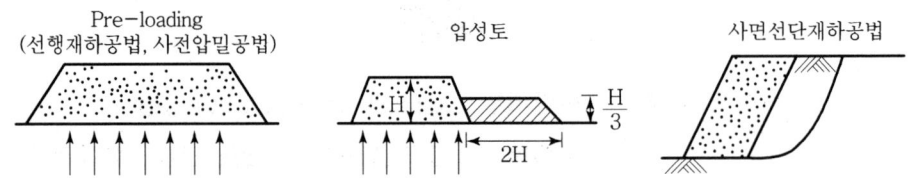

③ 탈수공법 : Sand drain method, Paper drain method, Pack drain method

$\begin{pmatrix} \text{연직배수공법} \\ \text{Vertical drain M} \\ \text{압밀촉진공법} \end{pmatrix}$

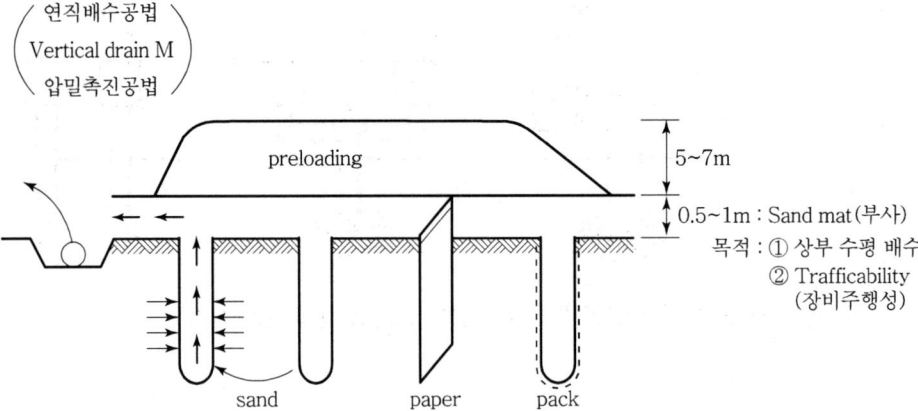

④ 배수공법 : 중력, 강제, 영구, 복수
⑤ 고결공법 : 생석회, 소결, 동결

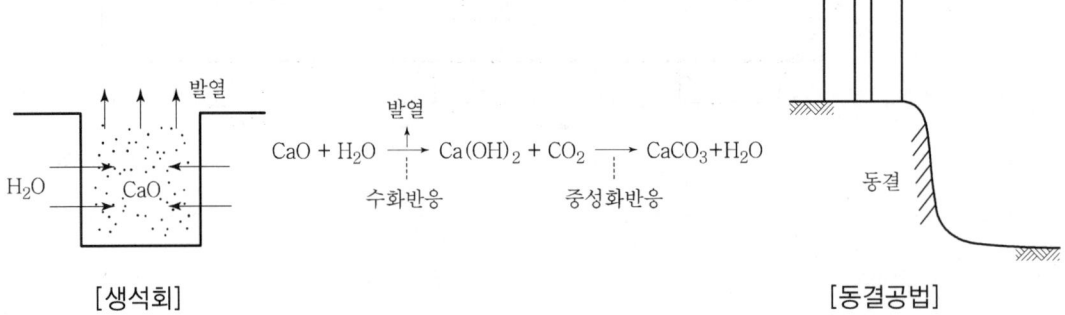

$CaO + H_2O \xrightarrow{\text{발열}} Ca(OH)_2 + CO_2 \longrightarrow CaCO_3 + H_2O$
수화반응 중성화반응

[생석회]　　　　　　　　　　　　　　　　　　　[동결공법]

⑥ 동치환공법(Dynamic replacement method)

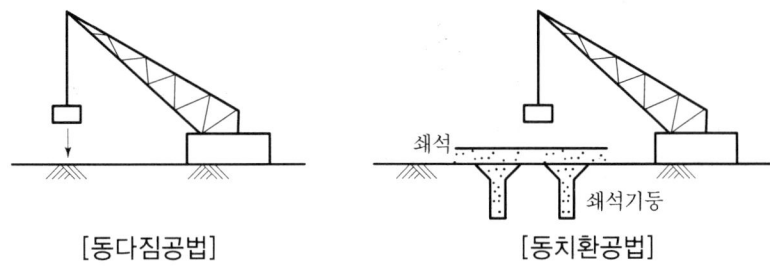

⑦ 전기침투공법 : ⊕ → ⊖

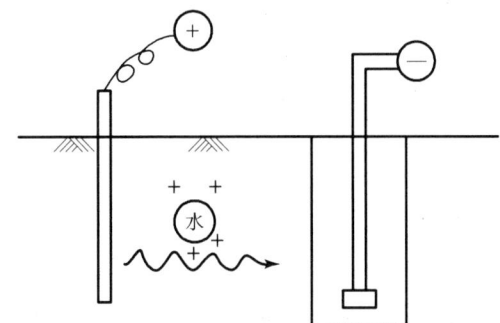

⑧ 침투압공법

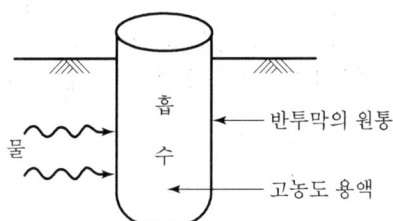

⑨ 대기압공법(진공압밀공법)
   진공콘크리트

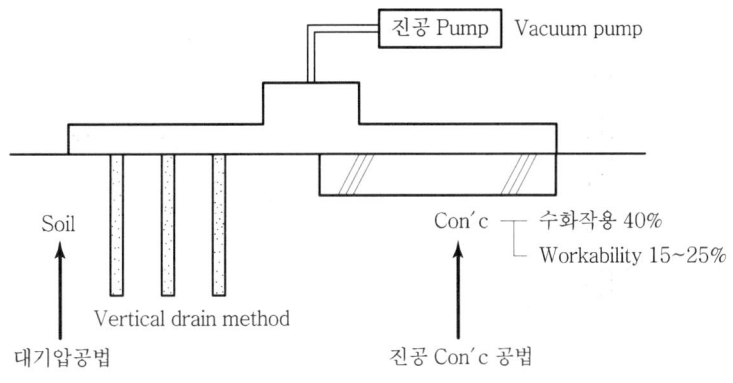

⑩ 표면처리공법 : 그라우팅, 철망, 석회, 시멘트

3) 사질토·점성토 혼합공법

① 입도조정공법 :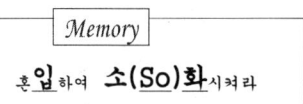

② Soil cement 공법 : soil + cement
③ 화학약제 혼합공법 : soil + 화학약제

> Memory
> 혼입하여 소(So)화시켜라

4 흙파기공법

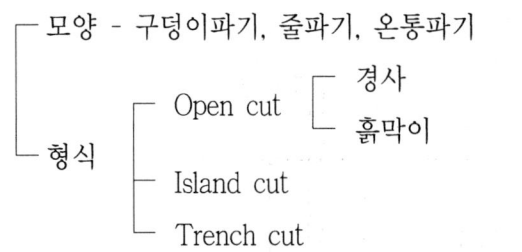

> Memory
> 흙파기 **모형**은 **구줄온**반장이
> **O I T** 지구에 설치하시오

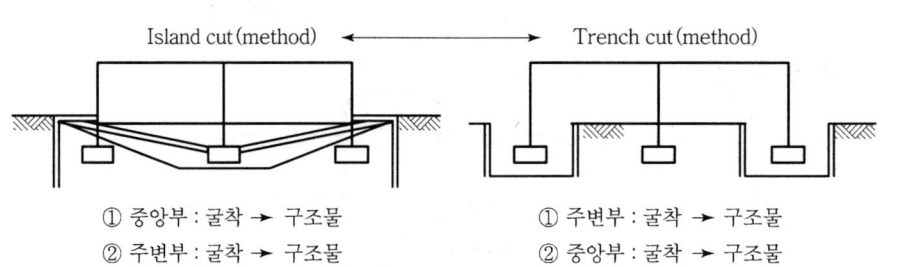

① 중앙부 : 굴착 → 구조물   ① 주변부 : 굴착 → 구조물
② 주변부 : 굴착 → 구조물   ② 중앙부 : 굴착 → 구조물

5 흙막이공법

1) 지지방식

① 자립식

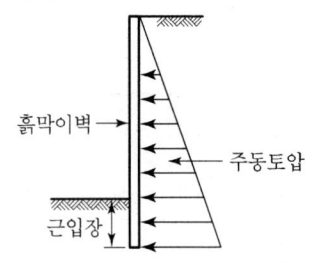

• 말뚝을 지중에 박아 흙막이 배면의 토압을 지지

② 버팀대식 —발전→ IPS

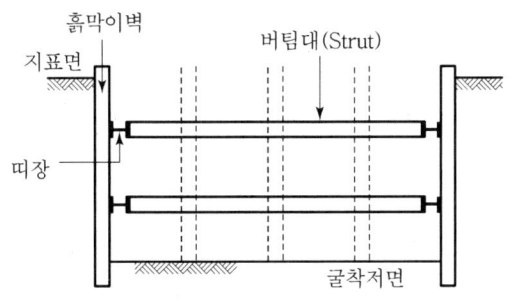

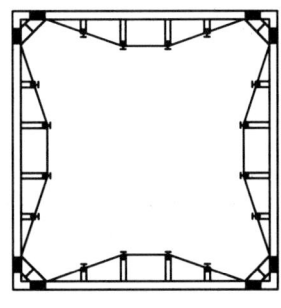
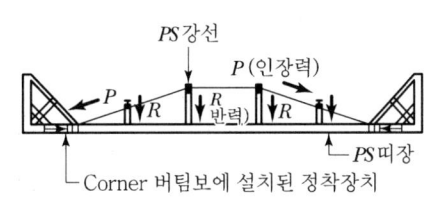

③ Earth anchor식

(Rock anchor, Soil nailing)

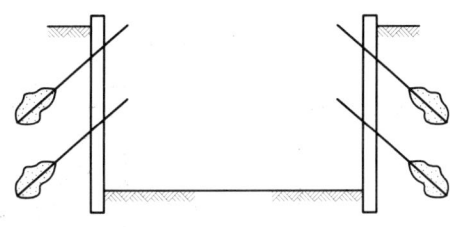

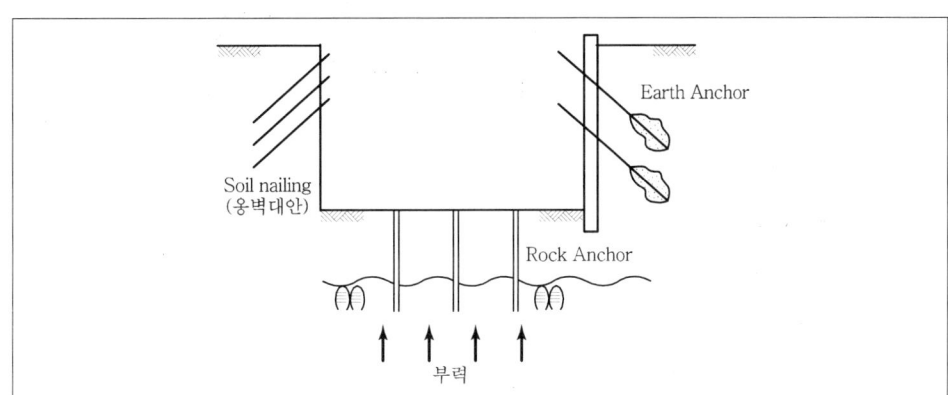

㉮ 개념

  흙막이벽을 굴착하고 Anchor체를 설치하여 주변지반에 지탱하는 공법

㉯ 종류 ─ 가설 Anchor
　　　　├ 영구 Anchor → Rock anchor
　　　　└ 지지방식 ─ 마찰형
　　　　　　　　　　├ 지압형
　　　　　　　　　　└ 복합형

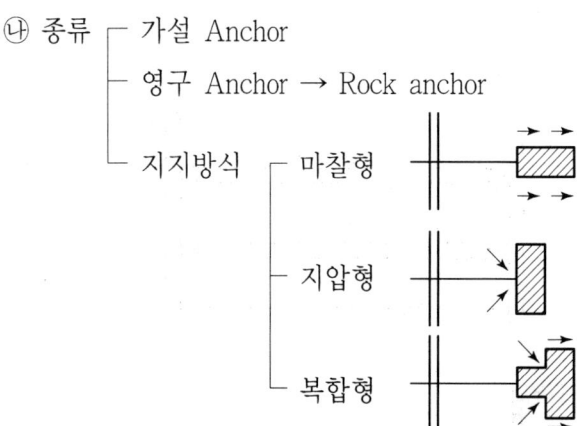

㉰ 시공순서(주의사항)

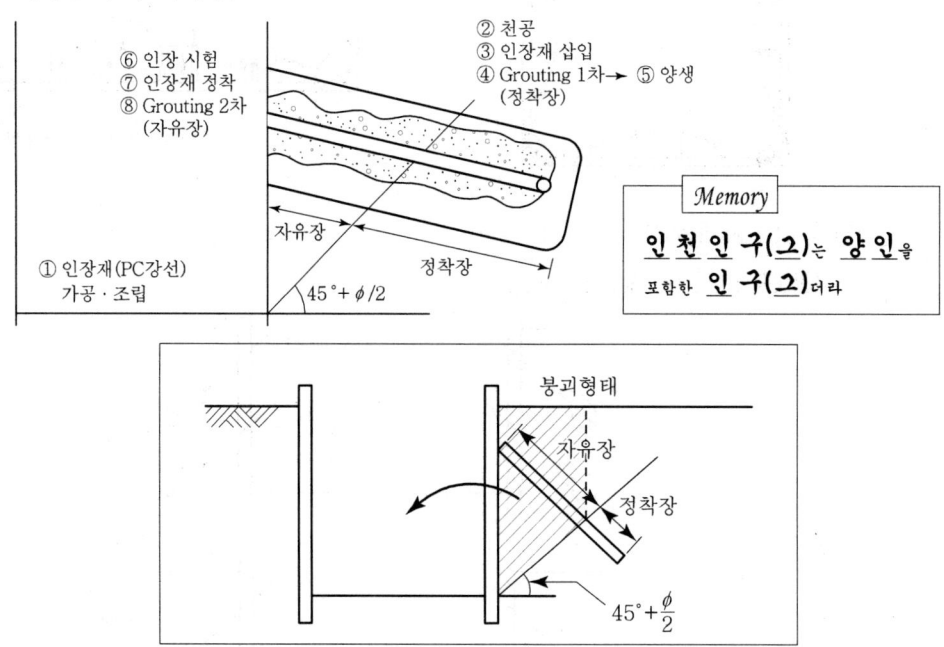

㉱ 유의사항

2) 구조방식

　① H-pile
　② Sheet pile

　┌ H-pile : H-pile + 토류판 + Wale(띠장) + Strut(버팀대) + Support(동바리)
　├ Sheet pile : Sheet pile + Wale(띠장) + Strut(버팀대) + Support(동바리)
　└ Slurry wall : Slurry wall + Wale(띠장) + Strut(버팀대) + Support(동바리)

3장 토공사

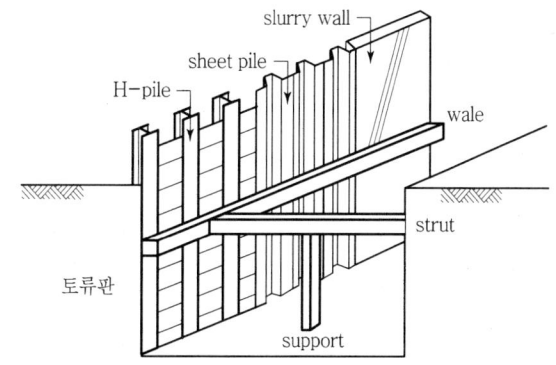

③ Slurry wall(지하연속벽)

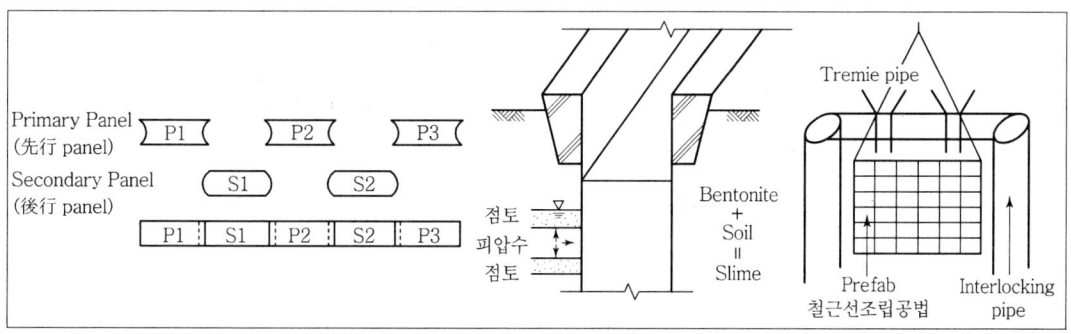

㉮ 개념

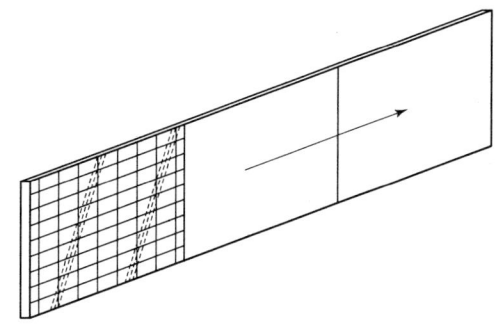

㉯ 종류 ─ 벽식(BW, Boring Wall)
         └ 주열식 → CIP, SCW ◯◯◯ ◯◯◯ → 기초공사

㉰ 특징 ─ 장점
         └ 단점

㉣ 시공순서

```
Guide wall 설치
    ↓
굴착(Excavation) --- Desanding
    ↓
Slime 처리
    ↓
Interlocking pipe 설치
    ↓
철근망 근입
    ↓
Tremie Pipe 설치
    ↓
콘크리트 타설
    ↓
Interlocking pipe 인발
    ↓
완료
```

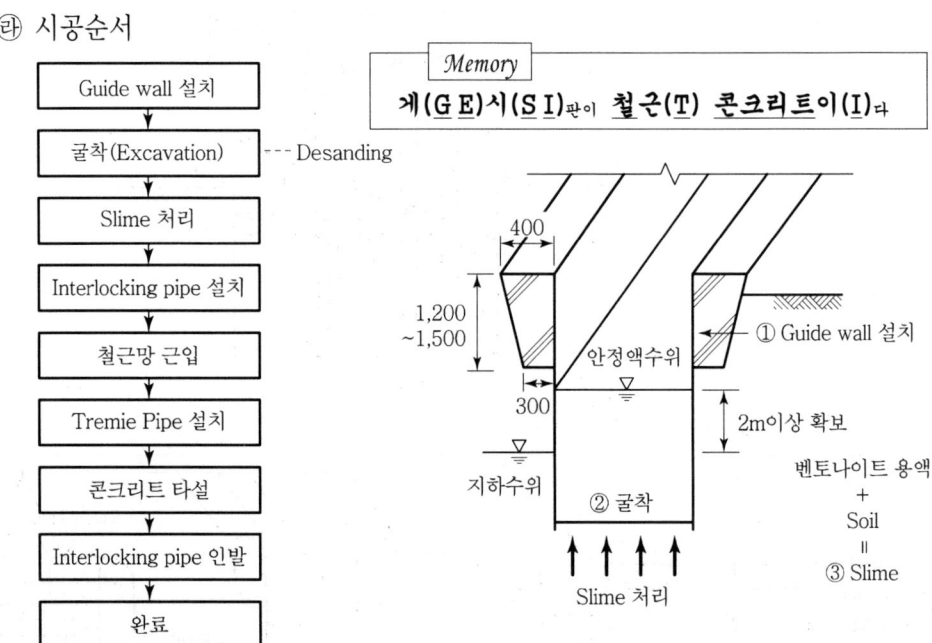

㉤ 시공시 유의사항

수 : 수직도 유지
선 : 선단지반 교란 방지
스 : 슬라임 처리
기 : 기계인발 서서히
피 : 피압수
공 : 공벽 유지
콘 : 콘크리트 타설 품질
안 : 안정액 관리(벤토나이트 용액)
공 : 공해방지
격 : 규격관리

④ Top down(逆打공법) - 공기단축, 작업공간 확보 ──발전──→ SPS(Strut as Permanant System)

㉮ 정의

㉯ 특징 ┬ 장점 : 대지효율극대화, 공기단축, 원가절감, 기계화시공 가능, 주변지반에 영향 無
       └ 단점 : 역 Joint 발생, 이음부 과다, 품질관리 곤란, 조명(채광)과 환기必

㉰ 종류 ─┬─ 완전역타
　　　　├─ 부분역타
　　　　└─ Beam 및 Girder식 역타 = SPS

㉱ 시공순서

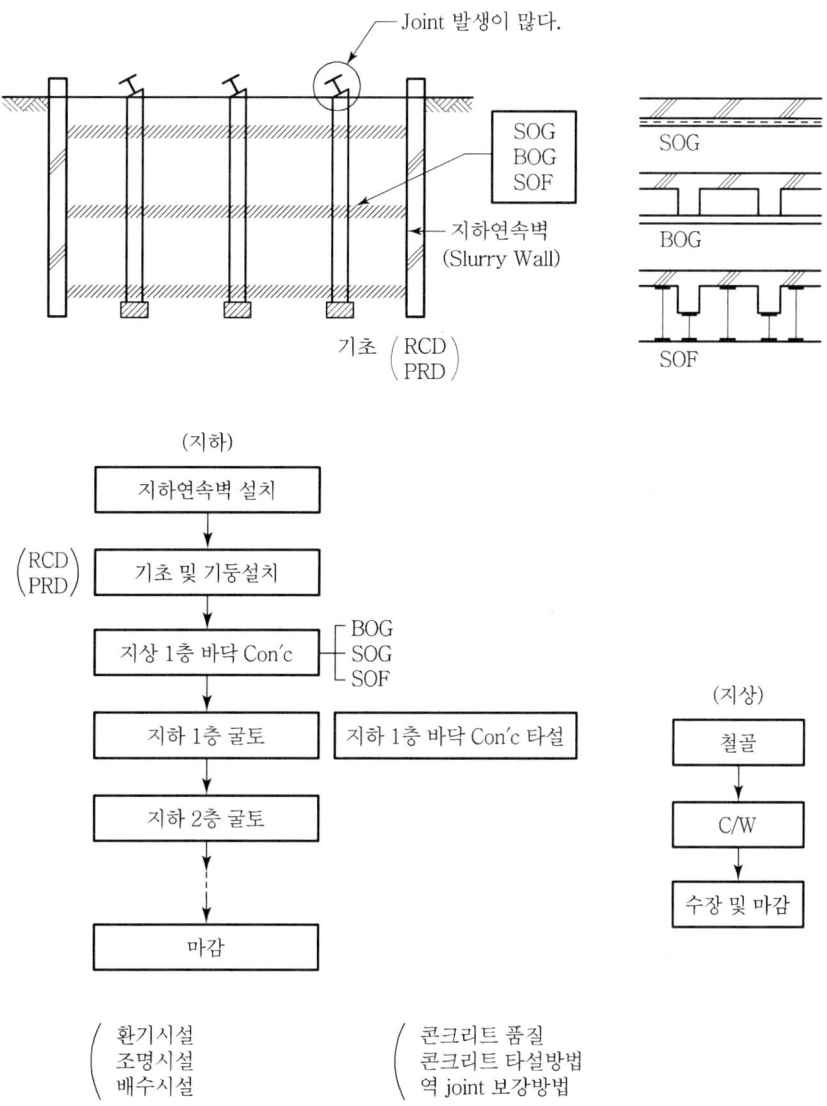

환기시설		콘크리트 품질
조명시설		콘크리트 타설방법
배수시설		역 joint 보강방법

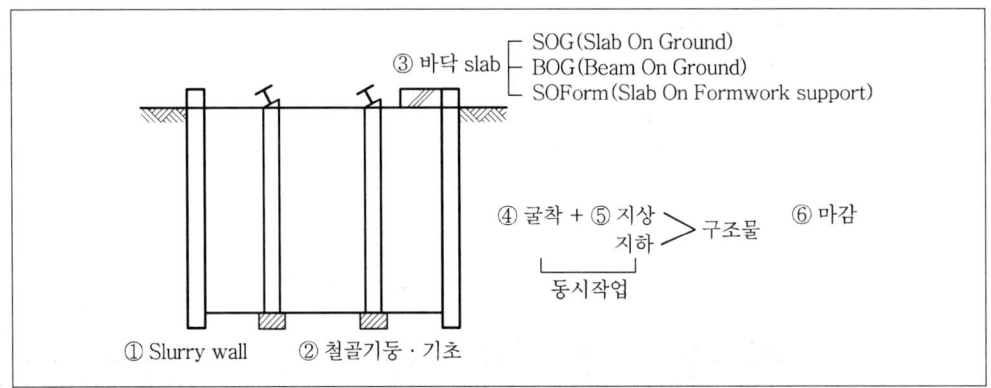

㉮ 시공시 유의사항 ─┬─ S/W 순서
　　　　　　　　　├─ S/W 주의사항
　　　　　　　　　└─ T/D 순서

⑤ 구체 흙막이 : Well, caisson

6 침하 · 균열(이상현상)

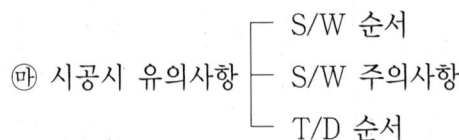

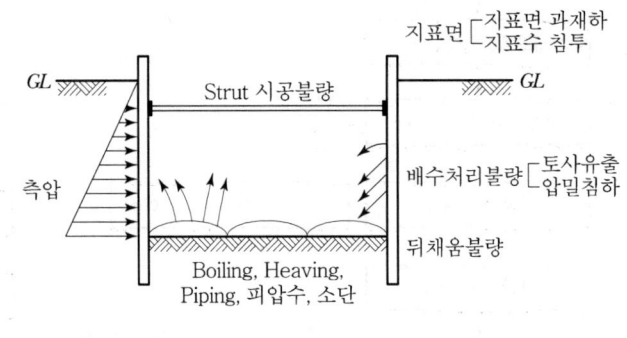

슬(S)쩍(측) 뒷(뒤)배 지를 보니 보(Bo)히(He)라 말락한 피 피가 소더라

7 계측관리(정보화시공)

- 기기종류
- 설치위치
- 용도

※ 주의사항
- 정확한 장비 구입
- Data 기록 관리
- 계측 전담자 배치
- Data화
- 다음 설계 feed back
- 매일 확인

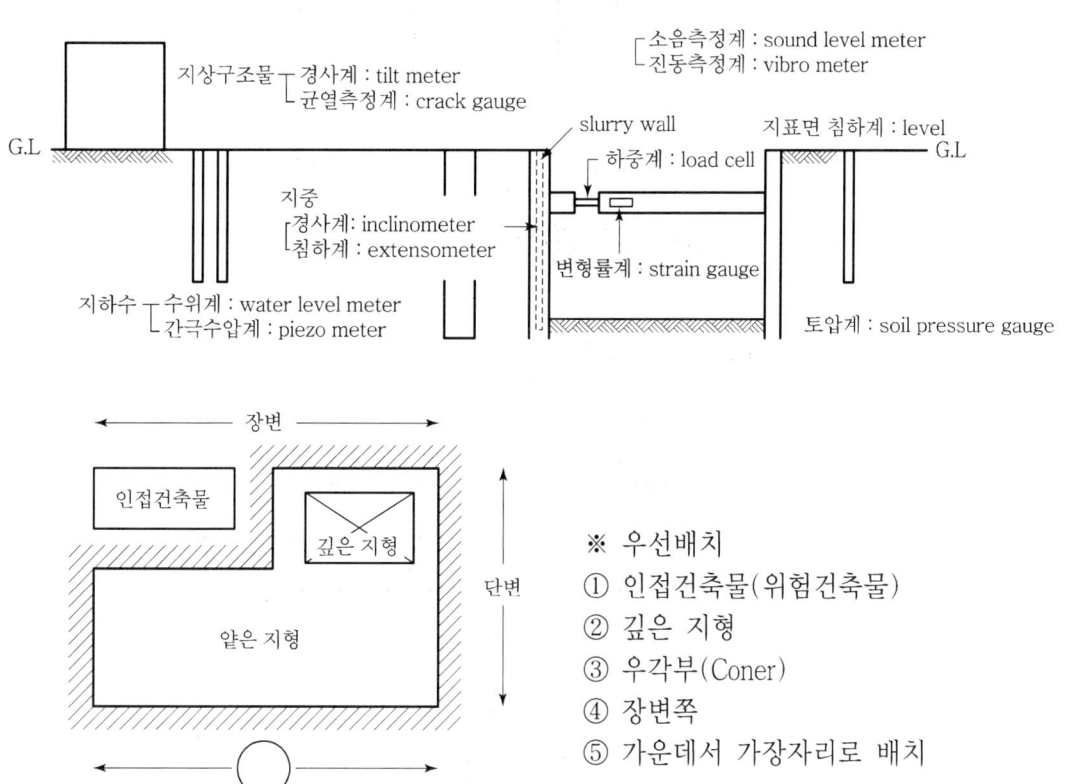

※ 우선배치
① 인접건축물(위험건축물)
② 깊은 지형
③ 우각부(Coner)
④ 장변쪽
⑤ 가운데서 가장자리로 배치

[8] 지하수대책

1) 차수공법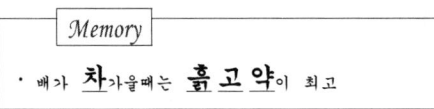

① 흙막이공법 : 지하연속벽, sheet pile

② 고결공법 : 생석회, 소결, 동결

③ 약액주입공법 : JSP, CGS, SGR

2) 배수공법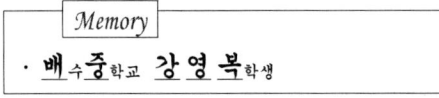

① 중력식 배수 → 집수통, Deep well

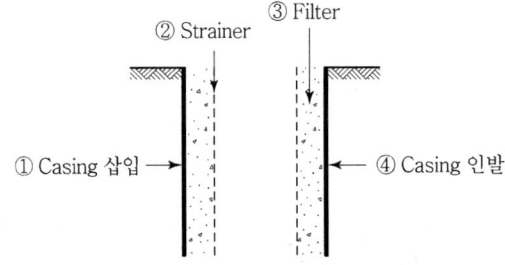

② 강제식 배수 → Well point 공법,   진공 Deep well

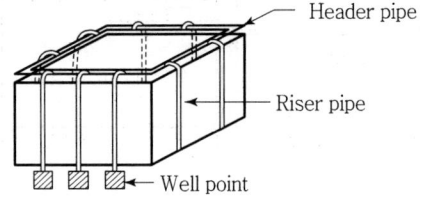

③ 영구배수공법 → 유공관 배수관 배수판 Drain Mat
(De-watering)

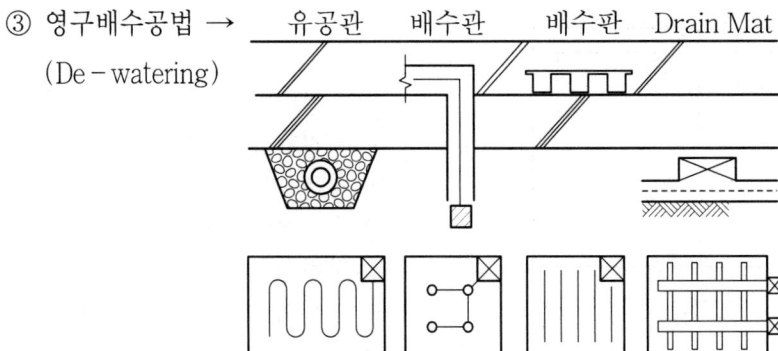

④ 복수공법 - 주수공법, 담수공법

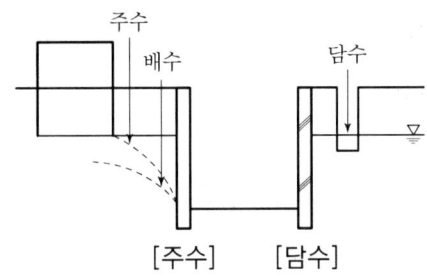

9 근접시공

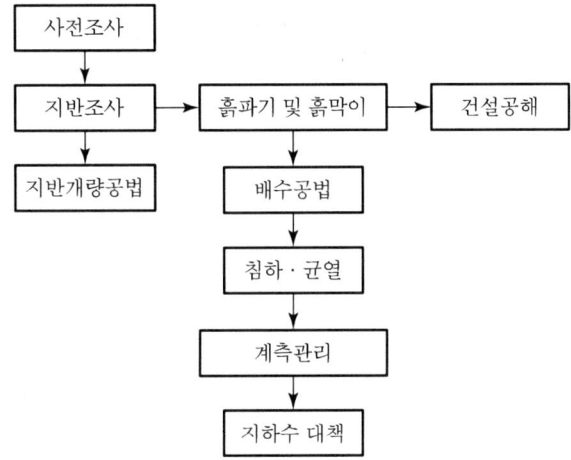

10 건설공해

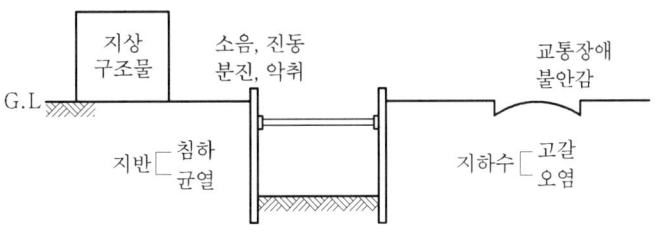

11 **Soil Cement** → 지반개량공법 中 혼합공법
    Soil Cement Pile → MIP : Pile(일축오거)
    Soil Cement Wall → SCW : 지하연속벽(3축오거)

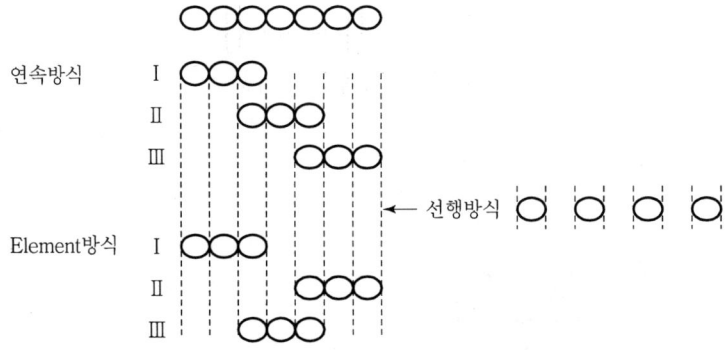

기초공사

4장

- ■ 장판지 ··· 55

1. 개론 ··· 57
2. 기성 Con′c pile ··· 58
3. 현장타설 콘크리트 말뚝(제자리 콘크리트 말뚝) ········· 64
4. 기초침하 ··· 67
5. 부상방지 ··· 68
6. RCD와 Barrette 기초의 비교 ································ 69

永生의 길잡이─다섯

■ 새 삶을 얻은 주정뱅이

한 주정뱅이가 있었습니다.
노름으로 재산을 날리고 부인과 자식들에게 폭행을 일삼는 사람이었습니다. 그런 그가 교회에 나가게 되었습니다. 그를 아는 사람들은 고개를 가로저으며, "저런 사람이 교회를 다녀봤자 달라질 게 있겠어?" 하며 회의적이었습니다.

어느 날 한 친구가 그에게 물었습니다.
"교회에서 목사님이 무어라 가르치시던가?"
"착하게 살라고 하기도 하고 뭐 그런 말씀을 하는 것 같은데 잘 모르겠어…."
친구가 또 물었습니다.
"그럼 성경은 누가 썼다던가?" 그는 당황하며 대답했습니다.
"글쎄, 잘 모르겠는걸." 친구가 다시 여러 가지 질문을 했지만 그의 대답은 모두 신통치가 않았습니다. 그러자 친구는 답답하다는 듯이 물었습니다.
"도대체 교회에 다닌다면서 자네가 배운 것이 뭔가?" 그러자 그는 자신 있게 대답했습니다.
"그런 건 잘 모르겠는데 확실히 달라진 것이 있다네. 전에는 술이 없으면 못 살았는데 요즘은 술 생각이 별로 나질 않아. 그리고 전에는 퇴근만 하면 노름방으로 달려갔는데 지금은 집에 빨리 가고 싶고, 전에는 애들이 나만 보면 슬슬 피했는데 지금은 나랑 함께 저녁식사를 하려고 기다린다네. 그리고 아내도 전에는 내가 퇴근해서 집에 가면 나를 쳐다보지도 못했는데, 지금은 내가 퇴근할 무렵이면 대문 앞까지 나와 나를 기다린다네."

예수님을 개인적으로 만난 경험, 그 경험을 말로 설명하기는 어렵습니다. 그러나 예수님과의 진실한 만남을 경험한 사람은 행동과 생활과 대인관계가 달라지고 새로운 삶을 얻습니다.

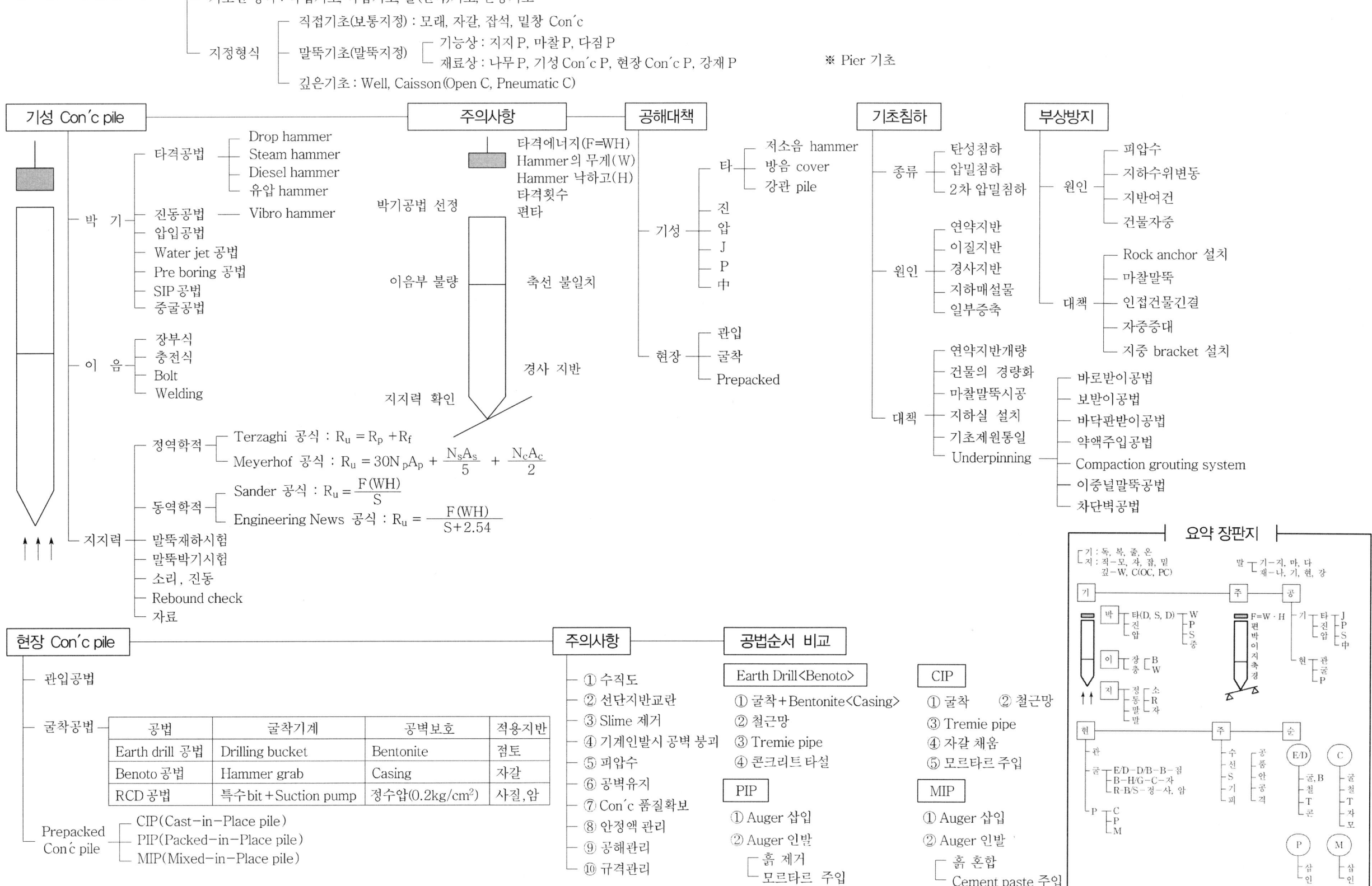

1 개론

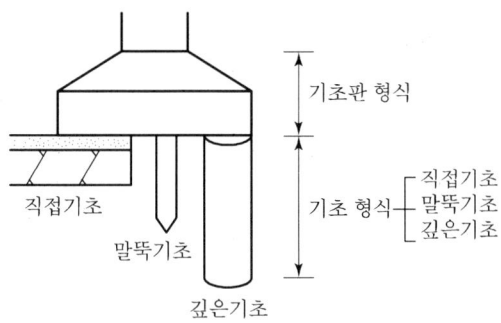

1) 기초판 형식
   ~ 상부하중을 받아서 하부에 전달
   ① 독립기초   ② 복합기초   ③ 줄(연속)기초   ④ 온통기초(Mat 기초)

   > Memory
   > 도(독)보(복)로 줄지어 온다

2) 기초 형식(지정 형식)
   ~ 지지력 증대, 기초보강, 지반강화

   > Memory
   > 직접 모자 밑창을 잡고

   ① 직접기초(보통지정) : 모래, 자갈, 잡석, 밑창 Con'c
   ② 말뚝기초 ─┬─ 기능상 ─┬─ 지지말뚝
              │   ├─ 마찰말뚝
              │   └─ 다짐말뚝
              └─ 재료상 ─┬─ 나무말뚝
                         ├─ 기성콘크리트말뚝
                         ├─ 현장타설 콘크리트말뚝
                         └─ 강재말뚝

   > Memory
   > 기능이 지마다 다르네

   > Memory
   > 재료가 나기에서 현장에 간(강)다

   ③ 부마찰력

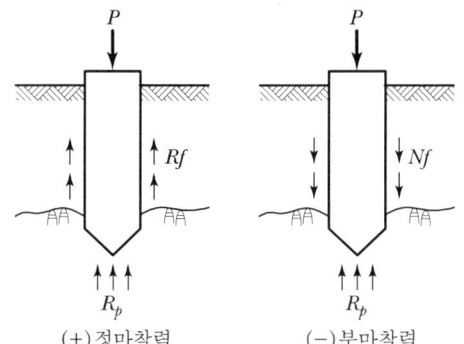

부마찰력(Nf : Negative friction)
─ 원인 : 해안, 매립, 성토, 상습침수지역, 다습, 강우량多
└ 대책 : 특수 에폭시코팅, 아스팔트도포, 지반개량, 이중관, 배수

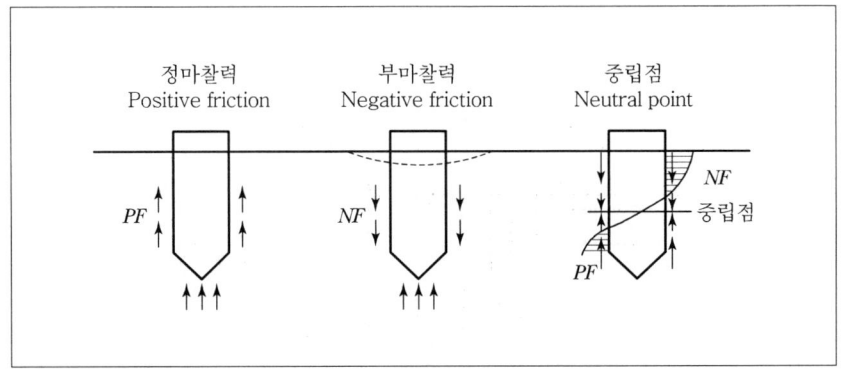

④ 깊은기초 : Well, Caisson(Open caisson, Pneumatic caisson)

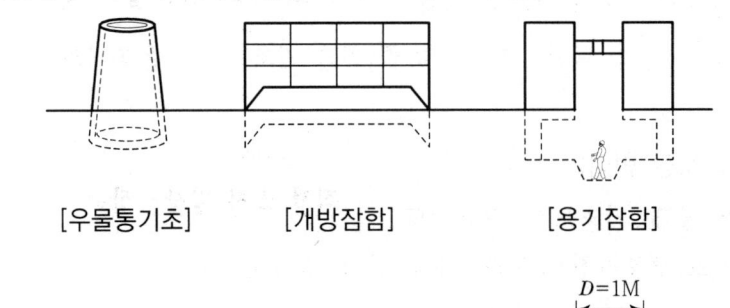

[우물통기초]　　　[개방잠함]　　　[용기잠함]

3) Pier 기초 ─┬─ ① D = 0.9m 이상
　　　　　　 └─ ② $\ell \leq 15D$

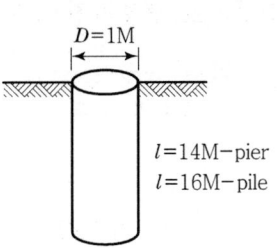

2 기성 Con'c pile

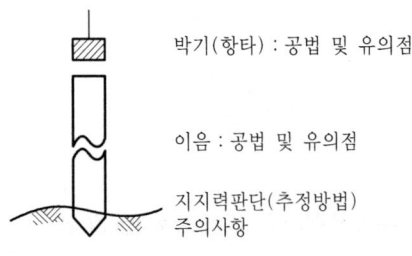

박기(항타) : 공법 및 유의점

이음 : 공법 및 유의점

지지력판단(추정방법)
주의사항

1) 개념 → 15m, 보통 12m 정도 길이
　　　"원심력 철근콘크리트"
　　→ PS강선, 피아노선

2) 운반, 저장 → 똑바르게

　　　　　　→ 수직/수평

　　　　　　→ 변형되지 않게

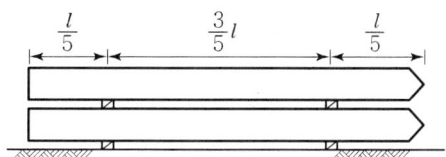

3) 박기(항타)
　① 공법 종류　　*Memory* 　**태(타)진아(압)**와 **JPS중**

　　┬ 타격공법 : Drop, Steam, Diesel, 유압
　　├ 진동공법 : Vibro hammer로 진동을 주면서 매설
　　├ 압입공법 : 유압 jack으로 압입 매설
　　├ Water jet공법(수사법)
　　├ Preboring공법 : 선 auger로 천공후 삽입 → SIP공법
　　└ 중굴공법

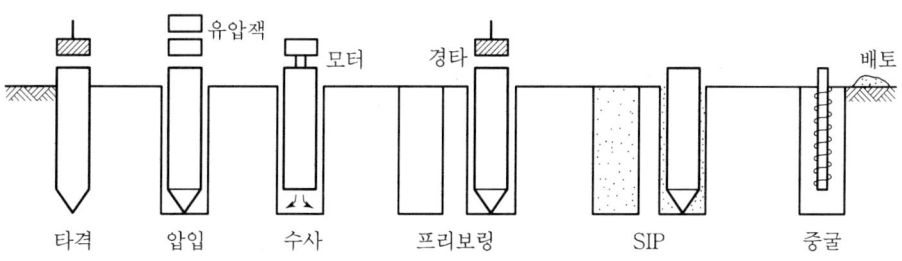

※ SIP(Soil cement injected precast pile)

　　Preboring 공법 + cement paste = SIP $\xrightarrow{발전}$ DRA(Double Rod Auger)
　　　┬ 외측 : Casing　　　　　　　　　　　　　　　　　　多 사용
　　　└ 내측 : Screw Auger

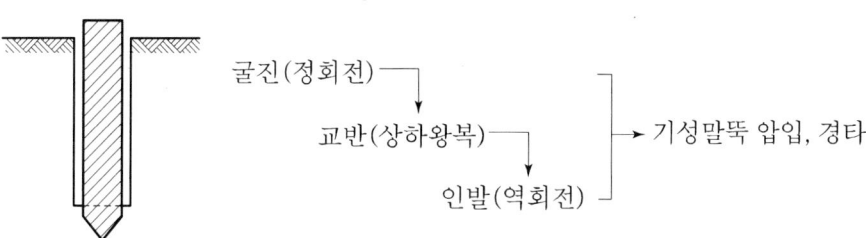

② 유의사항

> Memory
> 인 순이가 최 중 길한테 시집을 간후 두세번 위기를 맞았다

- 인접말뚝 피해 최소화
- 말뚝박기 순서 : 중앙에서 외측으로 타격(관입)
- 최종관입량 확인
- 중단없이(연속박기)
- 길이변경 검토

  ② ④
  ①
  ③ ⑤   ① ④
             ③
             ② ⑤
             └ 인접건물이 있을 경우

- 시험항타(시항타)
  - 1,500m² → 2本
  - 3,000m² → 3本
  - 실제파일 동일
  - 동일한 hammer
  - 동일한 지반
  ⊕
  - 편타
  - Cap
  - Hammer
  - 낙하고
  - Hammer 중량
  - 수직도

- 말뚝박기 간격(2.5d, 750mm, 1.25d, 375mm)
- 두부정리
- 세우기
- 말뚝 위치 확인

  ─ 2.5d, 750mm 이상
  ─ 1.25d, 375mm 이상

4) 이음

① 공법

- 장부식 : Band식, 전단파손
- 충전식 : Grouting(Cement milk)
- Bolt식
- 용접(Welding)식

> Memory
> 장 충동 B_MW

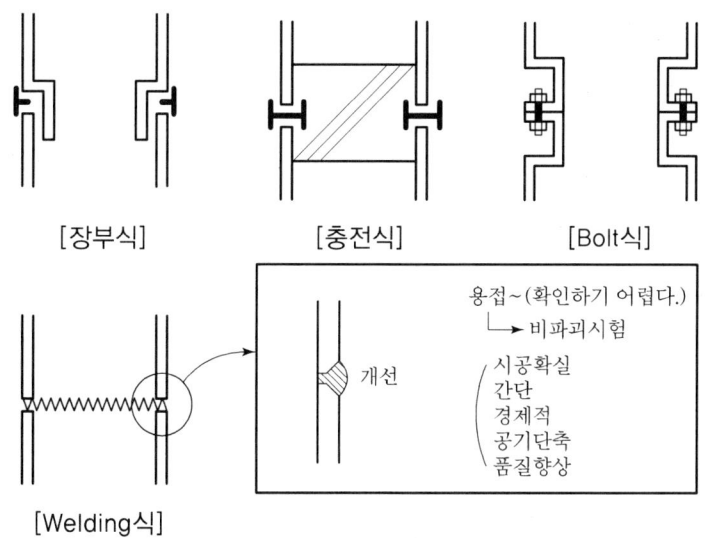

[장부식]   [충전식]   [Bolt식]

[Welding식]

② 유의사항
- 이음개소 최소화
- 구조적 단면 여유
- 부식 영향 없을 것
- 이음부 강도는 설계응력 이상
- 타격시 이음부분의 변형이 없을 것
- 축선 일치(수직도 유지)
- 형상 同一
- 위치 단순화

Memory
개 구부를 강타하다
수 영(형) 위치

5) 지지력 판단방법

Memory
정 동재 소리(Re)가 시작(자)되었다

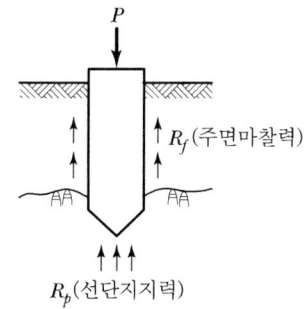

극한지지력 $= R_b + R_f = R_u$

허용지지력 $(R_a) = \dfrac{극한지지력(R_u)}{안전율(F_s)}$

① 정역학적 추정방법

- Terzaghi(토질시험) : $R_u = R_p + R_f$
- Meyerhof(표준관입시험) : $R_u = 30(40)N_p A_p + \dfrac{N_s A_s}{5} + \dfrac{N_c A_c}{2}$

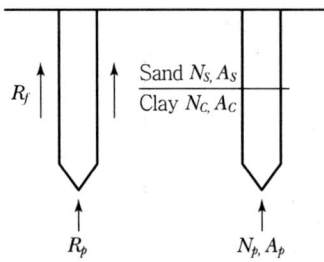

② 동역학적 추정방법($F = W \cdot H$) → 타격에너지 / 최종관입량으로 추정

- Sander : $R_u = \dfrac{F(WH)}{S}$
- Engineering news : $R_u = \dfrac{F(WH)}{S + 2.54}$
- Hiley : $R_u = \dfrac{e_f F}{S + \dfrac{C_1 + C_2 + C_3}{2}} \times \dfrac{W_H + e^2 W_p}{W_H + W_p}$
  - C_1 → 지반의 탄성변형량
  - C_2 → Pile의 탄성변형량
  - C_3 → Cap과 Cushion의 탄성변형량

③ 재하시험에 의한 방법

- 정재하시험 → PBT 유사

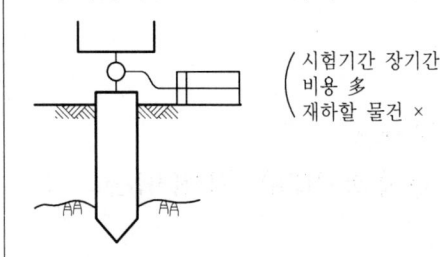

(시험기간 장기간
 비용 多
 재하할 물건 ×)

- 동재하시험(PDA : Pile Dynamic Analysis)

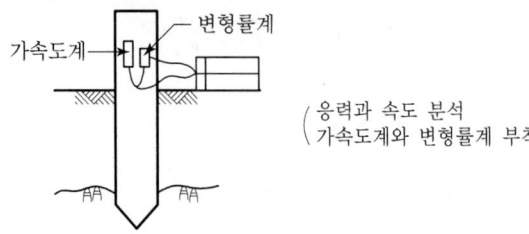

(응력과 속도 분석
 가속도계와 변형률계 부착)

4장 기초공사

	정재하	동재하
시공성	복잡	간단
공기	길다	짧다
소요예산	多	少
추정치	확실	보통
현장적용	少	多
안전	불안전	안전

④ 소리와 진동에 의한 방법
⑤ Rebound check에 의한 방법

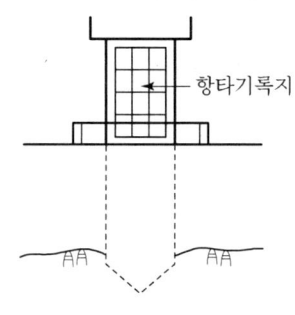
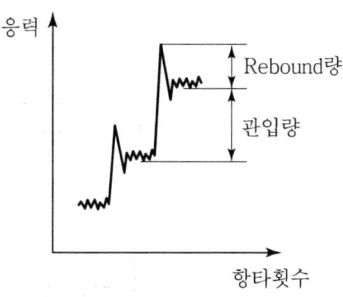

⑥ 시험 항타에 의한 방법
⑦ 자료에 의한 방법
    Site주변 항타기록 관리 참조

6) 주의사항(두부파손)

① 원인 ──────────▶ ② 대책

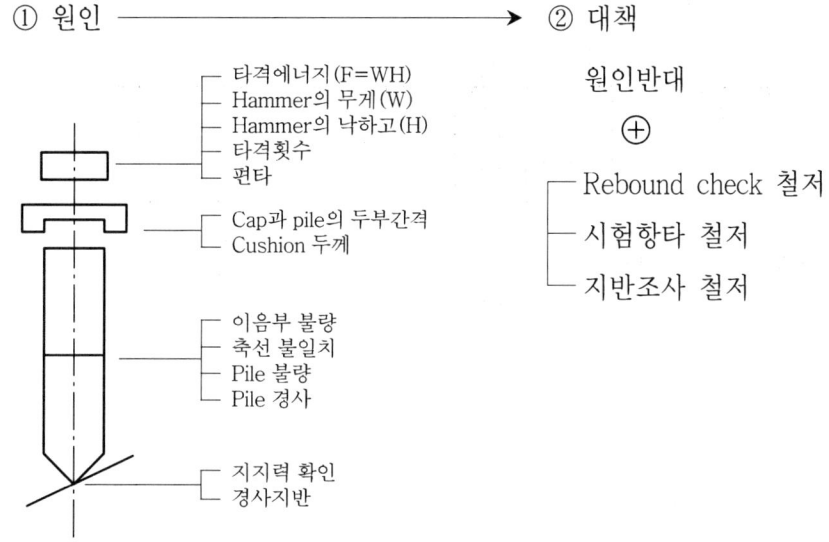

7) 공해대책(무소음, 무진동공법)

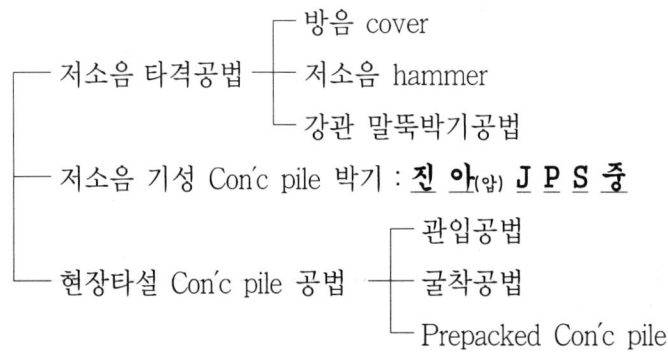

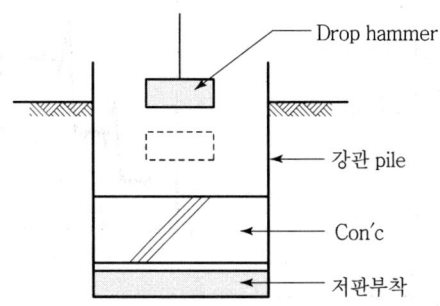

③ 현장타설 콘크리트 말뚝(제자리 콘크리트 말뚝)

~ "지하연속벽" 연상

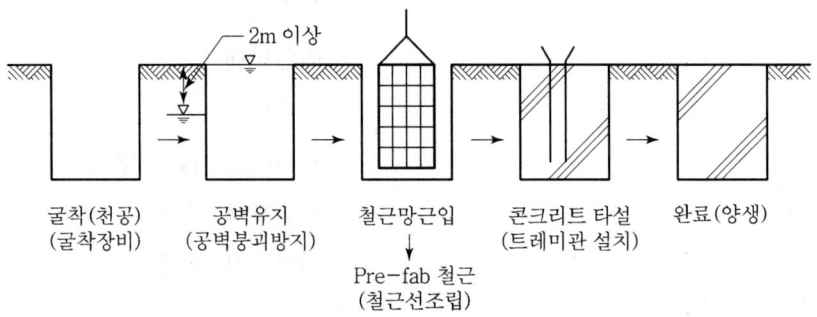

1) 관입공법

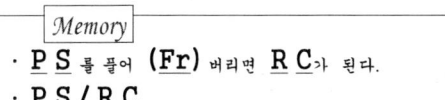

Pedestal P	외관	+ 내관, 구근
Simplex P	외관(철제신)	+ 추
Franky P	외관(원추형 마개)	+ 추, 합성 pile
Raymond P	얇은 철판	+ Core(심대), 유각
Compressol P	3개의 추(뾰족, 둥근, 평편)	

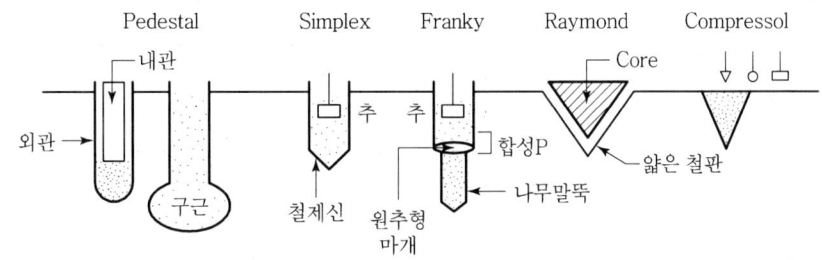

2) 굴착공법

공법	굴착기계	공벽보호	적용지반
Earth drill공법	Drilling bucket	Bentonite	점토
Benoto공법	Hammer grab	Casing	자갈
RCD공법	특수 bit + Suction pump	정수압(0.02MPa)	사질, 암

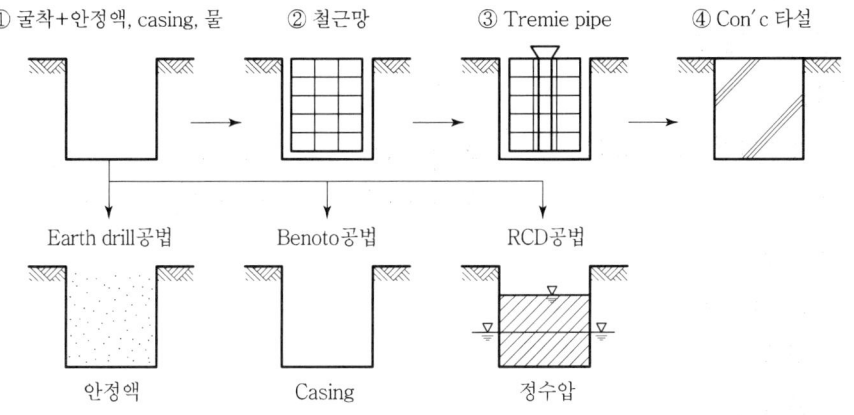

3) Prepacked Con'c pile

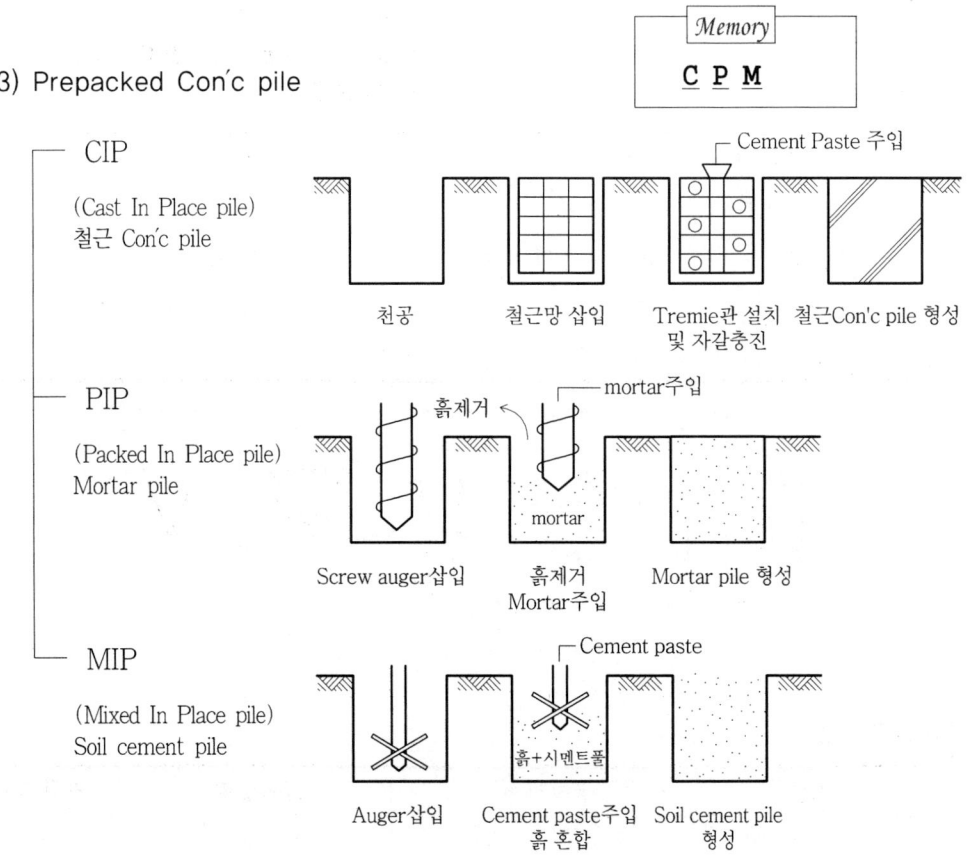

- CIP
  (Cast In Place pile)
  철근 Con'c pile

- PIP
  (Packed In Place pile)
  Mortar pile

- MIP
  (Mixed In Place pile)
  Soil cement pile

> Memory
> **C P M**

4) 시공시 주의사항

- 수직도
- 선단지반교란
- Slime 제거
- 기계인발시 공벽 붕괴
- 피압수
- 공벽유지
- Con'c 품질확보
- 안정액 관리
- 공해관리
- 규격관리

> Memory
> 수선 스(Sl)럽게 기 피하였더니
> 공 콘(Con'c)하면서 안으로 공격해오더라.

4 기초침하

1) 종류

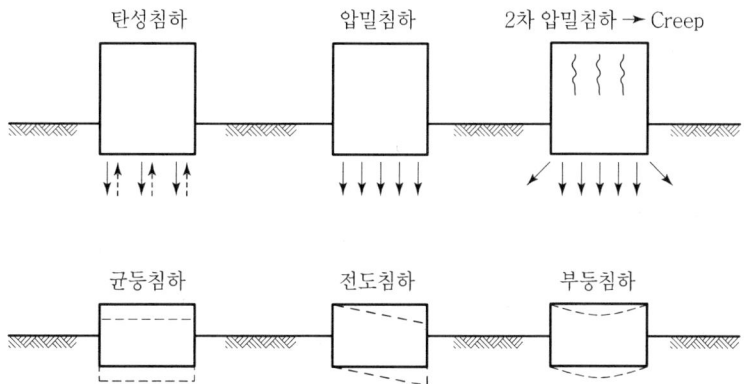

2) 원인

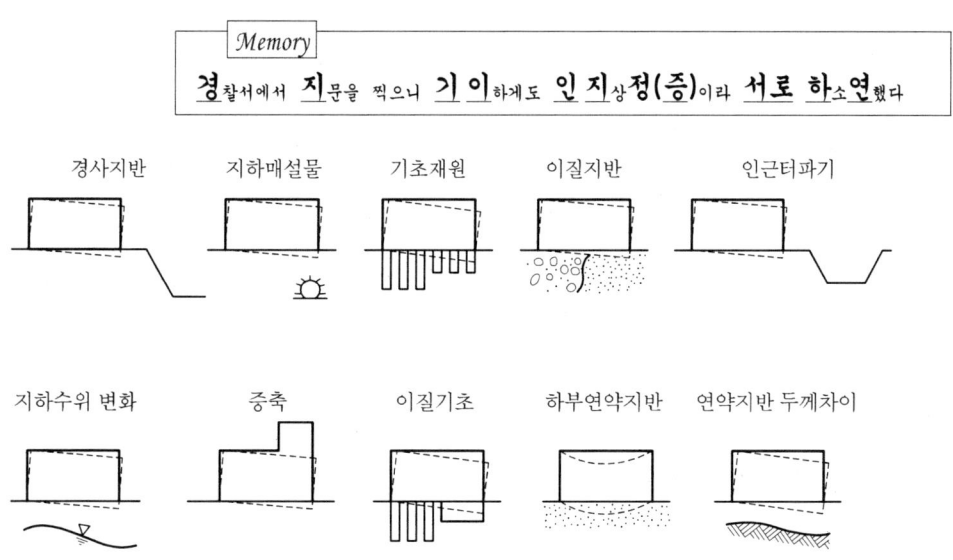

3) 대책

① 연약지반개량
② 건물의 경량화
③ 마찰말뚝시공
④ 지하실 설치
⑤ 기초제원통일
⑥ Underpinning

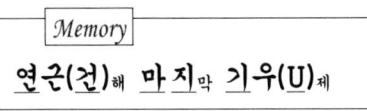

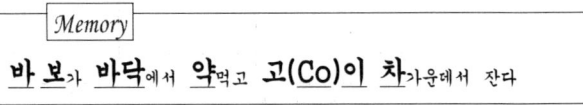

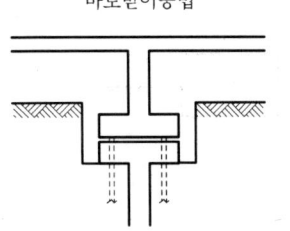
바로받이공법

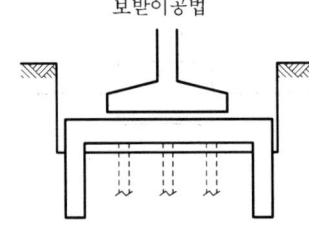
보받이공법

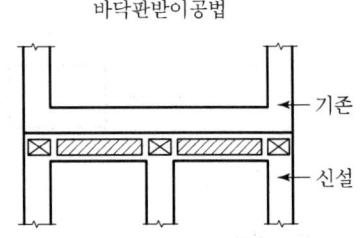
바닥판받이공법

약액주입공법

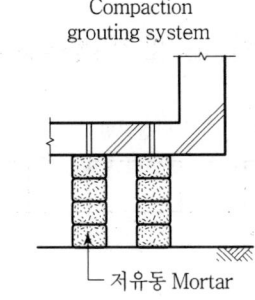
Compaction grouting system

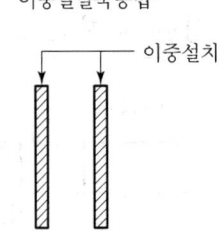
이중널말뚝공법

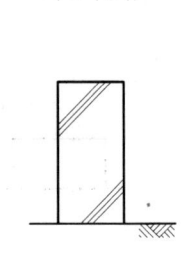
차단벽공법

[5] 부상방지

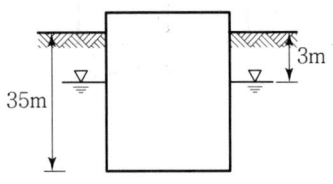

지하수압(W) = 35−3 = 32ton/m²
즉, 지하실을 포함하여 대략
32개층을 들어올릴 수 있는 부력이다.

1) 원인

① 피압수
② 지하수위변동
③ 지반여건
④ 건물자중

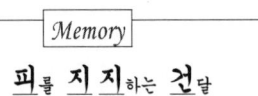

2) 대책

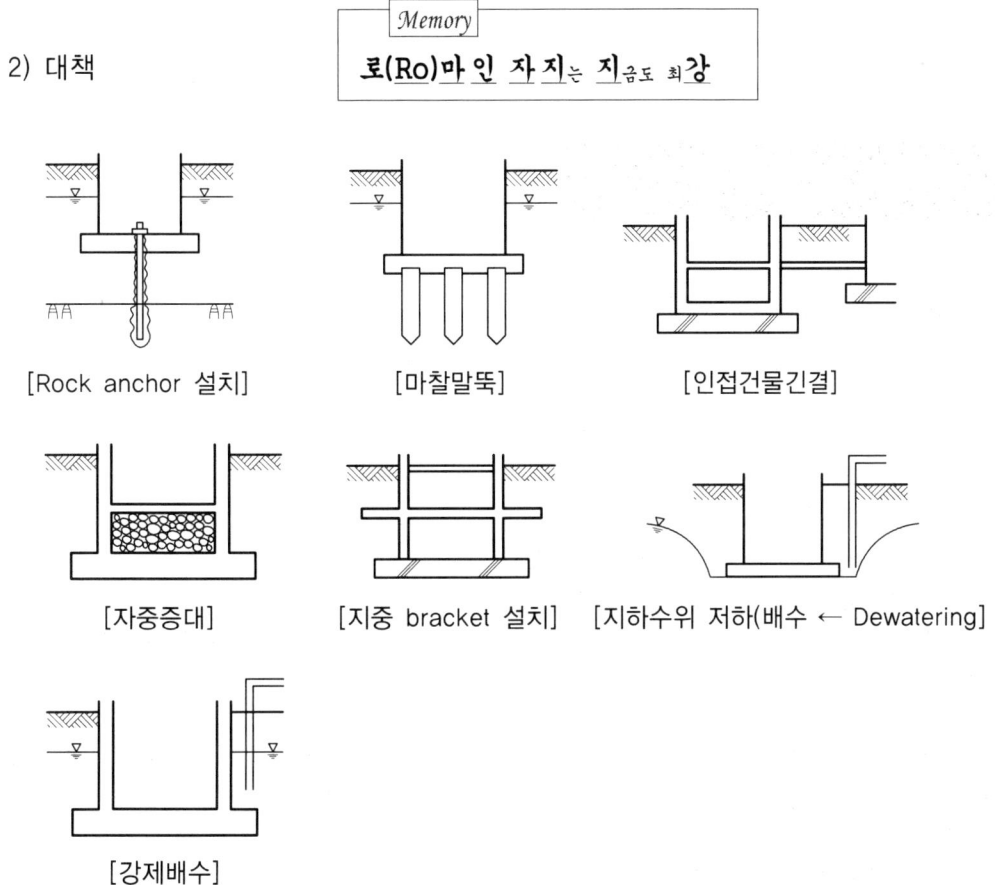

[Rock anchor 설치]   [마찰말뚝]   [인접건물긴결]

[자중증대]   [지중 bracket 설치]   [지하수위 저하(배수 ← Dewatering)]

[강제배수]

6 RCD와 Barrette 기초의 비교

	RCD	Barrette
단면	◯	─ ▭ ✚ H
저항하중	수직하중	수직하중 수평하중

永生의 길잡이―여섯

■ 용서의 능력

천식으로 심하게 고생하던 윌리엄은 정년이 되기도 전에 퇴직 신청을 했습니다. 얼마 전에는 폐렴까지 걸렸는데 회복될 기미가 전혀 보이지 않았습니다. 그는 기도 모임에 와서 예수님께 아픔을 치유해달라고 구했습니다. 그의 얼굴은 너무 굳어 있어서 마치 석고상 같았습니다. 그는 어렸을 때 표현할 수 없을 정도로 심한 고통을 당했습니다. 부모는 그를 원하지 않았고 심하게 때리기까지 했습니다. 결국 양부모 밑에서 자라게 되었는데 그곳에서도 상황은 별반 나아지지 않았습니다. 그들이 그를 입양한 이유는 단지 대를 잇기 위해서였습니다. 그는 현실과 타협할 수 없었고, 자신의 정체성을 발견할 수도 없었습니다.
그는 어린 시절을 고통만 가득한 시간으로 기억했습니다. 그는 웃음을 잃었고 기쁨을 느끼지 못했습니다.

나는 예수님이 그의 이름을 아시고 그에게 개인적으로 말씀하시며 그를 자유롭게 해주기 원하신다는 것을 이야기했습니다. 그리고 그분이 그에게 많은 어려움을 주었던 사람들을 그가 용서하기 원하신다는 것도 전했습니다.
"그들을 용서하라고요? 그럴 수 없습니다."
그의 답변을 들은 나는 물었습니다.
"낫기를 원하십니까?"
결정적인 질문이었습니다. 그는 자기 자신과 싸웠습니다.
"네" 라는 대답을 하기까지 정말 힘든 싸움이었습니다. 그는 그렇게 오랫동안 어깨에 짊어지고 다녔던 무거운 짐을 십자가 아래 내려놓았습니다. 주님이 그에게 용서할 수 있는 힘을 주신 것입니다.

예수님은 일생 동안 갇혀 있던 감옥에서 그를 해방시키셨습니다. 그의 내적인 문제가 해결되고 나니 기관지도 치유되었습니다.
우리 주님의 역사를 함께 경험한다는 것, 그것은 너무나 큰 감격입니다.

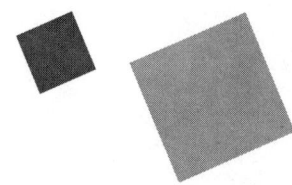

철근콘크리트 공사 5장

■ 장판지 ··· 73

1절 철근공사
1. 이 음 ·· 77
2. 정 착 ·· 79
3. 조 립 ·· 80
4. 피복두께 ··· 81
5. 철근의 방청법 ··· 82

2절 거푸집공사
1. 종 류 ·· 83
2. 조 립 ·· 85
3. 검 사 ·· 85
4. 측 압 ·· 85
5. 거푸집 존치기간(해체) ·· 87
6. 동바리 ·· 88
7. 시공시 유의사항 ··· 88

3절 콘크리트공사
1. 재 료 ·· 89
2. 배합설계 목적 : 강도, 내구성, 수밀성 ··· 91
3. 시 공 ·· 93
4. 시 험 ·· 96
5. W/B & workability(강도+내구성=균열) ··· 98
6. Con'c 이음(줄눈, joint) ··· 99
7. Con'c 균열 ··· 100
8. Con'c 성질 ··· 101

永生의 길잡이-일곱

■ 하나님의 거미줄

북아프리카에서 사역하는 프레드릭 놀란이라는 선교사가 있었습니다. 그는 북아프리카에서 일어난 기독교 탄압을 받고 원수들을 피해 도망쳤습니다.

언덕을 지나 계곡으로 쫓기는데 몸을 숨길 곳이 없었습니다. 마침 길 옆에 작은 굴이 보여 들어갔지만, 두려움이 몰려왔습니다. 자포자기하는 마음으로 죽음을 기다리다가 그는 하나님을 기억하고 그분께 매달렸습니다.

"주님, 제가 이렇게 죽는 건가요? 제 사명이 이것으로 끝인가요?"
그는 하나님께 부르짖으며 절박한 심정으로 기도했습니다.

그런데 어딘가에서 거미가 나오더니 굴 입구에 거미줄을 치기 시작했습니다. 거미는 순식간에 굴 입구를 가로질러 거미줄을 쳤습니다. 그를 쫓아오던 자가 굴 앞에 멈춰 서서 굴을 살폈는데 입구에 거미줄이 쳐 있고 줄을 건드린 흔적이 없는 것을 보고는 그냥 지나갔습니다. 그들이 떠난 후 굴에서 빠져나온 놀란은 이렇게 감탄했습니다.
"하나님이 계신 곳은 거미줄도 벽과 같고, 하나님이 계시지 않은 곳은 벽도 거미줄 같다."

당신은 두려우십니까?
빛이시요 구원이시며 생명의 능력이신 하나님을 신뢰하십시오! 그리고 그분과 교제하고 예배하면서 그분께 모든 것을 간절히 아뢰십시오. 하나님이 계신 곳은 거미줄도 벽과 같습니다. 그분이 우리로 능히 두려움을 이기게 하실 것입니다.

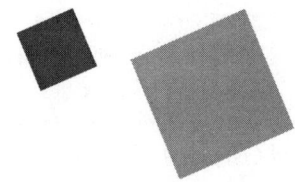

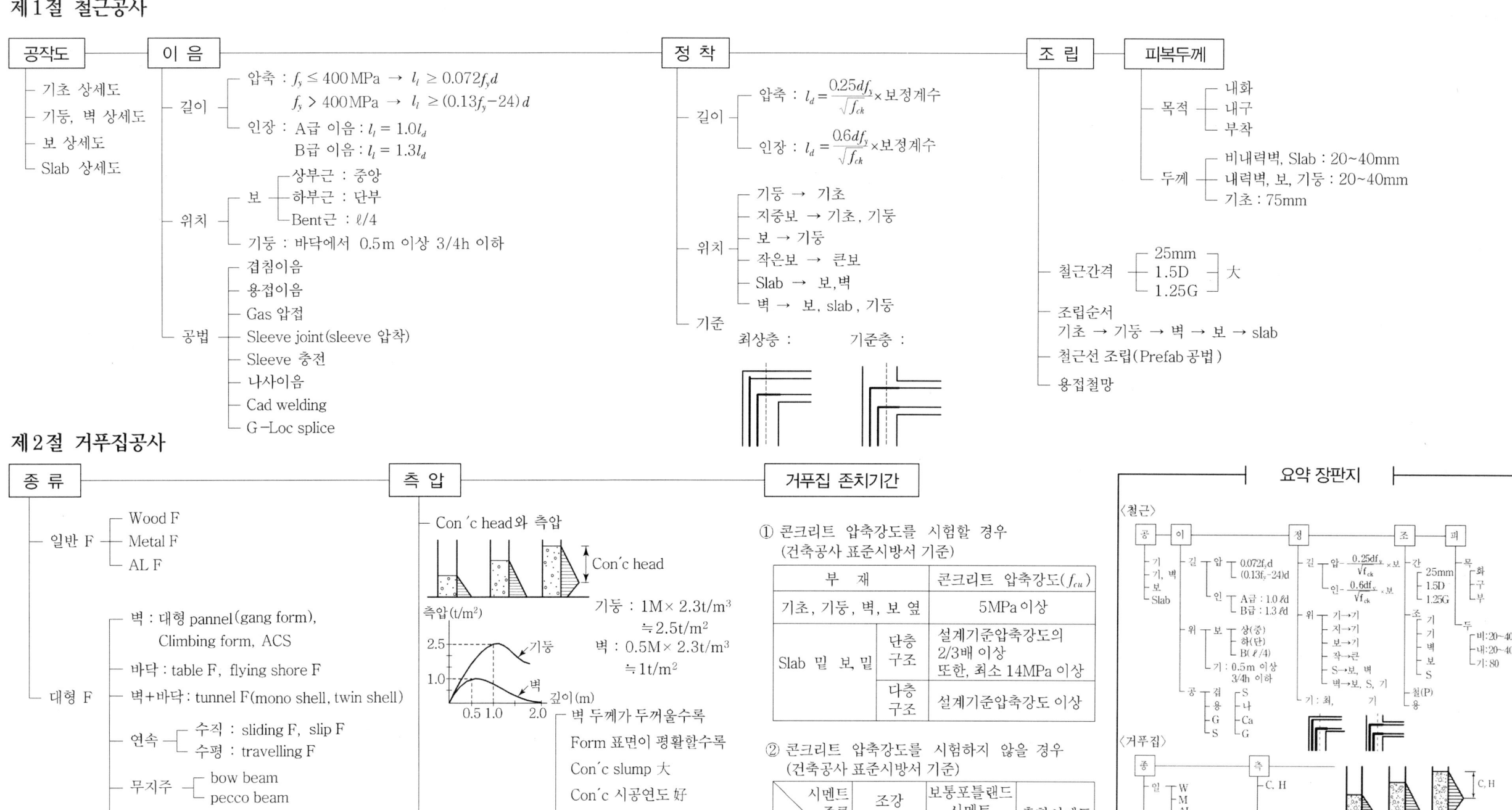

제5장 철근콘크리트공사

제3절 Con′c 공사

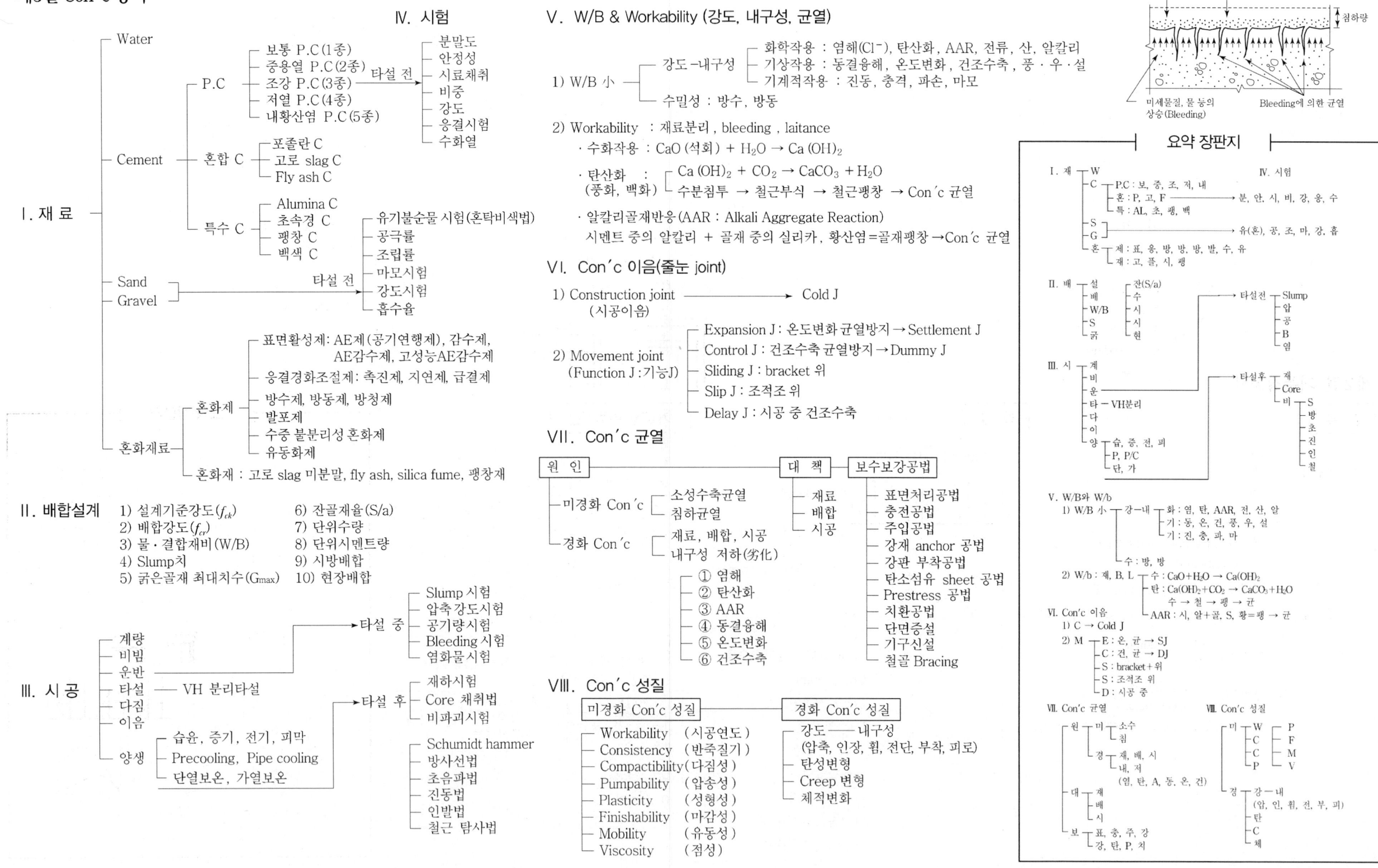

제5장 특수 콘크리트 비교

Item \ 종류		한중 Con'c	서중 Con'c	매스 Con'c	진공 Con'c	유동화 Con'c	고강도 Con'c
개 요		·하루 평균기온 약 4℃ 이하 ·동결위험시	·하루 평균기온이 25℃ 또는 최고기온이 30℃	·부재단면 0.8m 이상 ·하부 구속이 있는 경우에는 50cm 이상	·진공 mat, pump로 수분 제거하는 Con'c	·유동화제 혼입해 일시적으로 유동성 증대시킨 Con'c	·$f_{ck} \geq 40$MPa인 Con'c (경량 Con'c $f_{ck} \geq 27$MPa)
특 징		[문제점] ·응결지연 ·동결융해 ·내구성 저하 ·수밀성 감소	[문제점] ·단위수량 증가 ·슬럼프 감소 ·응결촉진 ·균열발생 ·강도저하	[문제점] ·과도한 수화열 ·온도균열 ·내구성, 수밀성, 강도에 영향	·초기, 장기강도 증대 ·경화수축 감소 ·표면경도 증대 ·Con'c 마모저항 증대 ·동해 저항성 증대	[장점] ·시공연도 개선 ·균열방지 ·강도, 내구성 증대 ·B 감소, L 감소 [단점] ·투입공정 증가 ·시공·시간 관리	[장점] ·부재경량화, 소요단면 감소 ·시공능률 향상, creep 감소 [단점] ·취성파괴 우려, 내화적 ×
일반사항		·골재저장관리 ·가열보양대책	·골재저장관리 ·시공, 양생관리	·수화열 낮은 시멘트, 시멘트량 적게 ·시공, 양생, 관리			·제조방법 결합재 강도 개선, 활성골재 사용, 다짐방법 개선, 양생방법 개선, 보강재 사용, W/B비 적게 ·AE제 사용금지
재료	·물 ·음료수, 지하수 ·산 ×, 알칼리 ·염 ×	·좌동 ·온수 사용	·좌동 ·냉각수 사용	·좌동 ·냉각수 사용	·좌동	·좌동	·좌동
	Cement ·풍화 ×, 저장 분안시비강응수	·조강, 알루미나 ·분말도 높은 것 ·가열사용 ×	·중용열, 고로, 플라이 애쉬 ·분말도 낮은 것	·중용열 ·분말도 낮은 것	·보통	·보통 ·중용열, 고로, 플라이 애쉬 ·분말도 높은 것	·보통 ·고로 특급, 플라이 애쉬 A종
	골재 FM - S 2~3 - G 6~8 ·청정, 견고 ·거칠고 둥근 ·유공체마강흡	·좌동 ·빙설 혼합 안 된 것 ·재료가열≤60° ·골재동결방지	·좌동 ·얼음사용. 혼합 ·Precooling 실시	·Precooling	·좌동	·좌동	·좌동 [굵은골재]-선정시 주의 ·입도분포양호 → 공극률 저하 ·단단하고 견고 ·시멘트 풀과 열팽창 계수 비슷
	혼화제 표응방방방발수유	·AE제, AE감수제 ·응결경화촉진제 ·방동제	·AE제, AE감수제 ·응결지연제 ·유동화제, bleeding 방지제	·AE제, AE감수제 ·유동화제	·AE제	·유동화제 ·방수제, 팽창재	·실리카 흄, 플라이 애쉬, 고로 slag ·고성능 감수제
배합	W/B비 Slump 단위수량 G_{max} S/a	·W/B비 60% 이하 ·단위수량 적게	·W/B비 낮게 ·단위수량 증가 ·Slump 180mm 이하 ·단위시멘트량 증가	·Slump 150mm 이하 ·단위시멘트량 적게 ·G_{max} 크게 ·잔골재율 적게		·W/B비 낮게 ·Slump 베이스 Con'c → 150mm 이하 유동화 Con'c → 210mm 이하 ·단위수량 베이스 Con'c 185kg/m³ 이하	·W/B비 50% 이하 ·Slump 150mm 이하 ·단위수량 180kg/m³ 이하 ·단위시멘트량, 단위수량 적게 ·잔골재율 적게 ·G_{max} 40mm 이하(가능한 25mm 이하)
시공	준비작업 계량 비빔 운반 타설 다짐 이음 양생 ·타설 전 : 슬강공비염 ·타설 후 : 재코비수방초진인철	·가열순서 물→모래→자갈 ·믹서 내 온도 ≤40℃ ·부어넣기 온도 5~20℃ ·Hopper, 배관재 보온처리 ·단열, 가열양생, 공간, 표면, 내부가열 ·초기 양생시 0℃ 이상 ·초기강도 5MPa 이상	·비빔 후 1~1.5시간 내에 타설 ·타설속도 조절 ·연속적으로 타설 ·가능한 야간작업 ·타설 후 살수양생 ·Cold joint × ·양생 ┬ Precooling 　　　└ Pipe cooling	·1회 타설높이 낮게 ·부어넣기온도 ≤35℃ ·내외부 온도차 적게 ·내외부 온도 서서히 냉각 ·습윤상태 유지 ·Cold joint × ·양생 ┬ Precooling 　　　└ Pipe cooling	<Flow-chart> Con'c 타설 ↓ 표면고르기 ↓ 진공 mat 설치 ↓ 진공 pump 가동 ↓ 대기압 가압다짐 (6~8t/m²)	·유동화제는 원액 사용 ·정해진 양을 한 번 첨가 원칙 ·유동화제 계량오차 3% 이내 ·운반시 저속 운행 ·유동화제 경과시간 고려하여 타설 ·기계 다짐	·재료분리 슬럼프 저하 고려 신속운반 ·운반거리 긴 경우는 트럭 믹서 사용 ·타설 일체화-V.H 타설 ·재료분리 방지 위해 부어넣기 낙하고는 1m 이하 ·낮은 W/B비 → 습윤양생 ·거푸집 존치기간 길게
철근공사		·상온 미리 가공 ·온도근　·배력근	·좌동	·배력근 ·온도근			
거푸집공사		·단열거푸집 ·지반동결융해로 인한 Support 설치시 주의	·거푸집 살수, 습윤 ·Metal form 사용시 Pipe cooling	·보온성 거푸집 ·단열거푸집 ·측압주의	·수밀 진공 거푸집 사용 (공기, 수분, 차단)	·좌동	·거푸집 살수, 습윤 ·받침기둥 견고

1절 철근공사

1 이음

1) 원칙

① 한곳에 반수 이상 잇지 않는다.
② 큰 응력을 받는 곳은 피하고, 엇갈려 잇는다.
③ $\phi 28$mm 이상 철근 이음은 겹침 이음 금지
④ 지름이 다른 경우 작은 철근의 지름에 의함

2) 길이

① 압축 : $f_y \leq 400$MPa → $l_l \geq 0.072 f_y d$
$f_y > 400$MPa → $l_l \geq (0.13 f_y - 24)d$
300mm 이상

Memory
땡칠이(0 7 2)가 일산(1 3)으로
이사(2 4)간다

② 인장 : A급 이음 : $l_l = 1.0 l_d$
B급 이음 : $l_l = 1.3 l_d$
300mm 이상

3) 위치

① 보

이음위치

$l/4$ ─ l ─ $l/4$

상부근 : 중앙
하부근 : 단부
Bent근 : $\ell/4$

② 기둥

$\frac{H}{4}$
이음위치
0.5m

바닥에서 0.5m 이상,
기둥상부에서 H/4 이하

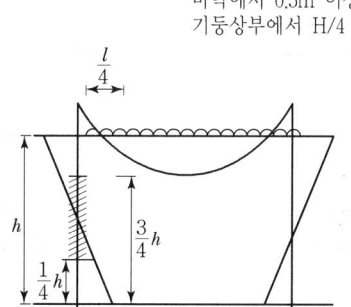

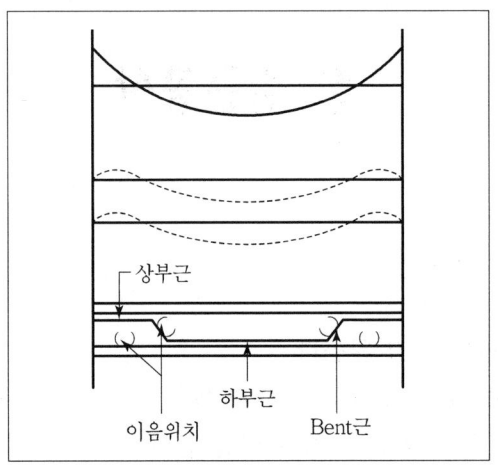

4) 공법   > Memory : 거(겹) 요(용)가(Ga)나 배우러 슬(Sl)슬(Sl) 나가(Ca) 지(G)!

① 겹침이음 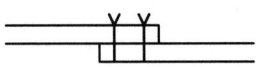   ② 용접이음

③ Gas 압접

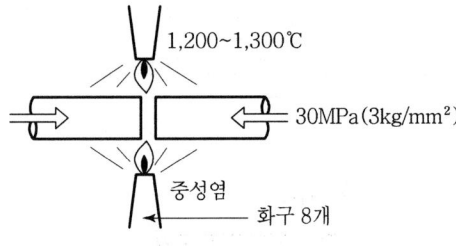

기계설치 → 초기투입비 多
공사비 ↑
품질관리 어렵다.

④ Sleeve joint(압착)   ⑤ Sleeve 충전

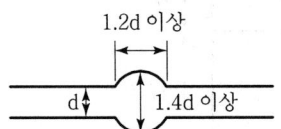   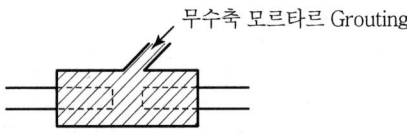

⑥ 나사이음   ⑦ Cad welding

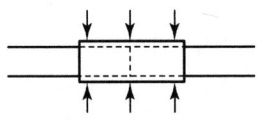   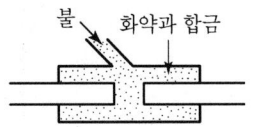

⑧ G-loc splice

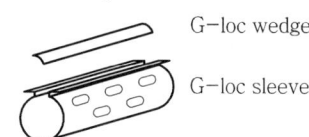

5) 기준

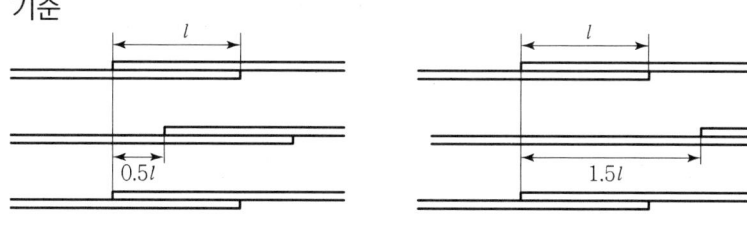

0.5ℓ 또는 1.5ℓ 이상 빗나가게 이음

2 정 착

1) 길이

① 압축 : $l_d = \dfrac{0.25 d f_y}{\sqrt{f_{ck}}} \times 보정계수, \geq 200\text{mm}$

② 인장 : $l_d = \dfrac{0.6 d f_y}{\sqrt{f_{ck}}} \times 보정계수, \geq 300\text{mm}$

2) 위치(응력전달순서에 따라)

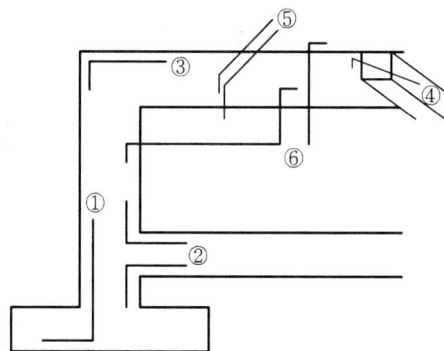

① 기둥 → 기초
② 지중보 → 기초, 기둥
③ 보 → 기둥
④ 작은보 → 큰보
⑤ Slab → 보, 벽
⑥ 벽 → 보, slab, 기둥

3) 기준

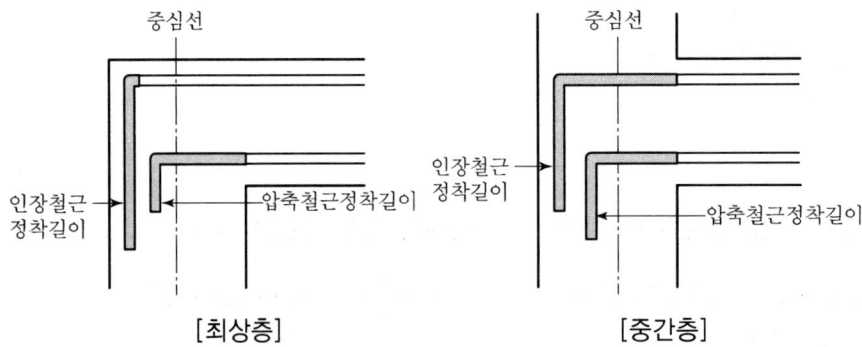

3 조 립

1) 철근순간격

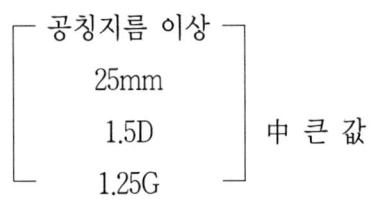
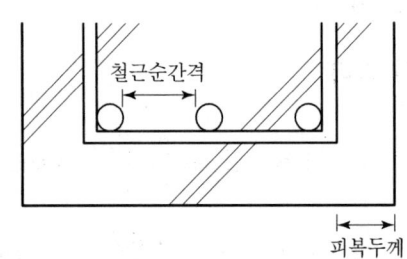

2) 조립순서

기초 → 기둥 → 벽 → 보 → slab

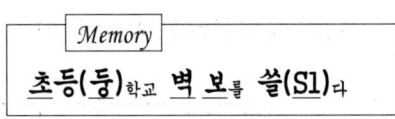

3) 철근 prefab 공법(=철근공사 성력화공법, 철근공사 system화, 철근 선조립공법)
① 기둥·보 철근
② 벽·바닥 철근

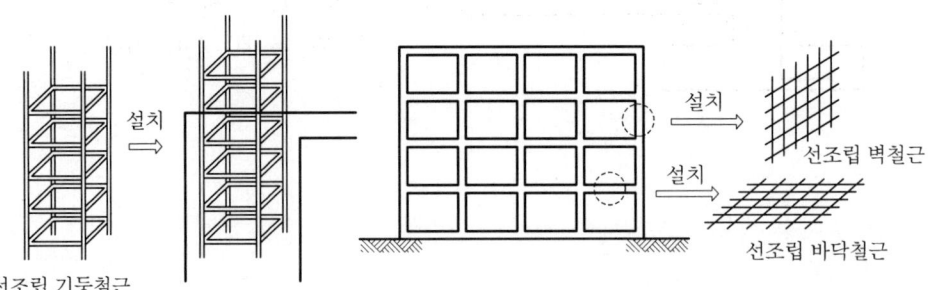

③ Ferro deck

철근공사와 거푸집공사의 동시 복합공법

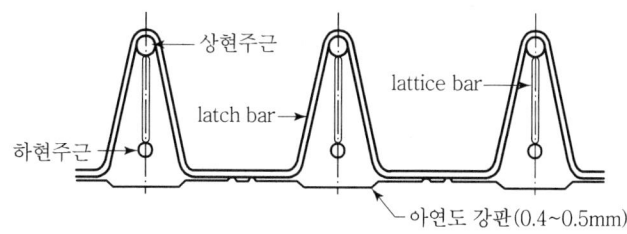

4 피복두께

1) 목적

① 부착성
② 내화성
③ 내구성
④ 방청성
⑤ 콘크리트 타설시 골재의 유동성

> Memory
> 부처는 내 내 방유한다

2) 최소피복두께

건축공사표준시방서 기준

부위 및 철근 크기			최소피복두께(mm)
수중에서 치는 콘크리트			100
흙에 접하여 콘크리트를 친 후 영구히 흙에 묻혀 있는 콘크리트			75
흙에 접하거나 옥외 공기에 직접 노출되는 콘크리트	D19 이상의 철근		50
	D16 이하의 철근, 지름 16mm 이하의 철선		40
옥외의 공기나 흙에 직접 접하지 않는 콘크리트	슬래브, 벽체, 장선	D35 초과하는 철근	40
		D35 이하인 철근	20
	보, 기둥		40

* 피복두께의 시공 허용오차는 10mm 이내로 한다.

5 철근의 방청법

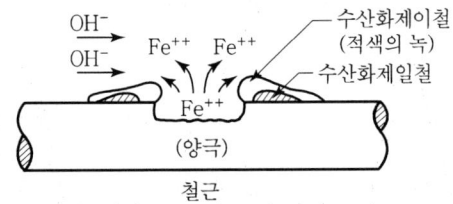

$$Fe + H_2O + \frac{1}{2}O_2 \rightarrow Fe(OH)_2 : 흑청$$

$$Fe(OH)_2 + \frac{1}{2}H_2O + \frac{1}{4}O_2 \rightarrow Fe(OH)_3 : 적청$$

1) 원인 : 염, 탄, 알, 동, 온, 건, 진, 충, 마, 파
2) 대책(방청법)
   ① 합금법 : 합금철근 사용   ② 피막법 : 방청 paint, 기름, 도금
   ③ 전기법 : 음극 및 양극 소멸   ④ 제염법 : 해사는 제염하여 사용
   ⑤ 무염사 : 무염사 혼합 사용   ⑥ 낮은 slump 유지
   ⑦ 낮은 W/B 유지   ⑧ 방청제 사용
   ⑨ 피복두께 유지   ⑩ 수밀 Con'c
   ⑪ 콘크리트 표면 마무리 : 수밀성 확보

2절 거푸집공사

1 종 류

1) 일반 Form

```
┌ Wood form(합판 거푸집)
├ Metal form(철재 거푸집)
└ Aluminium form(알루미늄 거푸집)
```

2) 대형 Form (전용 F, 특수 F, system F)

장점
① 전용횟수 高
② 품질향상
③ 기계화 시공
④ 공기 획기적 단축
⑤ 무사고
⑥ 조립해체 일체
⑦ 원가절감
⑧ Con'c 품질 好
⑨ System 化

단점
① 초기 투자비 과다
② 숙련공 필요
③ (대형)사고 발생 高
④ 기계(T/C) 인양, 해체

> **Memory**
> 벽봐(바)! 벽! 엿(연)무 봐(바)!

- 벽
  - 대형 panel F(=gang F)
  - Climbing F : gang F + ┌ 거푸집 설치용 비계틀
                          └ 하부마감용 비계틀
  - ACS F : Climbing F + 유압잭
- 바닥
  - Table F : 수평 이동
  - Flying shore F : 수평, 수직 이동
- 벽 + 바닥 : Tunnel F(mono shell, twin shell)
- 연속
  - 수직 : sliding F(변화 ×), slip F(변화 ○)
  - 수평 : travelling F → 주로 터널에 사용

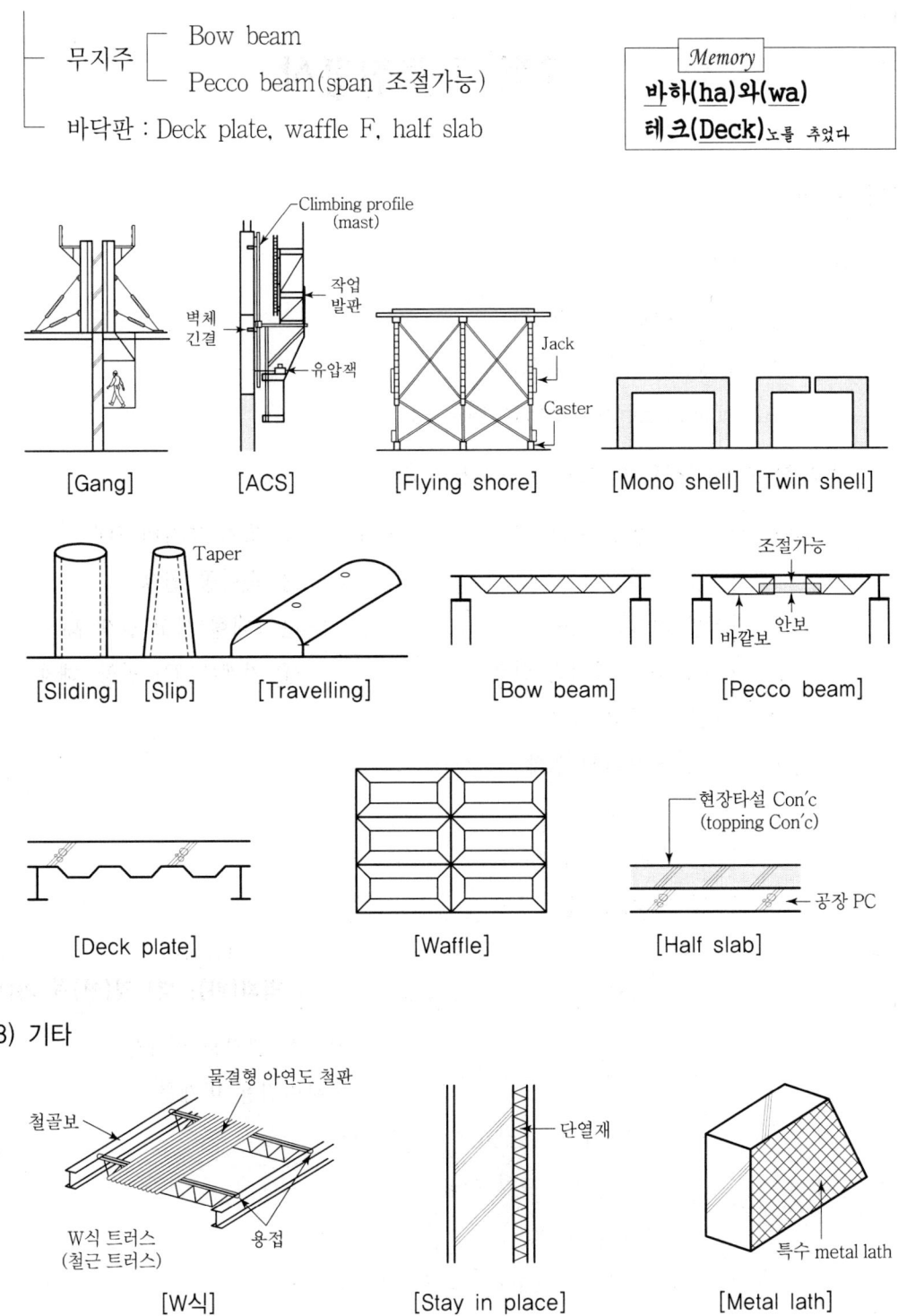

3) 기타

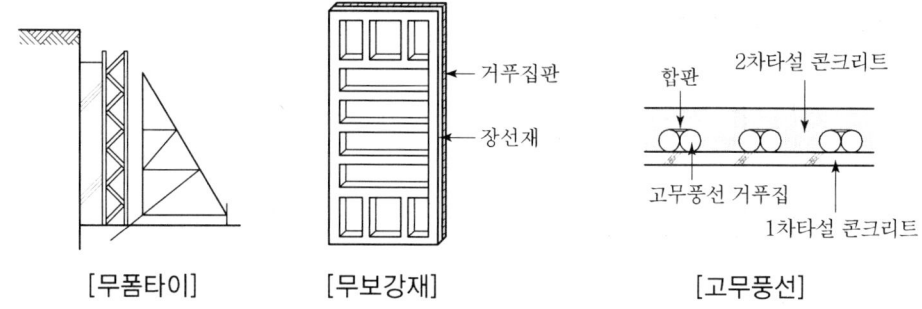

[무폼타이] [무보강재] [고무풍선]

2 조립

1) 거푸집 요구조건

> Memory
> 외치라! 구경꾼의 수가 가소롭내

① 외력에 변형 없을 것
② 치수, 형상 정확
③ 구성재 종류 간단
④ 경량화, 운반 취급
⑤ 수밀성
⑥ 가격 저렴
⑦ 가공, 조립해체 용이
⑧ 소재 청소, 보수 용이
⑨ 내구성, 반복사용

2) 지주 요구조건

① 적재하중, 작업하중, 측압 안전
② 수평력 유지
③ 부상 방지

3 검사

① 수직, 수평, 높이 검사
② 관통구멍, 매설물 확인
③ 연결철물, 청소상태 검사

4 측압

─ 측압 : Con'c 타설시 기둥, 벽체 거푸집에 가해지는 Con'c의 수평 방향 압력
─ Con'c head : Con'c 타설 윗면으로부터 최대측압까지의 거리

1) Con'c head와 측압

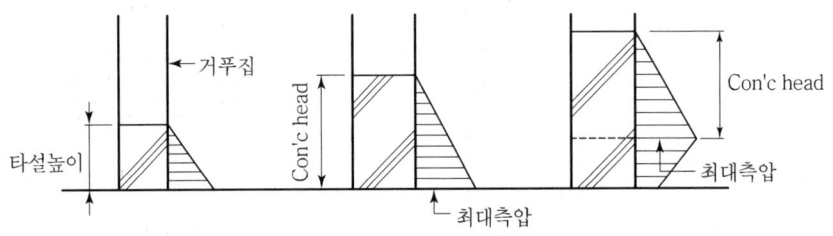

① 타설 시작   ② 타설중 (Con'c head 도달)   ③ 타설 종료

2) Con'c head에 따른 측압치

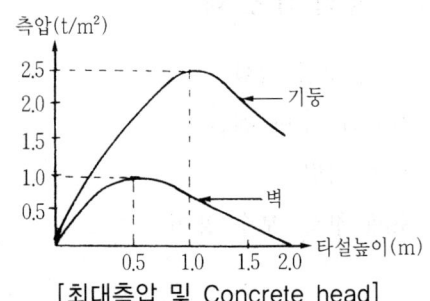

[최대측압 및 Concrete head]

① Concrete head의 최대값
- 벽 : 0.5m
- 기둥 : 1.0m

② 콘크리트의 최대측압
- 벽 : $0.5m \times 2.3t/m^3 ≒ 1.0t/m^2$
- 기둥 : $1m \times 2.3t/m^3 ≒ 2.5t/m^2$

3) 거푸집 설계용 측압 표준치

(t/m²)

구분	벽	기둥
내부 진동기	2	3
외부 진동기	3	4

4) 측압영향 요소(큰 경우)

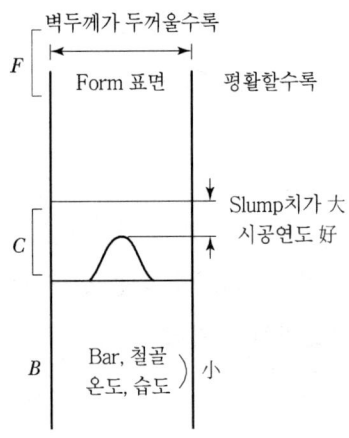

- 富配合(Rich mix) ↔ 貧配合(Poor mix) Lean
- 다짐이 충분할수록
- 타설높이 높을수록
- 타설속도 빠를수록

5 거푸집 존치기간(해체)

1) 콘크리트 압축강도를 시험할 경우

부재		콘크리트 압축강도(f_{cu})
기초, 보, 기둥, 벽 등의 측면		5MPa 이상
슬래브 및 보의 밑면, 아치 내면	단층구조인 경우	설계기준압축강도의 2/3배 이상 또한, 최소 14MPa 이상
	다층구조인 경우	설계기준압축강도 이상

- 기준 : 건축공사표준시방서, 콘크리트공사표준시방서

2) 콘크리트 압축강도를 시험하지 않을 경우

건축공사표준시방서와 동일(개정)

시멘트의 종류 / 평균 기온	조강포틀랜드시멘트	보통포틀랜드시멘트 혼합시멘트 A종	혼합시멘트 B종
20℃ 이상	2일	4일	5일
20℃ 미만 10℃ 이상	3일	6일	8일

- 기준 : 건축공사표준시방서, 콘크리트공사표준시방서

6 동바리

1) 동바리 존치기간

부재	콘크리트 압축강도
슬래브 밑, 보 밑	설계기준강도 100% 이상

받침기둥의 존치기간은 Slab 밑, 보 밑 모두 설계기준 강도의 100% 이상 콘크리트 압축강도가 얻어진 것이 확보될 때까지 한다.

2) 지주 바꿔 세우기(Reshoring)
 ① 존치기간이 경과된 개소
 ② 타설시 채취한 공시체를 강도시험 : 소요 28일 강도의 1/2을 넘는 경우

③ 모든 지주 동시 철거후 세우기 금지
④ 먼저 큰보 일부에서부터 순차적으로 작은보, 바닥판의 지주를 신속하게 바꿔 세운다.
⑤ 바꿔 세운 지주는 상부에 300mm 각 이상의 두꺼운 판을 설치하고, 쐐기 등을 끼워 전의 지주와 동등한 지지력 작용
⑥ 지나치게 하여 역하중 발생 금지

7 시공시 유의사항

1) 거푸집
   - 강성 및 강도 확보
   - 거푸집 수밀성 유지
   - 수직, 수평 간격
   - 조립 해체 용이
   - 매입철물
   - 균등한 긴장도 유지
   - 정밀시공

2) 동바리(받침기둥, 지주)
   - 균등한 응력 유지
   - 동바리 전도 방지
   - 동바리 교체 원칙적 불가
   - 교체시 순서 준수
   - 충격, 진동 금지
   - Filler 처리 유의

3절 콘크리트공사

1 재 료

1) Water : 청정수, 해수×, 유기불순물(흙, 기름, 산)×

2) Cement : 강도大, 적정분말도(2,800~3,200cm²/g)

　　　　　　비중(보통 3.15, 최소 3.05) 응결시간(초결 1시간 이상, 종결 10시간 이내)

　　　　　　적정 수화열(70cal/g)

① PC

> Memory
> 보증(중) 섰다 조 저 내! 초조하네!

- 보통PC (1종)
- 중용열 (2종) : 서중Con'c, 초기강도 발현 늦음, 장기강도 유리
- 조강 (3종) : 한중Con'c, 28일강도 → 7일강도
- 저열 (4종) : Mass Con'c, 중용열보다 수화열↓, 수밀Con'c
- 내황산염(5종) : 온천, 해안, 항만
- 초조강 : 한중Con'c, 긴급공사용 28일강도 → 3일강도

② 혼합 C

> Memory
> 포 천 인 고 용시 장 수가 보장되니 아(a)발전소 굴뚝이 탄 탄하네

- Pozzolan : 천연Pozzolan, 인공Pozzolan
- 고로slag : 용광로, 장기강도↑, 수화열↓
- Fly ash : 화력발전소, 굴뚝재, 석탄회, 미분탄회

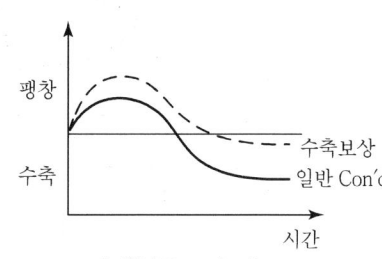

[팽창콘크리트]

③ 특수 C

- Alumina : 28일강도 → 1일강도, 긴급공사
- 초속경 : 1~2시간, 10MPa, 긴급보수공사, Grout
- 팽창 : 수축보상용(팽창 小), 화학적 프리스트레스용(팽창 大)
- 백색 : 타일줄눈용, 칼라 cement
- MDF Cement(Macro Defect Free) : 미세분말 → 고수밀 Con'c

3) 골재

$$\left.\begin{array}{l}\text{Sand}\\\text{Gravel}\end{array}\right]$$ 청정, 견고, 내구성(유기불순물×, 미세립분×)

① 입경

- 잔골재(모래) : 5mm체 85% 이상 통과
- 굵은골재(자갈) : 5mm체 85% 이상 남음

② 산지

- 천연골재
- 인공골재

③ 비중

- 경량골재 : 2 이하
- 보통골재 : 2.5 정도
- 중량골재 : 3.0 이상

4) 혼화재료

① 혼화제(Agent, 첨가량 5% 미만, 중량계산 제외, Con'c 성질 개선)

- 표면활성제 : AE제(공기 연행제), 감수제, AE감수제, 고성능 AE감수제

  기포작용
  - AE제

    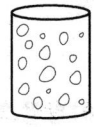
    · Entrapped air(갇힌공기) : 1~2% 크고 부정형
    · Entrained air(연행공기) : 3~4% 작고 구형(원형)

    → 1%↑ $\begin{array}{l}\text{강도 3~5% ↓}\\\text{단위수량 3%↓ - 강도↑}\end{array}$ → 콘크리트 표준시방서 공기량 규정목적
    ① 동결융해 저항성
    ② Workability

    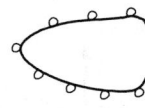 Ball bearing 역할
    - W/B↓ : 내구성, 수밀성, 강도, 방수, 방동
    - Workability↑ : 재료분리, Bleeding, Laitance ×

  - AE제(Air Entraining Agent)

    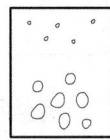
    자연발생 : Entrapped Air 1~2% ┐
    AE제 : Entrained Air 3~4%   ┘ 4~6%
    ↳ Ball Bearing 역할 →Workability好 →W/C↓ →강도↑ →균열↓
    　　　　　　　　　　(施工軟度)

- 응결경화 조절제 : 촉진제, 지연제, 급결제
- 방수제, 방동제, 방청제
- 발포제

```
├─ 수중불분리성 혼화제
└─ 유동화제
```

② 혼화재(Admixture 첨가량 5% 이상, 중량계산, Con'c 물성 개선)

```
├─ 고로 slag 미분말, Fly ash, Silica fume
└─ 팽창재
```

· Fly ash 혼합률과 콘크리트 압축강도

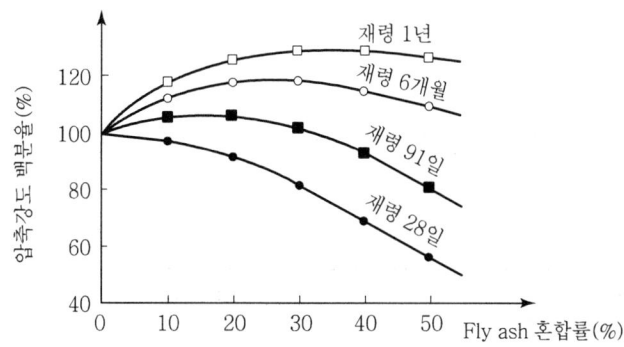

Fly ash 혼합률이 20% 내외시 콘크리트 압축강도가 높다.

2 배합설계 목적 : 강도, 내구성, 수밀성

> Memory
> **설**익은 **배**는 **물**은 **쓸(S1)**어내고, **굵**은 **잔**당은 **수 시**로 **시방 현장**에 보내라

1) 설계기준강도 (소요강도) : f_{ck}

2) 배합강도 : f_{cr}

$$f_{cr} \geq f_{ck} + 1.34s$$
$$f_{cr} \geq (f_{ck} - 3.5) + 2.33s$$

中 큰 값

(s : 표준편차)

3) W/B(물결합재비)

$$\text{물결합재비(W/B)} \ \frac{51}{f_{28}/k + 0.31} \ (\%)$$

f_{28} : 콘크리트 28일 압축강도
k : 시멘트 강도

4) Slump치 : workability 판단

종 류		슬럼프 값(mm)
철근콘크리트	일반적인 경우	80~150
	단면이 큰 경우	60~120
무근콘크리트	일반적인 경우	50~150
	단면이 큰 경우	50~100

단, 진동기를 사용하는 경우임

5) 굵은골재 최대골재(G_{max})

① G_{max} 大(40mm 이하) → 단위수량 감소, 단위시멘트량 감소, W/B비 감소 → 강도, 내구성 증대

② 부재 종류에 따른 G_{max}

구조물의 종류	굵은골재의 최대치수(mm)
일반적인 경우	20 또는 25
단면이 큰 경우	40
무근콘크리트	40 부재 최소치수의 1/4 이하

6) 잔골재율(S/a)

① S/a ↓ : 단위시멘트량 감소
         : 단위수량 감소 ⎤ → 강도 大

② $S/a = \dfrac{sand\ 용적}{aggregate\ 용적} \times 100 = \dfrac{sand\ 용적}{gravel\ 용적 + sand\ 용적} \times 100$

Air
Water
Cement
Sand
Gravel

잔골재
굵은골재 ⎤ 골재(Aggregate)

$$잔골재율 = \dfrac{잔골재}{골재} = \dfrac{S}{a} \times 100\%$$

$$= \dfrac{S}{G+S} \times 100\%$$

7) 단위수량 : kg

　① 소요 Workability 한도 내에서 최소량

　② 표준값 : 165~190kg/m³

　③ 적절한 혼화제 사용(AE제(공기연행제), 감수제 등)

8) 단위시멘트량 : kg

　• 시험에 의해 소요강도, 내구성 및 수밀성을 유지하도록 결정

9) 시방배합(기준배합)

10) 현장배합(보정배합)

배합 종류	골재 입도	골재 함수	단위량
시방배합	S : 5mm체에 100% 통과 G : 5mm체에 100% 잔류	표면건조 내부포화	m³
현장배합	5mm체 → S : 거의 통과, G → 거의 잔류	기건, 습윤	batcher Mixer

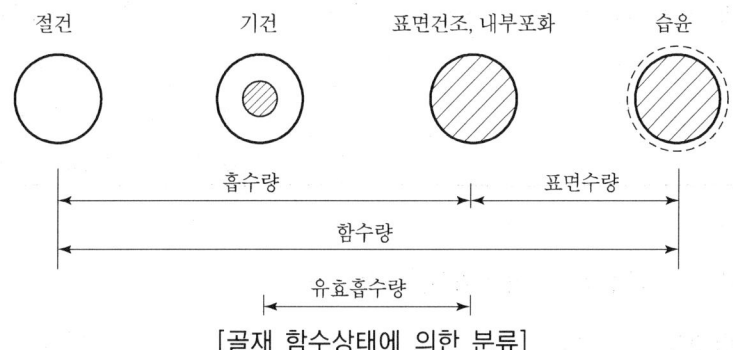

[골재 함수상태에 의한 분류]

• 흡수율 : $\dfrac{흡수량}{절건상태중량} \times 100(\%)$

3 시 공

1) 계량 : 재료의 허용오차 범위

재료의 종류	콘크리트 표준시방서	건축공사 표준시방서
물	1%	-2%, +1%
시멘트	1%	-1%, +2%
골재	3%	3%
혼화제	3%	3%
혼화재	2%	2%

2) 비빔

기계 > 손 (강도 10~20%↑), 1m/sec, 가경성 90초 이상, 기경성 60초 이상

3) 운반

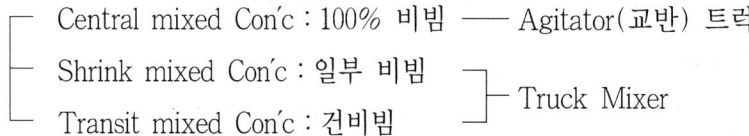

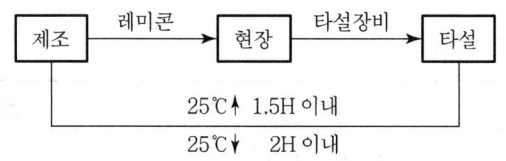

KS F 4009(KS기준)	콘크리트 표준시방서		건축공사 표준시방서	
혼합 직후부터 배출까지	혼합 직후부터 타설완료까지		혼합 직후부터 타설완료까지	
	외기온도	일반	외기온도	일반
90분	25℃ 초과	90분	25℃ 이상	90분
	25℃ 이하	120분	25℃ 미만	120분

4) 타설

타설순서, 타설높이, 이음위치, 변형방지

운반방법 ─ Bucket   타설방법 ─ Pocket 타설
         ─ Chute   ─ VH분리타설
         ─ Cart   ─ Tremie pipe 타설
         ─ Pump   ─ 콘크리트 분배기
         ─ Press   ─ CPB

5) 다짐

수직, 500mm 간격 이하, 5~15초, 철근·거푸집×, 서서히↑

6) 이음

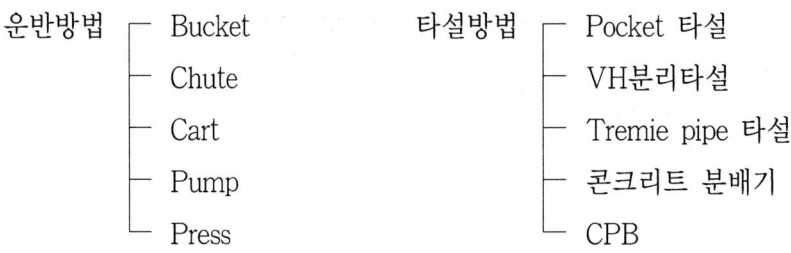

- Construction Joint(시공이음)
- Cold Joint(2시간 이상 지연) - 구조체 일체화 ×, 누수, 균열 원인
- Movement Joint - E/J, C/J, Delay J, Slip J, Sliding J

7) 양생

① 습윤양생 : 일반

② 증기양생

③ 전기양생 : 한중

④ 피막양생(Curing Compound)

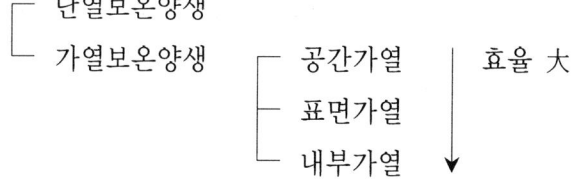

⑤ ┌ Precooling : 골재살수   냉각수   얼음물   액체질소
　　　재료 온도↓   3℃   5℃   12℃   20℃   ┐ Mass,
　　└ Pipe cooling : 배관 → 냉각수, 액체질소 배관   ┘ 서중

⑥ 보온양생
　　┌ 단열보온양생
　　└ 가열보온양생 ┬ 공간가열   효율 大
　　　　　　　　　 ├ 표면가열   ↓
　　　　　　　　　 └ 내부가열

4 시험

1) 재료시험(타설전 시험)

① Water : 수질시험

② Cement

> **Memory**
> 불(분)안하게 시 비걸면 강하게 응 수해라

- 분말도시험 (비표면적 시험)
  - 보통 cement : 2,800~3,200cm²/g
  - 분말도 大 → 표면적↑, 수화작용↑, 강도↑
- 안정성시험 : 100g시료 → 얇은 pad(D=100mm, 중심두께 15mm) → 24h후 27일 수중양생 → 팽창성, 갈라짐, 뒤틀림검사
- 시료채취 : 50t마다
- 비중시험 : 르샤틀리에 비중병 → 정제광유 → 64g시멘트 → 공기제거 → 눈금측정 (보통 3.15, 최소 3.05)

$$시멘트\ 비중 = \frac{시멘트의\ 중량(g)}{비중병의\ 눈금자(cc)}$$

- 강도시험
  - 휨강도 : 40×40×160mm
  - 압축강도 : 휨시험공시체×1/2
  - → 3日, 7日, 28日
- 응결시험 : Cement paste(20±3℃, 80% 습도) → 응결시간 1~10h 이내로 규정
  - ↳ 시결 1.5~3.5h, 종결 3~6h : 가장 많음
- 수화열시험 : 70cal/g

③ 골재

> **Memory**
> 흥(혼)콩(공)에 가서는 있는체 마세요. 강도에게 흡수당하니까요

- 유기불순물시험(혼탁비색법) : 모래+NaOH 3% → 24h후 → 빛깔비교
  (진한색 : 불순물)
- 공극률시험 : 공극률이 적으면 콘크리트 밀도, 마모, 내구성 증대

$$공극률(\%) = \frac{(G \times 0.999) - M}{G \times 0.999} \times 100(\%)$$

G : 비중
M : 단위용적중량(t/m³)

- 조립률(체가름 : FM) 시험

$$조립률 = \frac{80mm \sim 0.15mm체까지의\ 가적잔류율\ 누계}{100}$$

- 10개 체 : 80 40 20 10 5 2.5 1.2 0.6 0.3 0.15
- 잔골재 2.3~3.1, 굵은골재 6~8

─ 마모시험 : 로스엔젤레스 실험기

$$마모율(\%) = \frac{시험전\ 시료무게 - 시험후\ 시료무게}{시험전\ 시료무게} \times 100(\%)$$

─ 강도시험(골재의 세기시험) : 40t재하 → 골재 파쇄율
─ 흡수율시험

2) Con′c시험

① 타설중 시험

> **Memory**
> **슬**럼프에 빠진 **강도 공비(B)염**

─ Slump시험
─ 압축강도시험 : 3개조 9개 시료, 7일, 28일 압축강도, 120m³마다
─ 공기량시험 : 4.5±1.5%, Air meter
─ Bleeding시험 : 블리딩양(cm³/cm²) = $\dfrac{V(블리딩수용적)}{A(실험표면적)}$
─ 염화물시험 : ┬ 레미콘 : 0.3kg/m³
　　　　　　　├ 잔골재 : 0.02% 　　이하
　　　　　　　└ 배합수 : 0.04kg/m³

② 타설후 시험

> **Memory**
> **재코(Co)**에 **비수(Schu)**가 박혀있는 **방초 진인철**

─ 재하시험
─ Core채취법
─ 비파괴시험 ┬ Schumidt hammer법(타격법, 반발경도법)
　　　　　　　│　　N형　　L형　　P형　　M형
　　　　　　　│　　보통　　경량　　저강도　Mass
　　　　　　　│
　　　　　　　│　　　　30mm
　　　　　　　│　　　[격자 그림] 30mm
　　　　　　　│　　　　교점 20개
　　　　　　　├ 방사선법 : X선, γ선 → 밀도, 철근위치, 간격, 크기, 내부결함
　　　　　　　├ 초음파법(음속법) : 음속의 크기 → 강도 추정
　　　　　　　│　　　$V_t = \dfrac{L}{T}$
　　　　　　　├ 진동법 : Con′c 공시체에 공기로 진동 → 공명·진동으로
　　　　　　　│　　　　Con′c 탄성계수 측정
　　　　　　　├ 인발법 : 철근과 Con′c의 부착력 검사
　　　　　　　├ 철근탐사법 : 전자유도에 의한 병렬공진회로의 진폭
　　　　　　　└ 복합법 : 2가지 이상 같이 사용 → 평균값

5 W/B & workability(강도+내구성=균열)

> *Memory*
> 염탄의 알통(동)은 온건하고 진충파마할 머리카락이 없다

1) W/B 小
   - 강도-내구성
     - 화학작용 : 염해(Cl^-), 탄산화, AAR, 전류, 산, 알칼리
     - 기상작용 : 동결융해, 온도변화, 건조수축, 풍·우·설
     - 기계적 작용 : 진동, 충격, 파손, 마모
   - 수밀성 : 방수, 방동

2) Workability 好 : 재료분리, Bleeding, Laitance ×

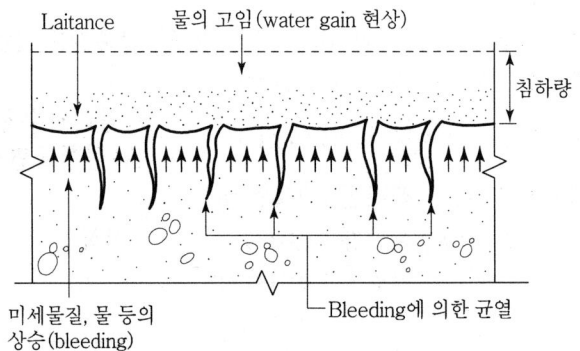

- 수화작용 : CaO(석회) + H_2O → $Ca(OH)_2$

- 탄산화 :
  (풍화, 백화)
  - $Ca(OH)_2$ + CO_2 → $CaCO_3$ + H_2O
    (pH 12~13)   (pH 8~10)
  - 수분침투 → 철근부식 → 철근팽창(2.5배) → Con'c 균열

  | 산성 | 중성 | 알칼리성 |
  | pH 0 | ~ 7 ~ | 14 |

- 알칼리골재반응(AAR : Alkali Aggregate Reaction)
  시멘트中알칼리+골재중 실리카, 황산염 = 골재팽창 ──→ Con'c 균열
                                        화학반응
  → 대책 : 저알칼리
          비 반응성 골재, 천연자갈
          수밀성 마감(수분침투 억제)

	원 인	대 책
콘크리트 강도 저하	재 배 시	재 배 시
내구성 저하	염 탄 알 동 온 건	재 배 시
균열	재 배 시 염 탄 알 동 온 건	재 배 시

6 Con'c 이음(줄눈, joint)

1) Construction joint $\xrightarrow[\text{25℃ 이하 2.5H}]{\text{25℃ 초과 2H}}$ Cold joint
   (시공이음) 필연적   일체화가 저하되어 생기는 joint

2) Movement joint ─── Expansion J : 온도변화 → 균열방지
   (Function J : 기능 J)   (신축이음) └ 구조체 완전 분리(=Isolation J : 분리줄눈)

   | Closed J | Butt J | Clearance J | Settlement J |
   | 막힘 | 맞댄 | 트인 | 침하 |

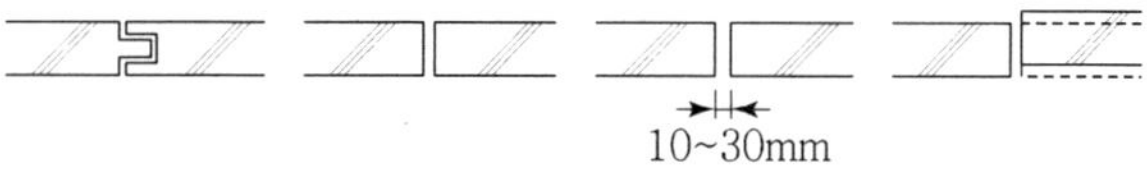

   10~30mm

   ─── Control J : 건조수축 → 균열제어
   　　(수축이음) └ 단면결손(균열 유도 : 철근 절단×)

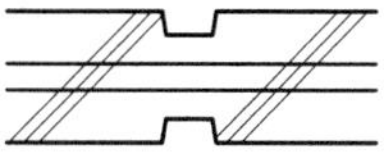

   　　단면감소율 20%(1/5) 이상

   ─── Sliding J : Bracket 위

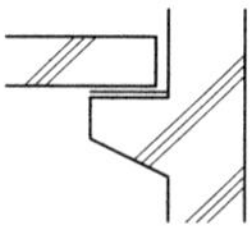

   ─── Slip J : 조적조 위

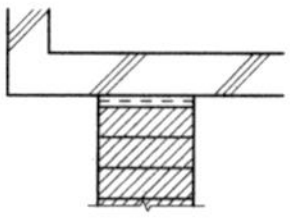

   ─── Delay J : 시공중 건조수축
   　　　　1m 내외, 4주후

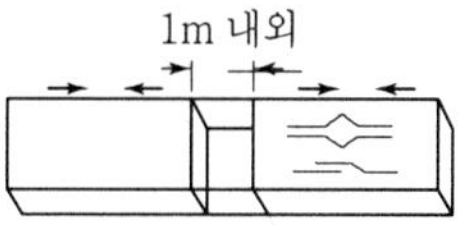

7 Con'c 균열

1) 원인

① 미경화 Con'c

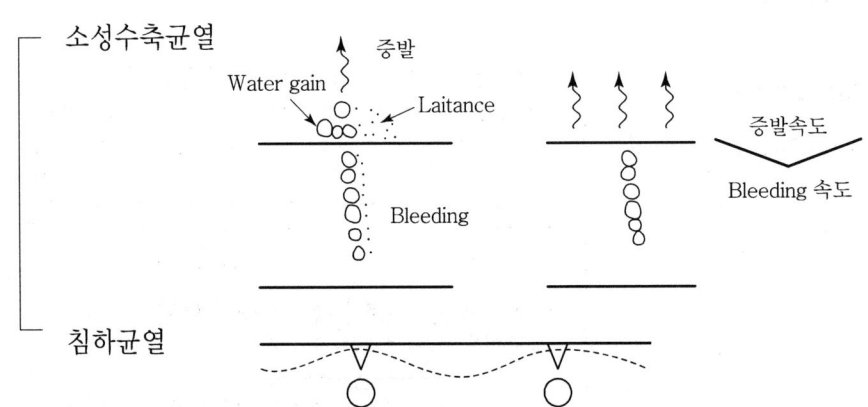

― 소성수축균열

― 침하균열

② 경화 Con'c

― 재료, 배합, 시공
― 내구성저하(劣化) ─ 염해 : Con'c 내외 염분
　　　　　　　　　　　탄산화 : $Ca(OH)_2 + CO_2 \rightarrow CaCO_3 + H_2O$
　　　　　　　　　　　AAR(알칼리골재반응 : Alkali Aggregate Reaction)
　　　　　　　　　　　동결융해 : 동절기, 빙점 이하
　　　　　　　　　　　온도변화 : Con'c 발열량과 외기온도차 → 온도구배
　　　　　　　　　　　건조수축 : 타설후 → 급격한 건조시

2) 대책

① 재료
② 배합
③ 시공

3) 보수보강공법 — 보수 : 기능 회복
　　　　　　　└ 보강 : 기능 향상

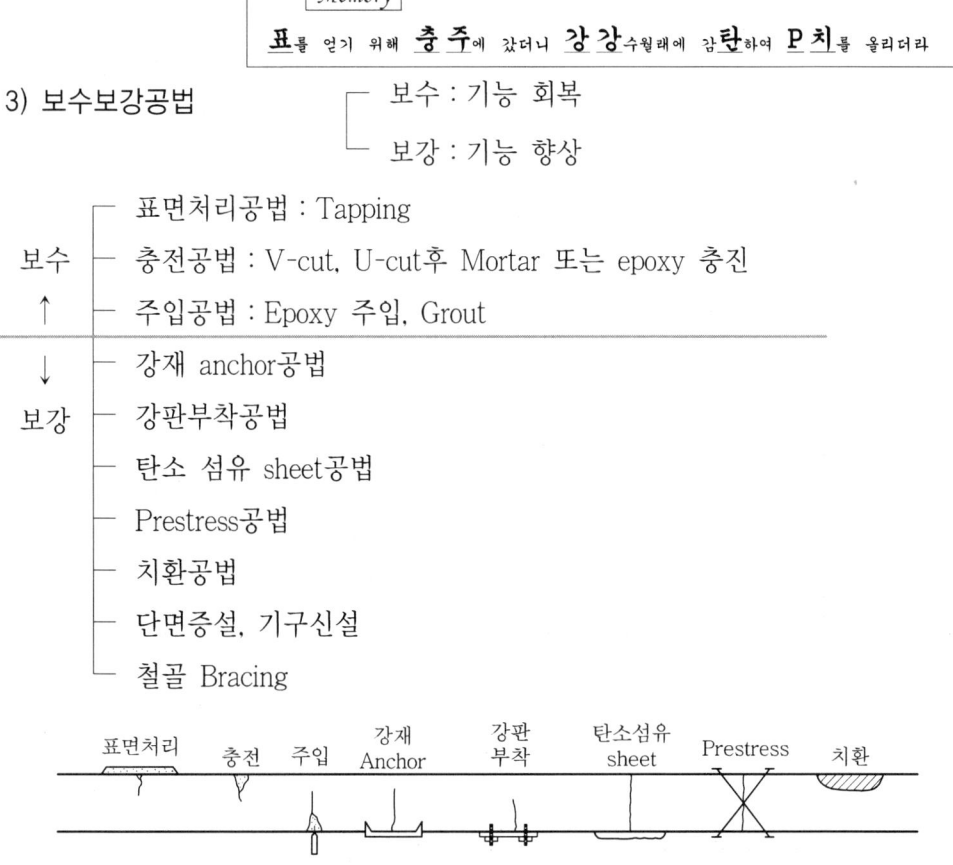

8 Con'c 성질

1) 미경화콘크리트

   ① Workability(시공연도)
   ② Consistency(반죽질기)
   ③ Compactibility(다짐성)
   ④ Pumpability(압송성)
   ⑤ Plasticity(성형성)
   ⑥ Finishability(마감성)
   ⑦ Mobility(유동성)
   ⑧ Viscosity(점성)

2) 경화콘크리트

① 강도-내구성

(압축, 인장, 휨, 전단, 부착, 피로)
- 압축강도×1/4~1/6
- 압축강도×1/5~1/8
- 압축강도×1/10~1/13

> **Memory**
> 강내에 있는 탱(탄)크 체 적
> 압 인으로 휨 발생하여 전 부 피다

② $E(탄성계수) = \dfrac{\sigma}{\varepsilon} = \dfrac{\frac{P}{A}}{\frac{\Delta l}{l}} = \dfrac{Pl}{A\Delta l}$ ∴ 탄성변형 $\Delta l = \dfrac{Pl}{EA}$

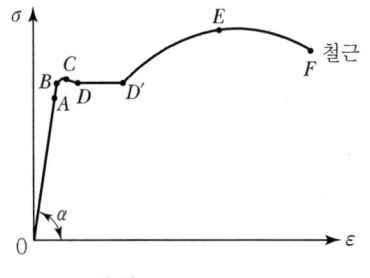
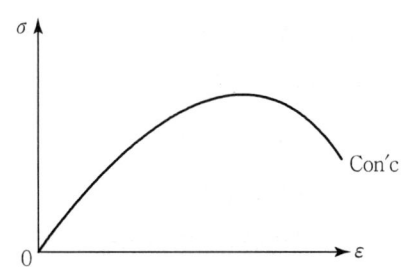

③ Creep 변형

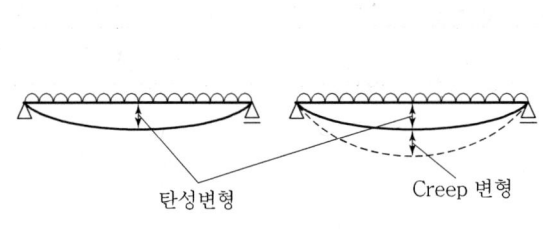
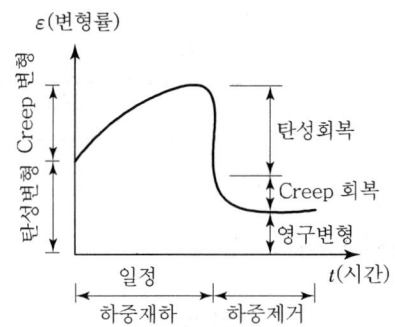

※ PS Con'c(Prestress Con'c)
- Pretension - 제조방법
  - Individual mold 공법
  - Long line 공법
- Post tension
  - Bond
  - Unbond

• PS Con'c 응력손실 : 탄성변형, 정착단 활동, 시스와의 마찰
　　　　　　　　　　건조수축, Creep, 강재 Relaxation

④ 체적변화

온도변화, 건조수축(Shrinkage), 탄산화, 탄성변형

P.C 및 Curtain wall 공사

6장

- 장판지 ·· 105

1절 P.C 공사

1. 공법 종류 ·· 107
2. 특 징 ··· 108
3. 필요성 ··· 108
4. PC 개발방식 ··· 108
5. 문제점(활성화 안 된 이유) ·· 108
6. 대책(금후 방향, 나아갈 방향) ··· 109
7. 공장제작 ··· 109
8. 현장시공 ··· 110
9. 시공시 주의사항 ·· 112

2절 Curtain wall 공사

1. 공법분류 ··· 113
2. 특 징 ··· 115
3. 필요성 ··· 115
4. PC 개발방식 ··· 115
5. 문제점 ··· 115
6. 대 책 ··· 115
7. 요구성능 ··· 115
8. 현장시공 ··· 115
9. 시공시 주의사항(=QC) ·· 116
10. 시험 ··· 117

永生의 길잡이 — 여덟

■ 3,000불짜리 청구서

어느 날, 포드 자동차 회사에 갑자기 전기 공급이 중단되었습니다. 갑작스럽게 자동차 생산라인이 중단되니 큰 손실과 혼란이 일어났습니다.

사내의 모든 기술자를 동원해도 해결이 되지 않자 포드사는 에디슨 전기회사의 일류 기술자를 급히 불렀습니다. 에디슨 전기회사의 기술자는 기계를 훑어보더니 십분 만에 수리를 해냈습니다. 그 기술자가 나중에 청구서를 보내왔는데 3,000불이 청구되었습니다.

십분 만에 3,000불, 우리나라 돈으로 약 320만 원이 청구된 것입니다. 포드사 쪽에서는 좀 심하다는 생각이 들어 상세 내역을 다시 보내달라고 했습니다. 그랬더니 원인 발견이 2,950불, 수리비 50불이 기재되어 왔습니다.

이것을 보고 포드사에서는 두말 않고 3,000불을 지급했다고 합니다. 진짜 실력은 원인을 발견하는 데 있기 때문입니다.

지혜로운 사람은 어느 부분에서 잘못이 있어났는지 그 근원을 파악하려고 애씁니다. 같은 죄나 잘못을 반복하지 않으려는 것입니다. 이러한 회개는 죄를 이기는 힘이 있고, 나를 이기는 힘이 있고, 사탄을 이기는 힘이 있습니다.

내 갈 길을 밝혀주는 지혜가 회개 속에 있습니다. 그리고 주님이 주시는 사명의 길이 회개를 통해 주어집니다. 진정한 회개, 영적 생활의 핵심이 바로 여기에 있습니다.

제6장 P.C, Curtain Wall

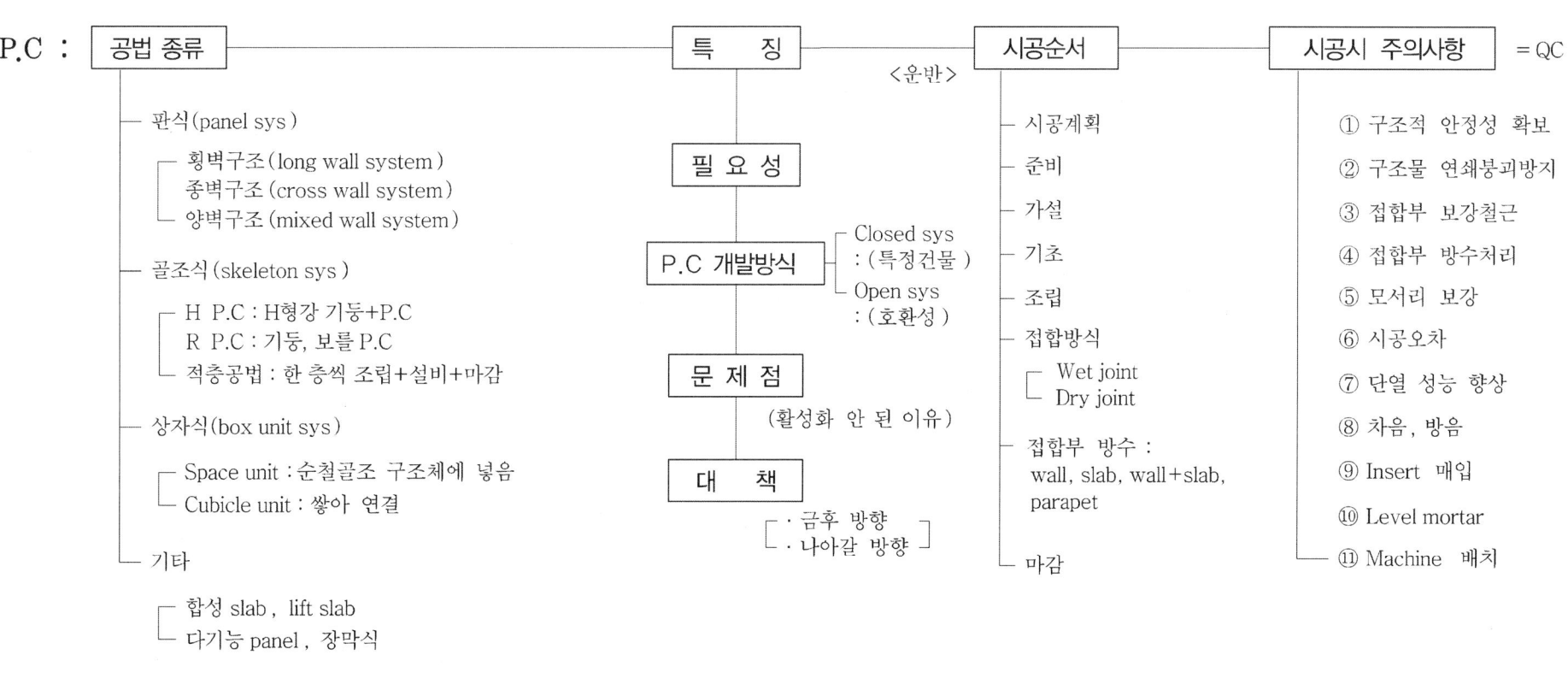

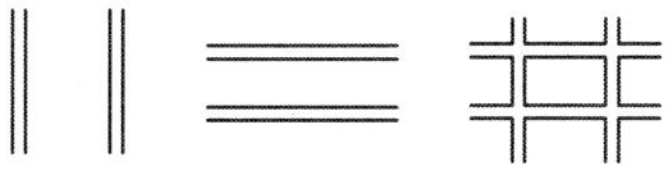

1절 P.C 공사

1 공법 종류

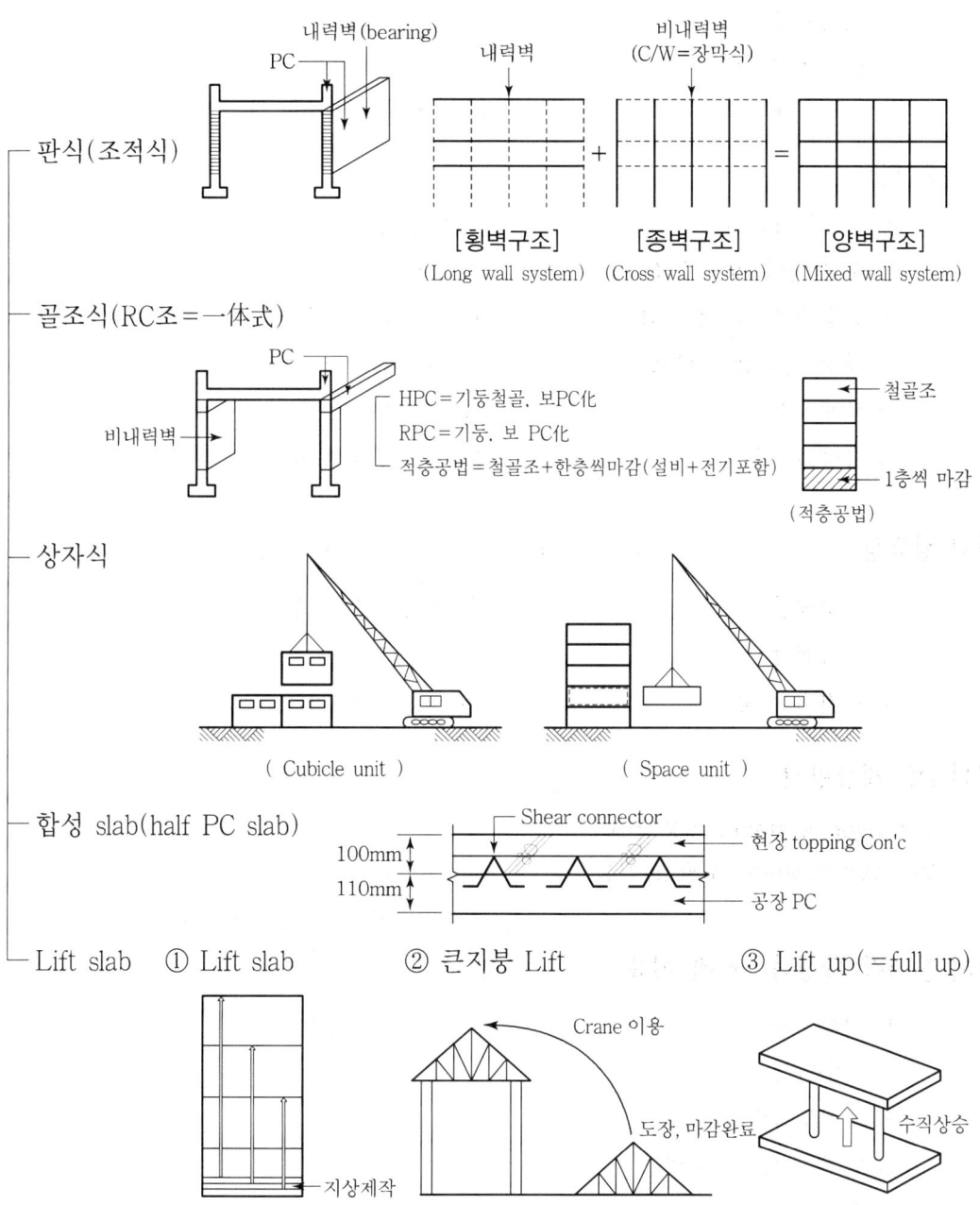

2 특 징

1) 장점
   - ① 공기단축
   - ② 숙련공불필요
   - ③ 노무비절감
   - ④ 현장관리용이
   - ⑤ 품질향상
   - ⑥ 경량화
   - ⑦ 원가절감
   - ⑧ 신뢰도 향상
   - ⑨ 안전관리용이
   - ⑩ 작업장면적축소
   - ⑪ 전천후생산
   - ⑫ 현장작업 간소화

2) 단점
   - ① 초기투자과다
   - ② 안전사고
   - ③ 수요, 공급의 불안점
   - ④ 접합부 취약
   - ⑤ 공장생산준비 장기화
   - ⑥ 기술투자부족
   - ⑦ 대형 양중장비 필요
   - ⑧ 검사
   - ⑨ 부재파손
   - ⑩ 운반거리제약
   - ⑪ 다양화부족
   - ⑫ 내진설계 불리

3 필요성

> **Memory**
> 어린이 **대공원**에 **노인**정을 **재**건축하다

   - ① 대량생산
   - ② 공사기간 단축
   - ③ 원가절감
   - ④ 노동력 부족
   - ⑤ 인건비 상승
   - ⑥ 재해, 공해 예방

4 PC 개발방식

1) Closed system : 특정 건물
2) Open system : 호환성 건물

5 문제점(활성화 안 된 이유)

> **Memory**
> PC문제점은 **정기누부**가 **초구**에 **입성**한 것이 **시발**이 되었다

   - ① 정부지원부족
   - ② 기술수준미흡
   - ③ 누수발생
   - ④ 부실시공불안감
   - ⑤ 초기투자비과다
   - ⑥ 구조기술력 부족
   - ⑦ 입주자선호도 외면
   - ⑧ 성능인정제도 미비
   - ⑨ 시공복잡
   - ⑩ 발주시 외면

6 대책(금후방향, 나아갈 방향)

① 제도적인 측면
② 설계적인 측면
③ 시공적인 측면
④ 기술적인 측면

7 공장제작

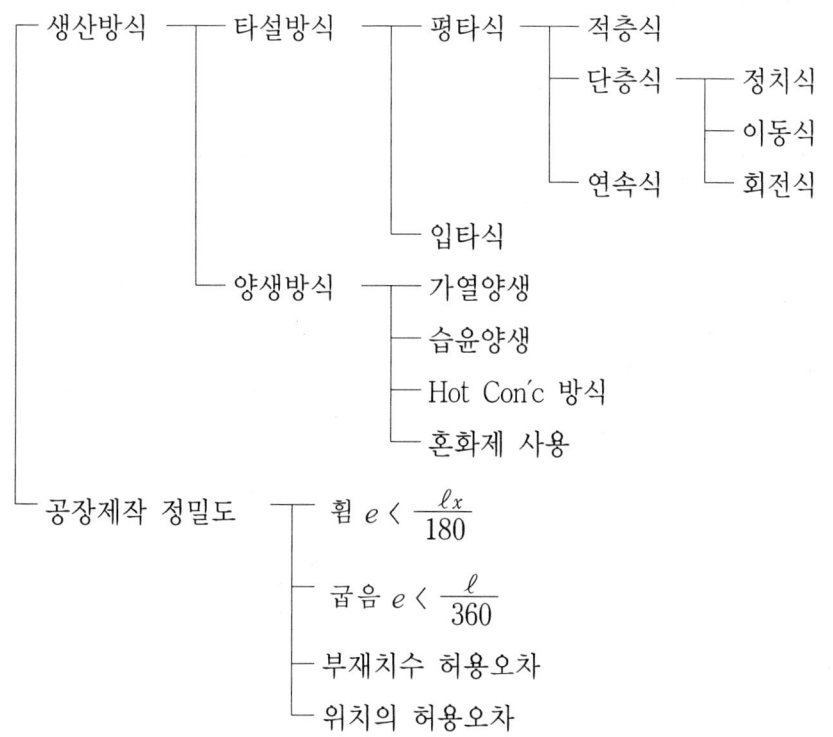

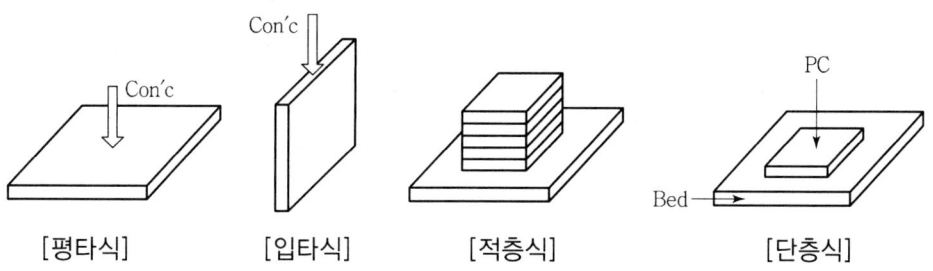

[평타식]   [입타식]   [적층식]   [단층식]

[8] 현장시공

1) 시공계획(사전조사) : 설계도서, 계약조건, 현장입지조건, 공장생산조건
2) 준비 : 부재반입도로, 양중장비주행로, 양중장비배치, 지반상태
3) 가설 : Stock yard 확보, 가설비계, 가설전기, 공사용수 확보
4) 기초
5) 조립 : 부재반입, 장비, 공구교육, 신호방법, 낙하대책, 안전, 기후
6) 접합방식
    ① Wet joint(습식 접합)

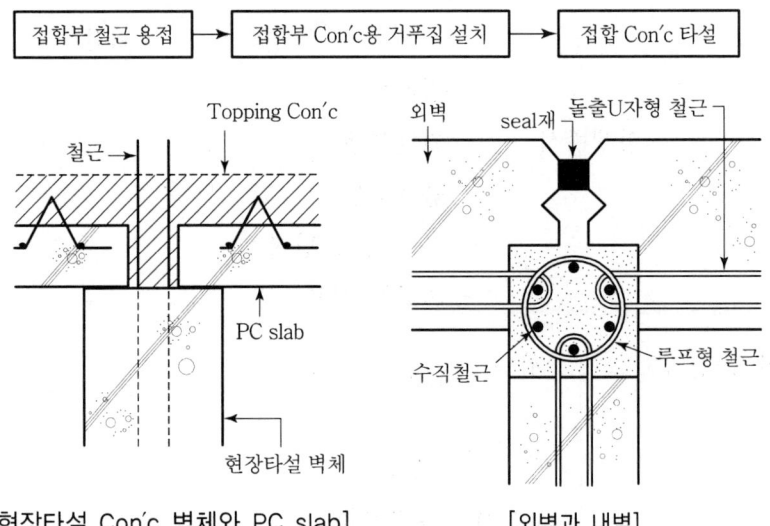

[현장타설 Con'c 벽체와 PC slab]   [외벽과 내벽]

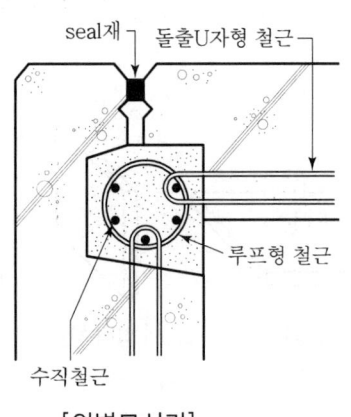

[외벽과 내벽]   [외벽모서리]

② Dry joint(건식 접합)

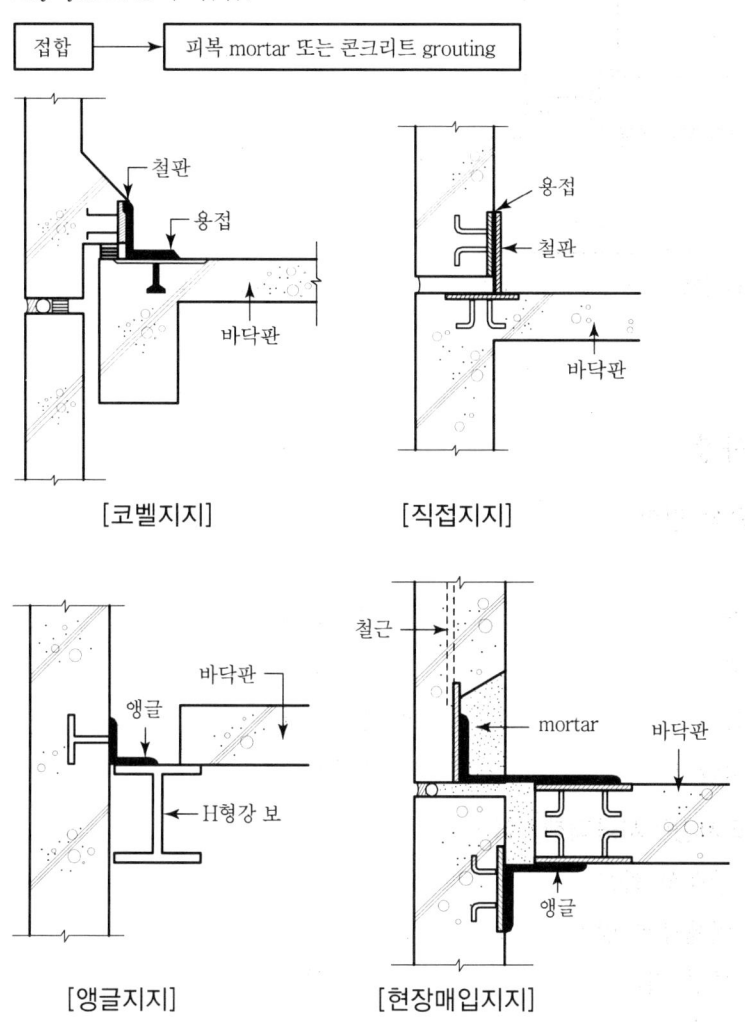

7) 접합부방수

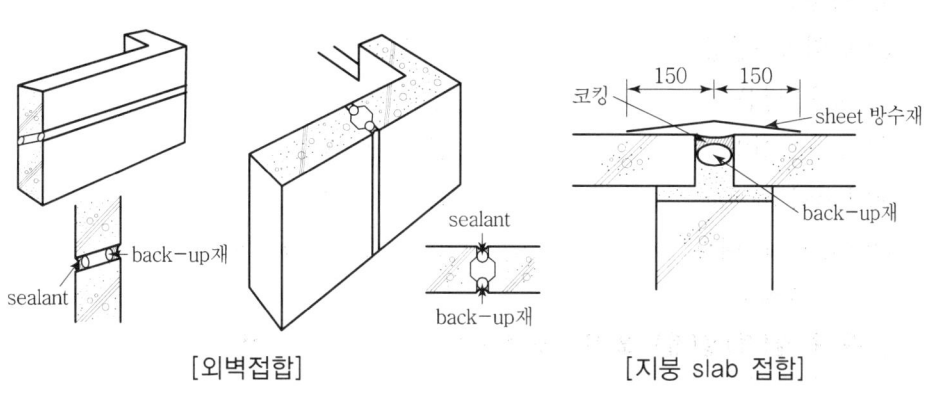

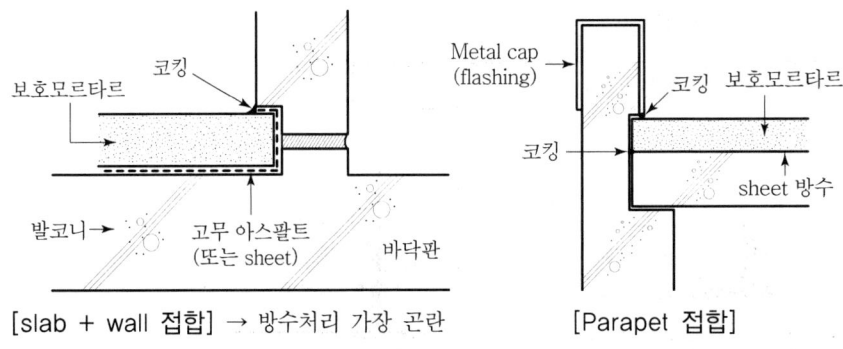

[slab + wall 접합] → 방수처리 가장 곤란   [Parapet 접합]

8) 마감

9 시공시 주의사항

1) 접합부 시공상 결함
    ① 균열   ② 누수
    ③ 단열불량   ④ 결로발생
    ⑤ 소음발생   ⑥ 강도부족
    ⑦ 건조수축   ⑧ 재료불량
    ⑨ 바탕처리불량   ⑩ 피복부족

2) 시공시 유의사항(=시공대책, QC)
    ① 구조적 안정성 확보   ① 균열방지
    ② 구조물 연쇄붕괴 방지   ② 누수방지
    ③ 접합부 보강 철근   ③ 단열성능확보
    ④ 접합부 방수처리   ④ 결로방지
    ⑤ 모서리 보강   ⊕   ⑤ 소음방지
    ⑥ 시공오차   ⑥ 강도확보
    ⑦ 단열성능향상   ⑦ 양생
    ⑧ 차음, 방음   ⑧ 재료
    ⑨ Insert 매입   ⑨ 바탕처리
    ⑩ Level mortar   ⑩ 피복확보
    ⑪ Machine 배치   ⑪ 접합부 시공 정밀도 확보

> Memory
> 구구 절(접)절(접) 모시에 단추(차)를 달고있는 I Love Mother

2절 Curtain wall 공사

※ 개념 → 장막벽 / 칸막이벽
　　　⇒ 비내력벽
　　　⇒ 모양과 입면

1 공법분류

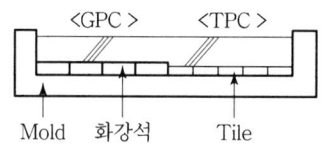

Memory
· 메달(**Metal**) 딴 아(**a**)가씨(**s s**)
· 피(**P**)콘(**Con**)하지(**G**) **T**ᵥ파

1) 재료

① Metal(aluminum, steel, stainless)
② PC(Con'c, GPC, TPC)

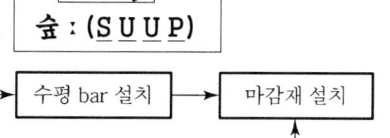

2) 시공방법

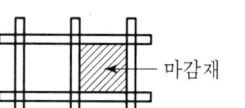

Memory
슾 : (**S** **U** **U** **P**)

① Stick system(Knock down system)

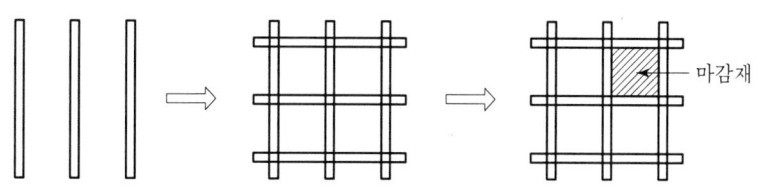

② Unit system

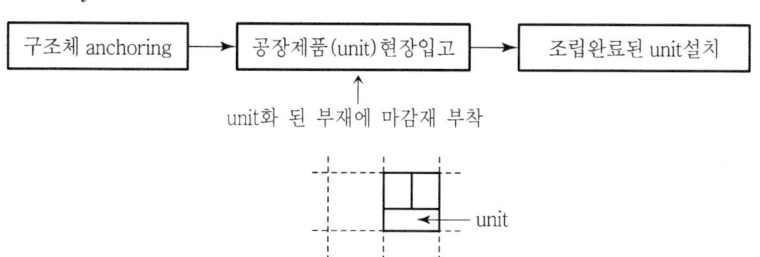

③ Unit & mullion system(semi unit system)

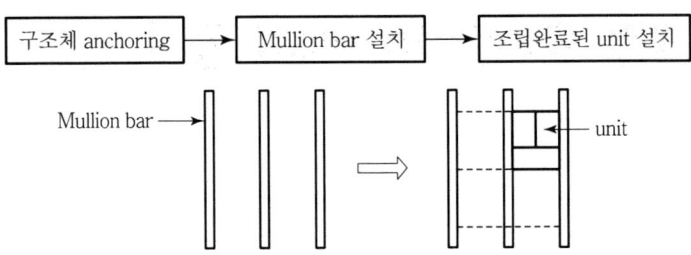

④ Panel system

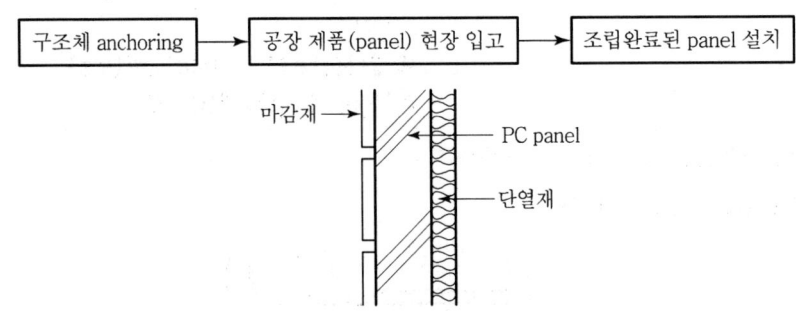

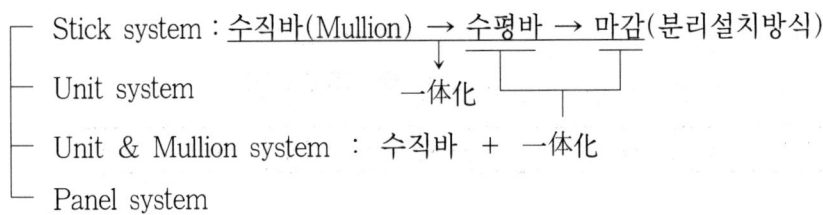

3) 외관형태

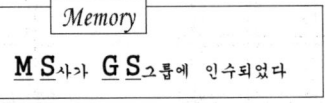

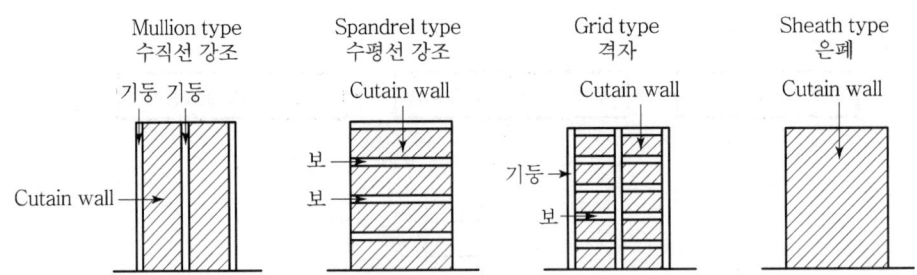

2 특 징
3 필요성
4 C/W 설치방법 → PC와 동일
5 문제점
6 대 책

7 요구성능

> Memory
> 층용 열차가 내내단수되었다.
> 보기가 부결되어 소화가 되지 않는다

① 영구변위 추종성　② 열안전성
③ 차음성　　　　　　④ 내구성
⑤ 내풍압성　　　　　⑥ 단열성
⑦ 수밀성　　　　　　⑧ 보수, 청소작업 배려
⑨ 기밀성　　　　　　⑩ 접촉부식방지
⑪ 결로방지　　　　　⑫ 소음, 마찰방지
⑬ 내화성

8 현장시공

1) 시공계획
2) 준비
3) 가설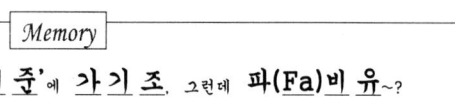
4) 기초
5) 조립

　　├ Stick system
　　├ Unit system
　　├ Unit and mullion system
　　└ Panel system

6) Fastener 방식

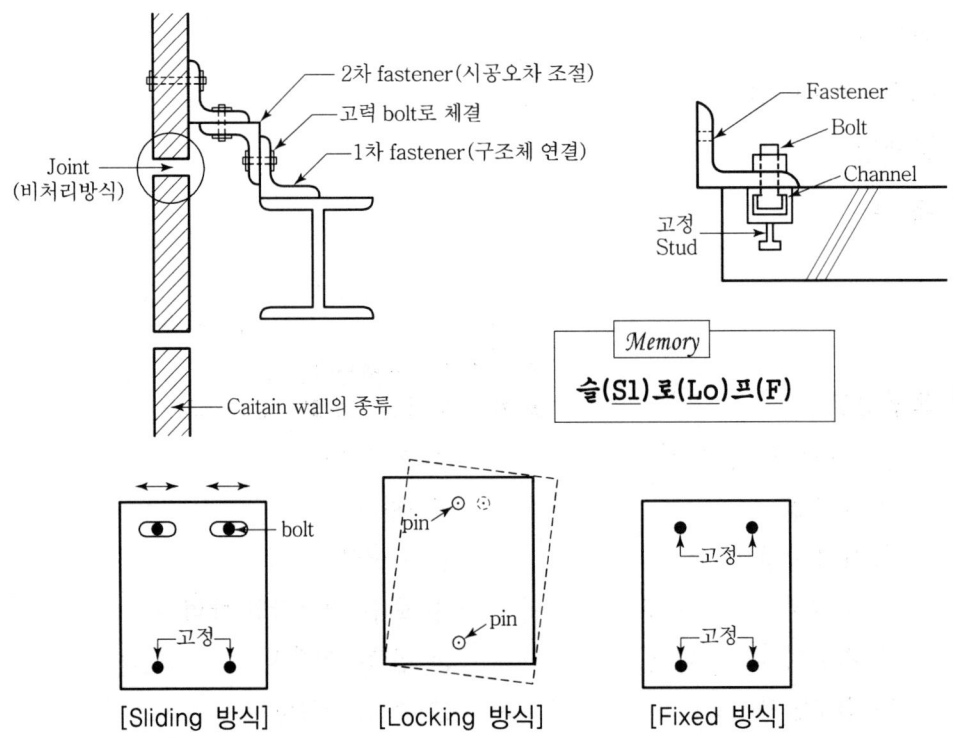

[Sliding 방식]   [Locking 방식]   [Fixed 방식]

7) 비처리방식

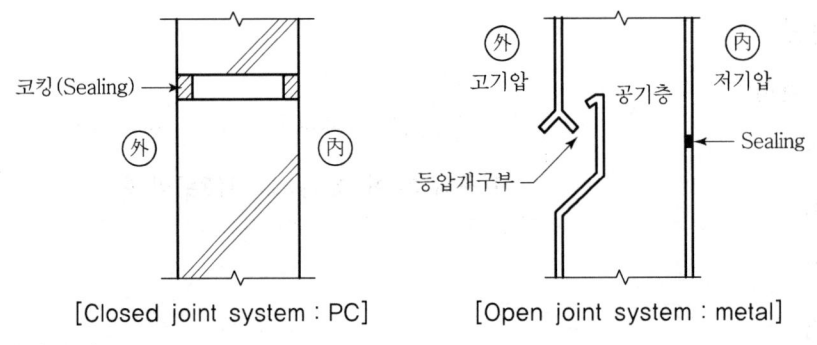

[Closed joint system : PC]   [Open joint system : metal]

8) 유리끼우기

9 시공시 주의사항(=QC)

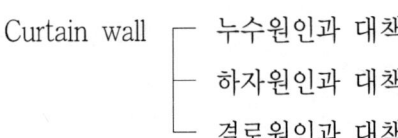

① 누수(3대 조건 : 물+압력+틈새)

> Memory
> 표정(중) 모우(운)기

원 인	대 책	도 해
중 력	상향구배	틈새 ⇒ 상향구배
표면장력	물끊기 설치	⇒ 물끊기
모세관 현상	air pocket 설치	0.5mm 이하 ⇒ air pocket
운동에너지	미로 설치	⇒ 미로
기 압 차	내·외벽간의 감압 공간	⇒

② 결로(단열bar, 복층유리, 통풍)
③ 층간변위 추종성 확보
④ 변위방지
⑤ Fastener 방식 적정 채택
⑥ 양중시 변형
⑦ 시공정밀도 향상
⑧ 접합부 관리 철저

10 시험

1) 풍동시험(Wind tunnel test)

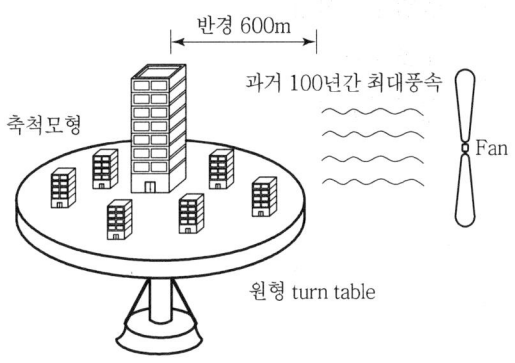

① 반경 600m, 축척모형, 최대풍속
② 시험종목

- 외벽풍압시험
- 구조하중시험
- 고주파 응력시험
- 보행자 풍압영향시험
- 빌딩풍(building wind)시험

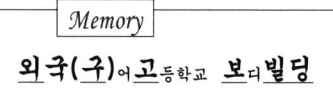

2) 실물대시험(Mock-up test)

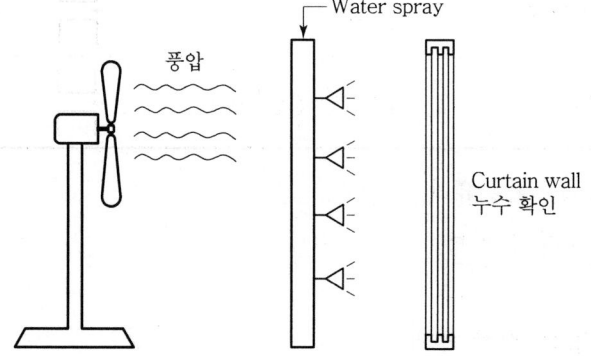

① 풍동시험근거, 시험소, 실물모형
② 시험종목

Curtain wall
- 예비시험
- 기밀시험
- 정압수밀시험
- 동압수밀시험
- 구조시험
- 영구변위시험

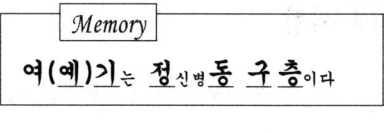

3) Field test

　직접 현장에서 실시, 현장여건에 만족하는지 확인

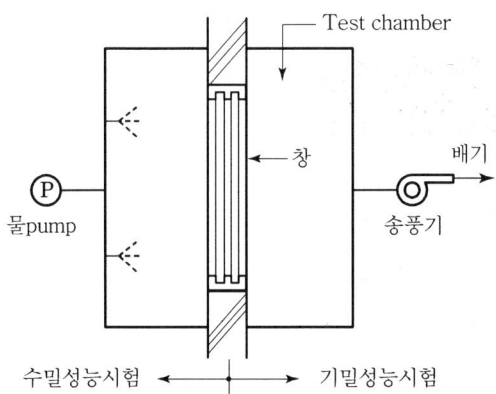

永生의 길잡이-아홉

■ 씨 뿌리기를 멈추지 말라

우리 교회에서는 강당 앞 로비의 벤치를 '바보들의 벤치'라고 부릅니다. 매주 그곳에서는 누군가를 기다리는 성도들이 꼭 있습니다. 상사, 친구, 가족 등 기다리는 대상은 달라도 모두 누군가를 위해 기도하는 사람들입니다.

누군가의 삶에 조그만 영적 영향이라도 미치고픈 갈망으로 가득 찬 사람들, 겨우 용기를 짜내 친구를 교회로 초대했는데, 오겠다는 대답이 돌아오면 날아갈 것만 같습니다.

'정말로 온대!' 마침내 주일이 되자, 로비로 나가 친구가 도착하기만 노심초사 기다립니다. 몇 분이 흐르면 서서히 서성거리기 시작합니다. 이리저리, 앞으로 뒤로, 서성거리다 못해 하나님을 조릅니다.

"오 하나님, 이 친구가 어서 나타나게 해주세요. 어서요, 하나님!"

15분이 흘러도 아무도 나타나지 않습니다. 하지만 아직 포기할 수는 없습니다. 의자에 엉덩이를 붙이고 5분쯤 더 기다립니다. 로비의 벤치, 바보들의 벤치. 오겠다고 약속했지만 올 기미가 보이지 않는 누군가를 하염없이 기다리는 바보들.

바울은 전도를 '수고'라고 하지 않았던가요. 전도는 일입니다. 그것도 고되기 짝이 없는 일. 온 정성을 쏟았습니다. 하나님으로부터 멀리 떨어진 사람에게 은혜와 포용과 사랑을 베풀었습니다. 씨앗을 뿌렸습니다. 전화도 걸고 우정의 손짓도 보냈습니다. 그러나 결국 남은 건 갈가리 찢어진 가슴뿐. 그래도 멈추지 않습니다. 또다시 씨앗을 뿌립니다. 바보라서 그럴까요? 맞습니다. 하지만 특별한 바보입니다. 언젠가 잿더미 위에서 작고 푸른 싹이 돋아날 걸 믿는 바보.

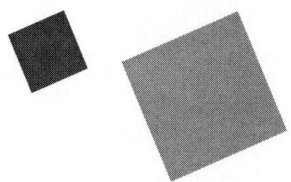

철골공사 및 초고층공사

7장

- ■ 장판지 ·· 123
- 1 공장제작(공장가공) ·· 125
- 2 현장세우기 ·· 127
- 3 접합 ·· 128
- 4 철골정밀도 ·· 133
- 5 내화피복 ·· 135
- 6 초고층공사 ·· 136

永生의 길잡이-열

■ **돌격 앞으로!**

여러분은 알렉산더 대왕의 이름을 들어보셨을 겁니다. 막강한 군사력과 전략으로 많은 땅을 정복했던 알렉산더 대왕이 한번은 아주 적은 규모의 군대를 이끌고 한 도시로 갔습니다. 거기서 그는 그곳의 왕을 직접 만나 항복을 종용했습니다. 그 도시의 왕은 제아무리 알렉산더지만 그 적은 군대로 무슨 싸움을 할 수 있겠냐며 항복을 거부했습니다. 그러자 알렉산더는 자신과 그 군대의 힘이 얼마나 강한지 보여 주겠노라고 공언했습니다. 알렉산더는 군대를 일렬로 세워 낭떠러지를 향해 행진할 것을 명령했습니다.

알렉산더의 명령이 떨어지기 무섭게 병사들은 아무런 두려움 없이 한 사람씩 낭떠러지로 행군했습니다. 그 모습을 본 그 도시의 왕은 저렇게 죽음을 두려워하지 않고 지도자의 명령에 따르는 군사들에게는 제아무리 강한 요새도, 큰 군대로 견디지 못할 것임을 깨닫고 항복하고 말았습니다.

한낱 인간을 따르는 군대에게도 목숨을 건 담대한 순종이 있습니다. 그런데 하물며 전능하신 하나님을 사령관으로 모신 우리가 순종의 결단과 의지를 지니지 못해서야 말이 되겠습니까?

적극적으로 거역하는 것은 물론, 능력이 모자라 온전히 순종하지 못하는 것 역시 죄입니다. 우리 하나님은 구하는 자에게 은혜를 베푸시는 분이기에, 능력이 모자라 순종하지 못했다는 말은 성립하지 않습니다. 이는 하나님을 온전히 붙들고 순종하고자 몸부림치지 않은 것에 지나지 않습니다. 하나님의 뜻을 온전히 청종하지 못하는 우리 모습은 어쩔 수 없는 연약함이 아니라 죄입니다. 그 죄에서 떠나십시오. 그것이 바로 우리가 마땅히 행할 바입니다.

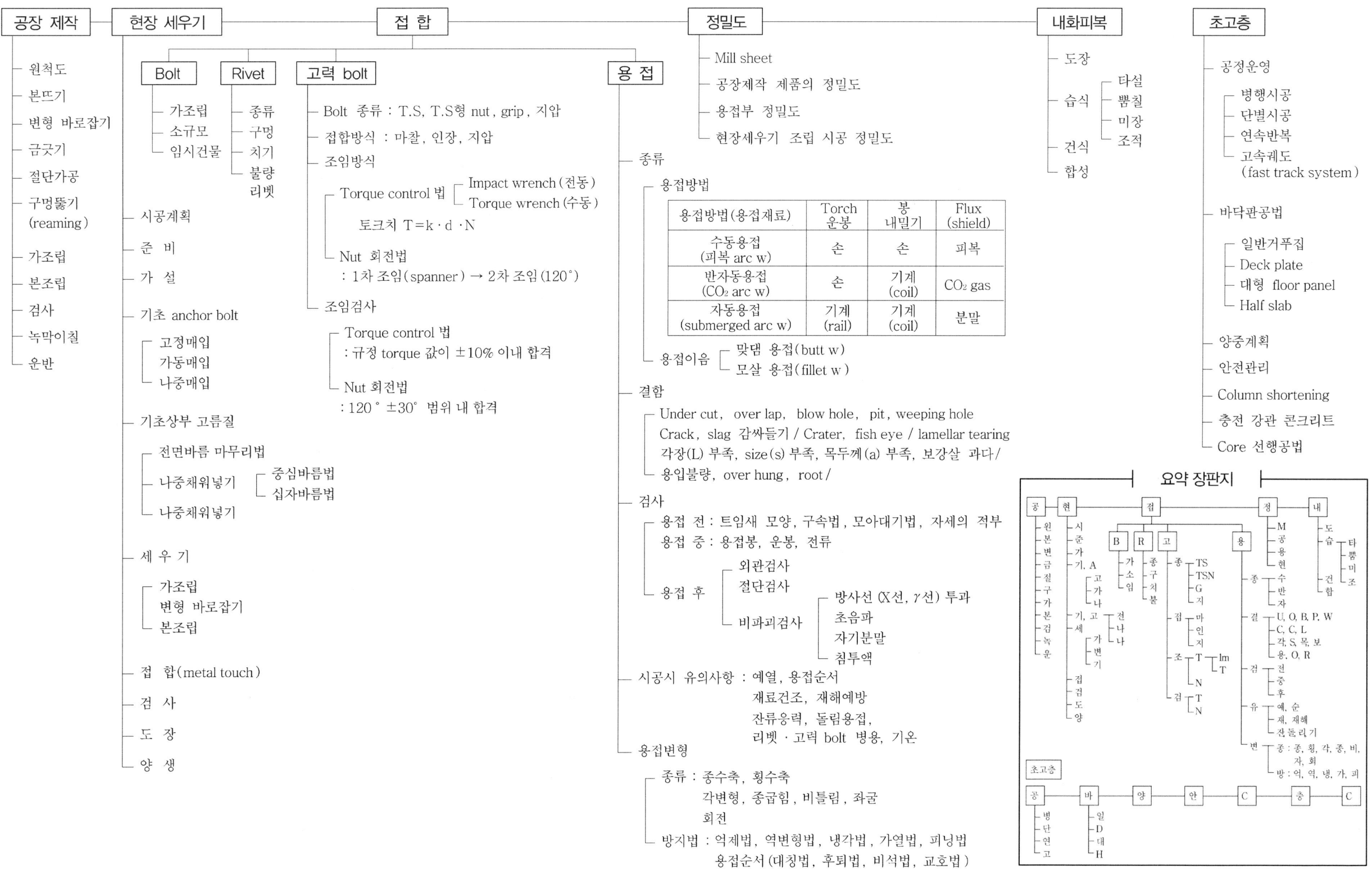

7장 철골공사 및 초고층공사

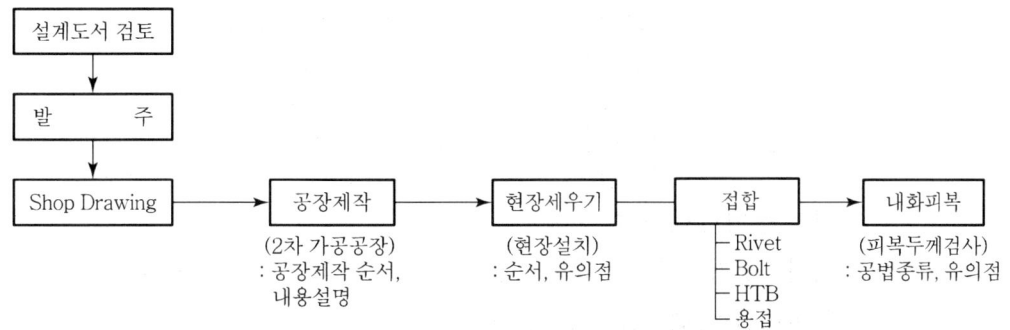

1 공장제작(공장가공)

1) 작업원칙
   - 가공순서 → 현장 건립 계획에 따라
   - 가공크기 → 운반능력, 조립조건, 양중조건
   - 가공 line → 연속가공 원칙
   - 가공품 적치 → 반출이 용이하도록

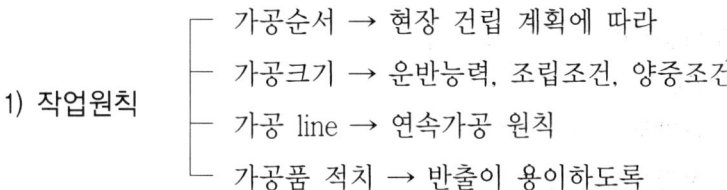

2) 제작순서
   - 원척도 : 설계도서, 시방서 기준
   - 본뜨기 : 원척도에서 얇은 강판으로 본뜨기
   - 변형바로잡기 : 부재에 변형有 공작불가능(곤란)
     - 강판변형 : plate straining roll
     - 형강변형 : straightening machine
     - 경미한 부재 : 쇠메(hammer)
   - 금긋기(금매김) : 강필로 bolt 구멍위치, 절단개소 작도
   - 절단 : 재축에 직각절단, 그라인더로 수정
     - 톱 절단
     - 가스 절단
     - 전단 절단

- 구멍뚫기 : 그라인더로 완전정리
  - Punching : 13mm 이하, 속도 ↑, clean
  - Drilling : 13mm 이상, 속도 ↓, dirty
  - Reaming : 구멍가심, 수정, 최대편심 1.5mm 이하
- 가조립
  - 각부재를 1~2개의 bolt 또는 pin
  - 가조립 bolt수 : 전체 bolt수의 1/2~1/3 또는 2개 이상
- 본조립 : HTB, 용접, rivet, bolt
- 검사 : 상기 모든 사항검사(shop과 일치 여부, 철골 검사계획)
- 녹막이칠 : 1회 또는 2회칠
  - ※ 제외되는 부분
    - Con´c에 밀착, 매입되는 부분 → baseplate bolt
    - 부재의 접합에 의한 밀착면
    - 용접부의 양측 100mm 이내
    - 고력bolt 마찰면
- 운반 : 조립순서에 따라/건립순서에 따라
  - ※ 유의사항
    - 운반도중 변형금지
    - 현장 설치순으로 반입
    - 운반도중 훼손된 도장은 1회칠
    - 조립 부호에 따라 반입
    - 내용물(포장내) 반드시 명기
    - 현장 진입도로 부분 고려
    - 양중 부분 고려

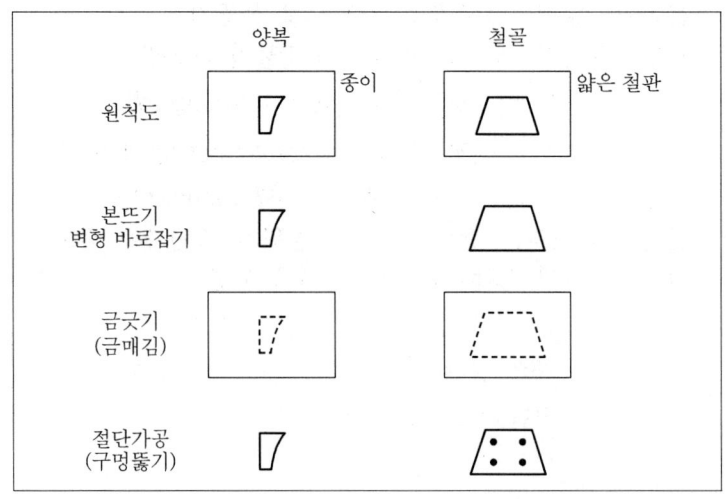

7장 철골공사 및 초고층공사

2 현장세우기

> **Memory**
> 시 준기가 철골을 앙(An)상하게 세우기하여 접근(검)도 양보했다

- 시공계획
- 준비 : 가설(진입로, stock yard, 시간, T/C, 전력, 인력, 대문, 울타리, 파출소)
- 가설 : 비계와의 연관성, 전력, 동력
- 기초 anchor bolt 매입

  - 종류
    - 고정매입 : 99% 이상 사용
    - 가동매입 : 물류창고, 중소공장 건축물
    - 나중매입 : 기계장비 고정

    [고정매입]   [가동매입]   [나중매입(후붙임공법)]

  - 시공시 유의사항
    - 수직, 수평
    - 고정
    - Level
    - 보양
    - 청소
    - 재질
    - 콘크리트 타설시 이동금지
    - 수직도
    - 주근 결속 금지
    - Bolt 길이 확보
    - 부식 방지
    - 하부 crack 방지
    - 거푸집 조립
    - 철근 배근 + 장판지

- 기초상부 고름질

> **Memory**
> 전체 중을 씻(십)나?

  - 종류

    Base Plate
    25~30mm

    중심바름법
    +자바름법

    (중심)   (십자)

    [전면바름 마무리법]   [나중채워넣기법]   [나중채워넣기법]
    (고름 Mortar공법)   (부분 Grouting공법)   (전면 Grouting공법)

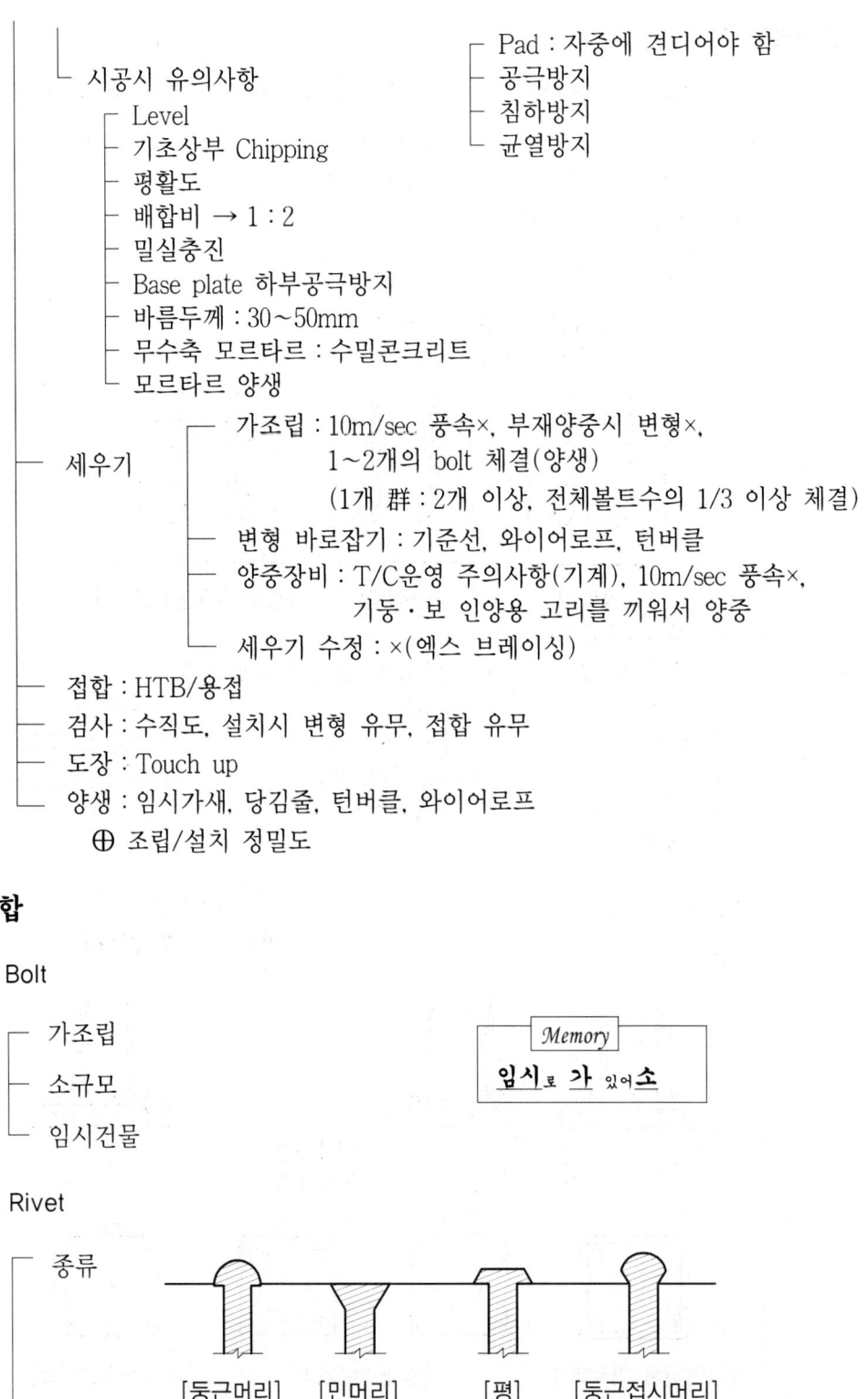

3 접합

1) Bolt

- 가조립
- 소규모
- 임시건물

> Memory
> 임시로 가 있어소

2) Rivet

- 종류

  [둥근머리] [민머리] [평] [둥근접시머리]

┌ 구멍뚫기 ┬ Punching
│   ├ Drilling
│   └ Reaming
├ 구멍지름 ┬ d < 20 → d + 1.0mm
│   └ d ≥ 20 → d + 1.5mm
├ 리벳치기 ┬ 기계 : Joe riveter, Pneumatic rivetting hammer
│   ├ 가열온도 : 900~1,000℃
│   └ 3인 → 1조
└ 불량리벳

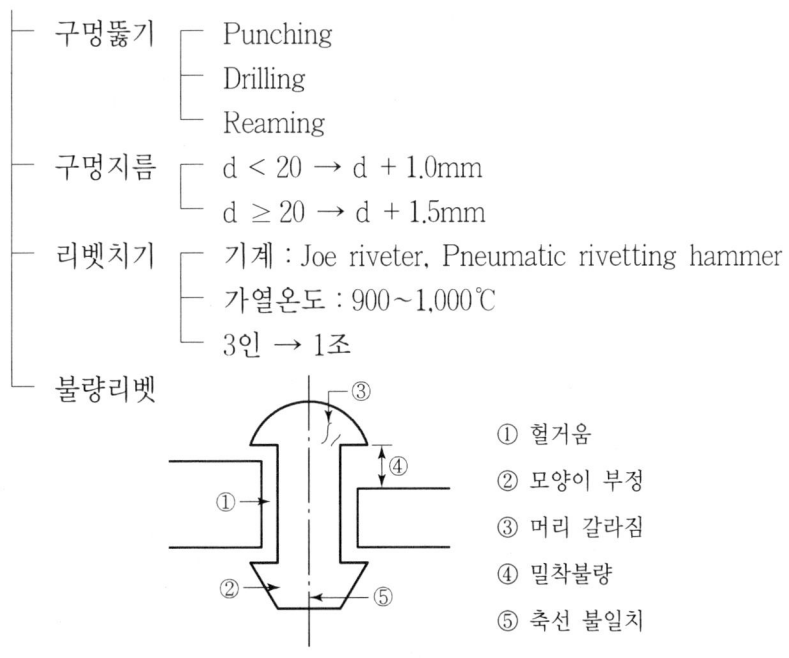

① 헐거움
② 모양이 부정
③ 머리 갈라짐
④ 밀착불량
⑤ 축선 불일치

3) 고력 bolt(고장력 bolt = 高力bolt = High tension bolt = HT - bolt = H - bolt)

┌ 정의 : 끝부분이 절단되는 볼트
│   Pin tail / break neck 부분이 절단
│   절단됨으로써 체결완료 → [TS bolt]
├ 종류 : TS bolt : 99.9%사용   TS형 nut   Grip bolt

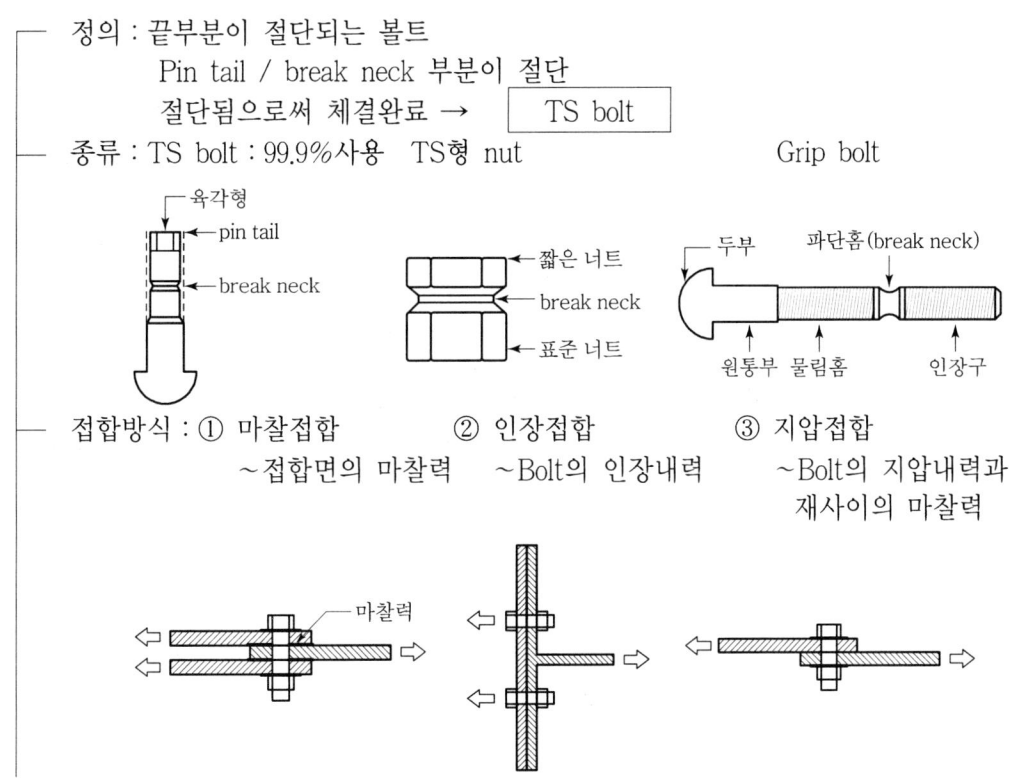

└ 접합방식 : ① 마찰접합   ② 인장접합   ③ 지압접합
            ~접합면의 마찰력   ~Bolt의 인장내력   ~Bolt의 지압내력과
                                                  재사이의 마찰력

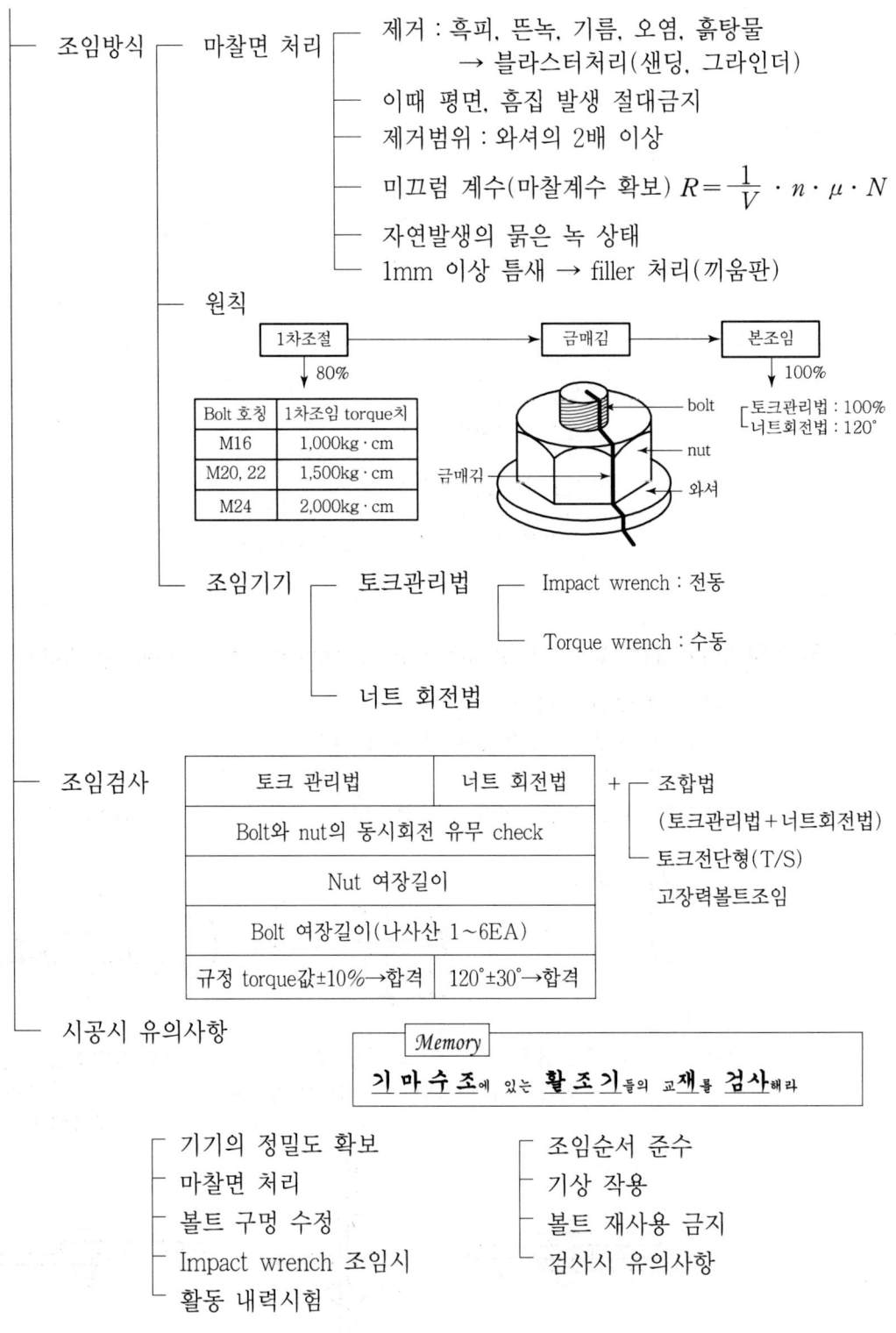

4) 용접

- 종류
  - 용접방법

    > Memory
    > 동반자

용접방법(재료)	Torch운봉	봉내밀기	Flux(shieid)
수동(피복 arc W′)	손	손	피복(slag)
반자동(CO_2 arc W′)	손	기계(coil)	CO_2 gas
자동(submerged arc W′)	기계(rail)	기계(coil)	분말

  - 이음형식
    - 맞댐용접(butt welding) : 개선 정밀도(개선각도 확보)

      (홈의 각도, 보강살붙임(3mm 이하), 목두께, 루트, 루트의 간격)

      I형, K형, U형
      V형(bevel형), 양면J형, X형
      J형, V형, H형

    - 모살용접(fillet welding) : 90° 각도 형성

      (유효 다리길이 및 다리길이, 목두께)

      이음종류
      - 겹침이음
      - T형이음
      - 모서리이음

      용접법 종류
      - 연속모살
      - 단속모살
      - 병렬모살
      - 엇모모살

      > Memory
      > 연단에서 병을 얻(엇)었다

      연속(겹침이음), 단속(겹침이음), 병렬(T이음), 엇모(T이음)

- 용접결함
  - 종류

    > Memory
    > cbs, cup용 foot볼 시합

    crater, pit, crack, blow hole, over lap, under cut, fish eyes, slag 감싸들기, 용입부족, over hung, root 간격

    blowhole + slag 감싸들기 = fish eye

    목두께 불량, 각장부족, lamellar tearing, Length(脚長)=다리길이

```
            ┌ 원인 ─┬ 재료 : 재료자체 결함, 녹발생, 변형, crack, 이물질 기름 부착
            │       ├ 사람(기능공) : 미자격자, 미숙련공, 자세, 속도
            │       ├ 기계(장비) : 용접기, 전압, 전력
            │       └ 기타 : 기후(날씨), 청소 여부
            └ 방지대책 : 원인반대 + 시공시 유의사항 + 용접변형 방지대책
```

> **Memory**
> **특(트)구 모 자**를 쓰고, **용접봉**을 **운전**하는데, **왜(외)절단**을 하느냐 **비파괴** 시험을 하지,
> **방**에 **초**를 켜고 **침**대에서 **잔(자)**다

```
├ 검사 ─┬ 용접전 : 트임새 모양, 구속법, 모아대기법, 자세의 적부
│       ├ 용접중 : 용접봉, 운봉, 전류
│       └ 용접후 ─┬ 외관검사
│                 ├ 절단검사
│                 └ 비파괴검사 ─┬ 방사선 투과법(RT) ~ X선, γ선 투과
│                               ├ 초음파 탐상법(UT)
│                               ├ 자기분말 탐상법(MT)
│                               └ 침투 탐상법(PT)
│
├ 시공시 유의사항
```

> **Memory**
> **예열이(리) 재 개**되어 **잔 뒤**를 **돌**아볼 **용기**가 안난다

```
        ┌ 예열, 후열                ┌ 용접순서              ┌ 이상기후
        ├ 리벨, 고력볼트와 병용      ├ 재해예방(안전대책)──→ ├ 차광
        ├ 재해예방                   ├ End tap              ├ 화상예방
        ├ 개선정밀도                 ├ Arc strike 금지       ├ 추락
        ├ 잔류응력                   ├ 용접방법              ├ 화재예방
        ├ 뒤깎기                     ├ 용접속도              ├ 감전
        ├ 돌림용접                   ├ 기능인력숙련도        └ 환기
        ├ 용접재료건조               ├ Back strip
        └ 기온, 기후                 ├ 기온, 기후
                                     └ 적정 전류
```

> 예열, 용접순서, 재료건조, 재해예방, 잔류응력,
> 돌림용접, Rivet · 고력볼트 병행, 기온

└ 용접변형 ┬ 종류

> *Memory*
> **종횡**으로 **각 종 비자(좌)**를 들고 **회전**하고 있다

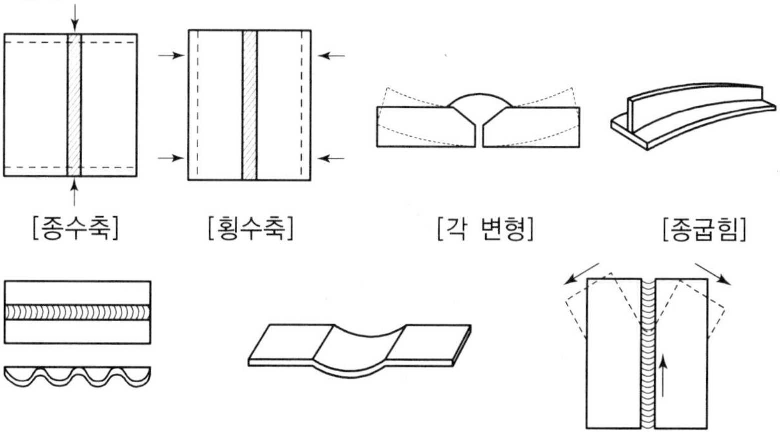

[종수축]　[횡수축]　[각 변형]　[종굽힘]

[비틀림]　[좌굴]　[회전]

> *Memory*
> · **억**순이 **역**을
>   맡아 **냉가**슴에
>   **피**가 난다
> · **대 후 비 교**

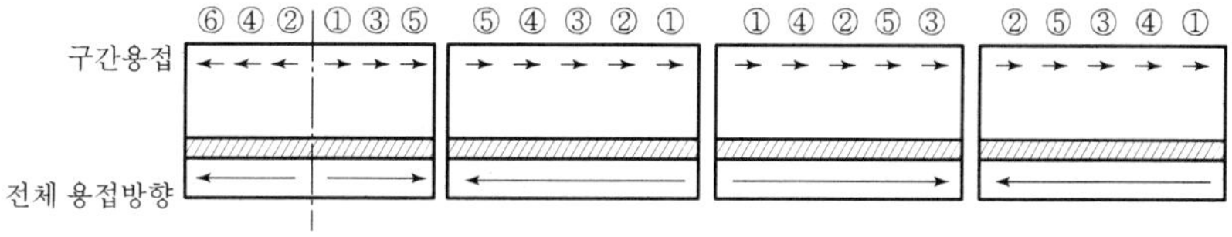

├ 원인 : 재료 + 사람 + 기계 + 기타

└ 방지법 : 억제법, 역변형법, 냉각법, 가열법, 피닝법
　　　　　용접순서(대칭법, 후퇴법, 비석법, 교호법)

[대칭법]　[후퇴법]　[비석법]　[교호법]

4 철골정밀도

└ 허용오차

관리허용오차 (95% 이상 만족 → 목표값)	1	2	3	5	7
한계허용오차 (합격, 불합격 판정값)	1.5	3	5	8	10

1) Mill sheet 검사 → 시험성적표

　① 역학적 시험 : 압축, 휨, 인장, 전단강도

　② 성분 시험 : Fe(철), S(황), Si(규소), Pb(납), C(탄소)

　③ 규격 표시 : 길이, 두께, 직경, 단위중량, 크기, 제품번호

　④ 시험규준의 명시 : 시방서, KS

> *Memory*
> **펲시**(**Fe P Si**) **C**ola **S**ale

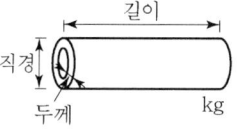

2) 공장제작 제품의 정밀도

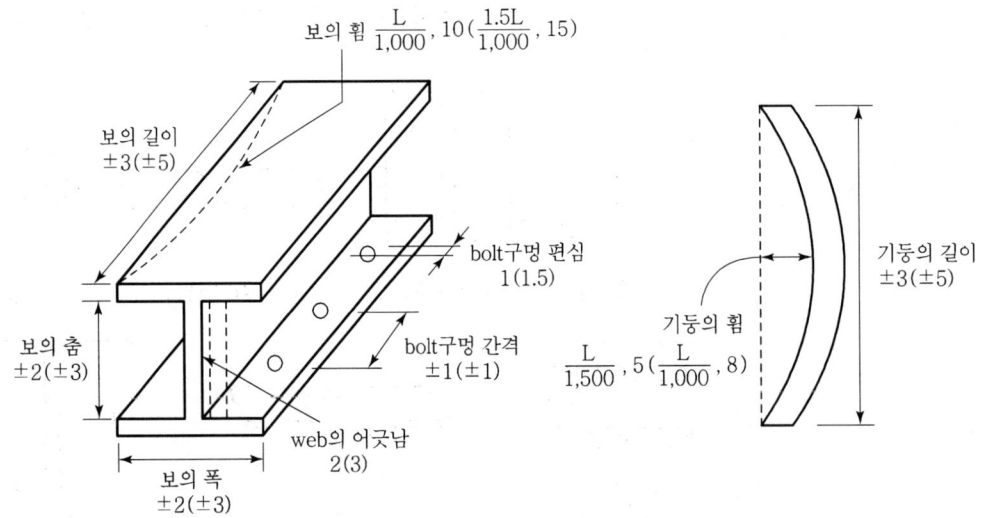

3) 용접부 정밀도

> **Memory**
> 모친 뒷모습이 안타(under)깝다

단위 : mm

구 분	도 해	관리허용오차	한계허용오차
① 모살용접 간격 (T이음 간격)		2	3
② 겹친 이음 간격		2	3
③ 뒷판 간격		1	1.5
④ 모살용접 Size(ΔS) 허용차		5	8
⑤ Under cut 깊이		0.3	0.5

4) 현장세우기 조립 시공 정밀도

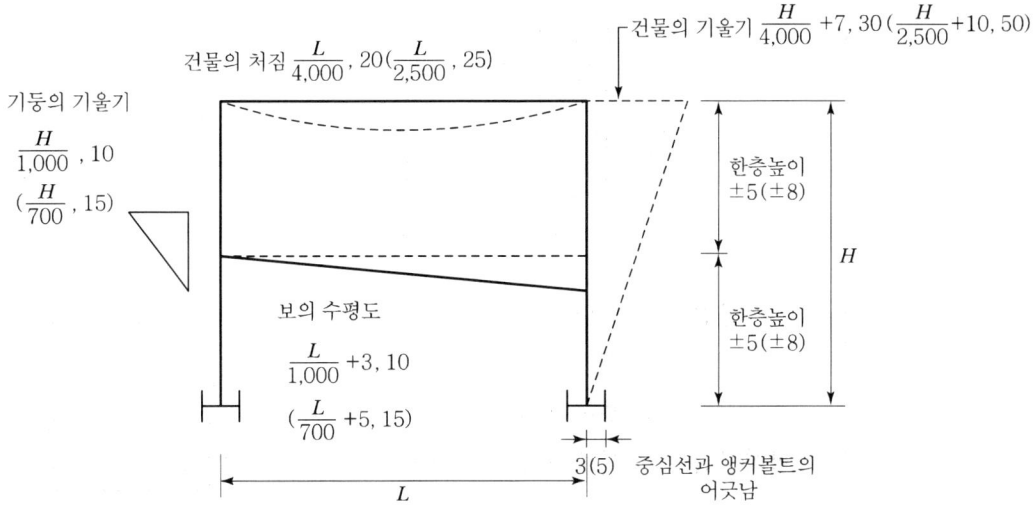

5 내화피복

1) 내화구조 성능기준

- 내화구조 성능기준 (시간)

구 분	층수/최고높이		기둥	보	Slab	내력벽
일반시설	12/50	초과	3시간	3시간	2시간	3시간
		이하	2시간	2시간	2시간	2시간
	4/20 이하		1시간	1시간	1시간	1시간
주거시설	12/50	초과	3시간	3시간	2시간	2시간
		이하	2시간	2시간	2시간	2시간
	4/20 이하		1시간	1시간	1시간	1시간
공장·창고	12/50	초과	3시간	3시간	2시간	2시간
		이하	2시간	2시간	2시간	2시간
	4/20 이하		1시간	1시간	1시간	1시간

> *Memory*
> 자**습**을 **건**성으로 하니 공부는 **항(합)복**해라

- 공법
  - 도장공법 : 내화도료
  - 습식공법
    - 타설공법 : 거푸집, 철근, 콘크리트 타설
    - 뿜칠공법
      - 탈락, 비산, 낙해, 소음 / 두께, 비중, 배합비, 부착력, 균열
      - 지하에서는 곰팡이 발생(환기/통풍)
      - 바탕처리 : 이물질제거, 녹제거, 건조, 하도처리
      - Cenent + 접착제 + 물 + 내화제 → 압송·도포

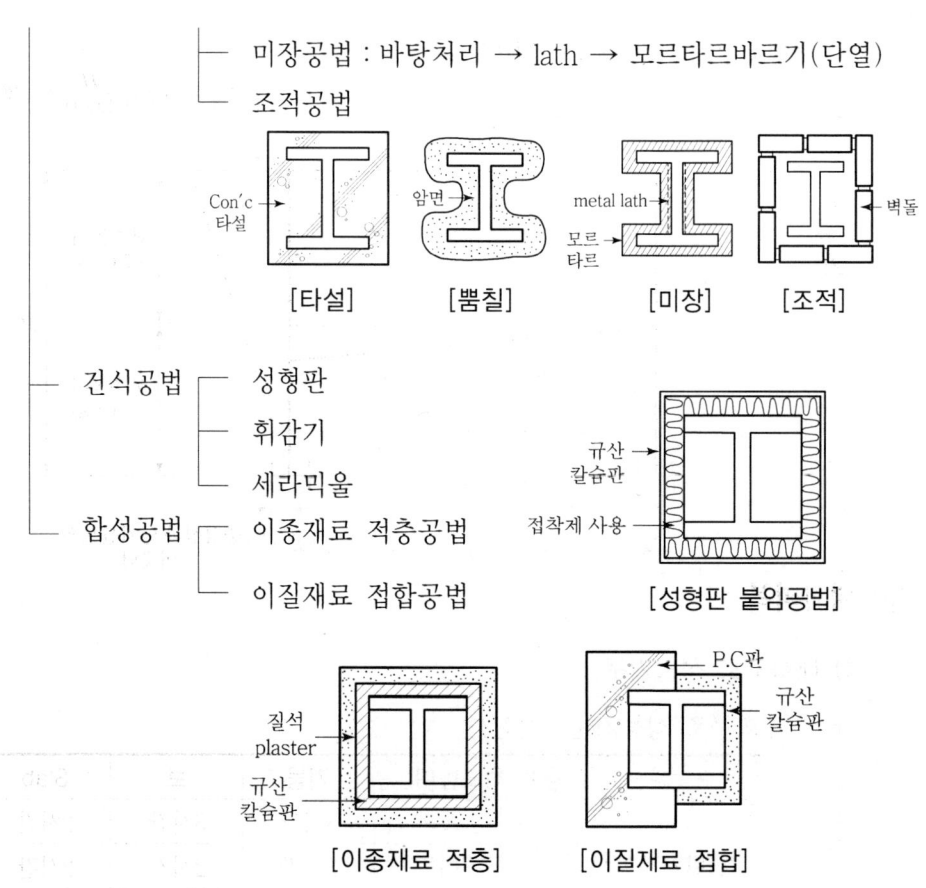

6 초고층공사(200m 이상, 50층 이상)

- 가설공사, 계획 → 가설공사
- 양중공사, 계획(=T/C과 반드시 연관)
- 바닥판공법 → deck plate(合成 deck plate : ferro deck)
- 공정운영방식

1) 초고층 공사의 특수성

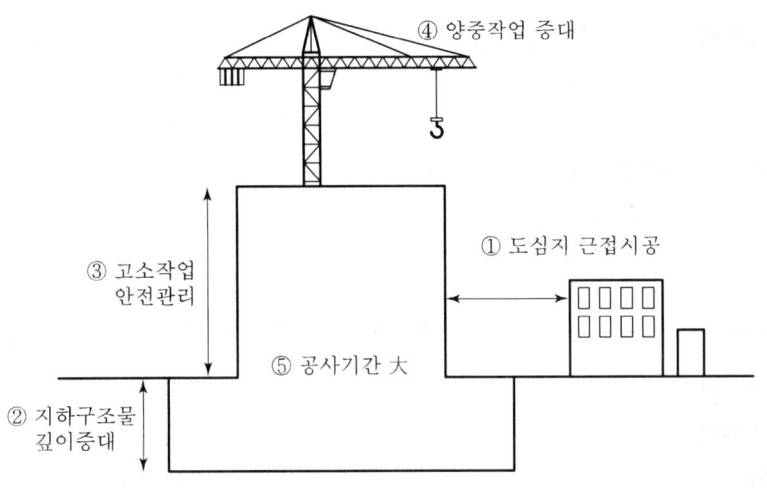

① 도심지 근접시공
② 지하구조물 깊이증대
③ 고소작업 안전관리
④ 양중작업 증대
⑤ 공사기간 大

2) 공정운영방식

> Memory
> **공병단**에서 벌어진 **연고**전 시합

- 병행시공방식 : 선행작업(하층 → 상층) → 후속작업병행
- 단별시공방식 : 철골구체공사완료 → 수직 Zone별 동시시공
- 연속반복방식 : 기준층의 기본공정편성 → 연속반복시공
- 고속궤도방식(Fast track method) : 공정계획(관리), 품질, 원가, 안전, 노무, 수송, 양중, 가설

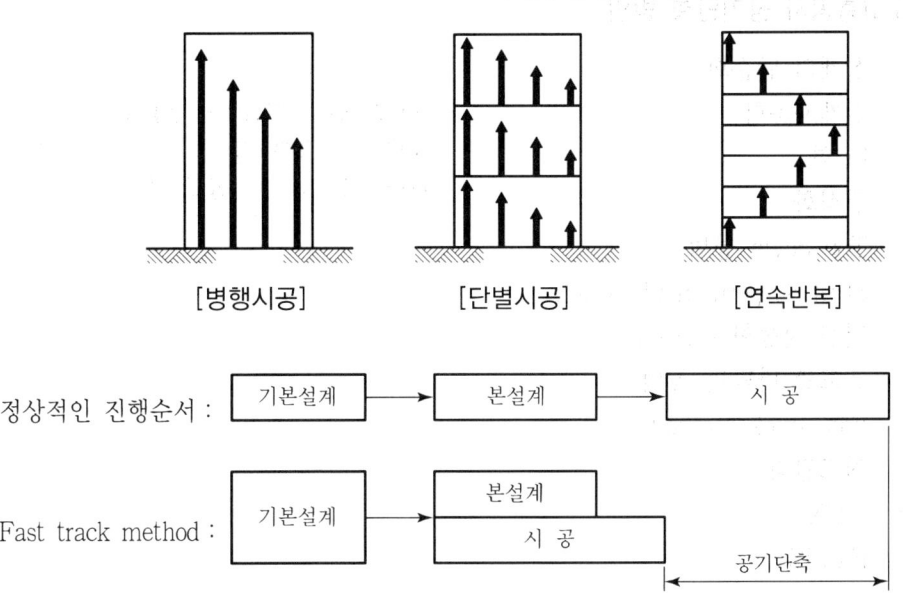

[병행시공]   [단별시공]   [연속반복]

정상적인 진행순서 : 기본설계 → 본설계 → 시공

Fast track method : 기본설계 → 본설계 / 시공 ← 공기단축

3) 바닥판공법

```
     ┌─ 현장타설공법 ┌─ 일반거푸집공법
     │              └─ Deck plate 공법 ┌─ Deck plate 밑창거푸집공법
     │                                  └─ Deck plate 구조체공법
     └─ PC 공법 ┌─ 대형 floor panel 공법
                └─ Half slab 공법
```

4) 양중계획 ──────────→ 안전관리   *Memory* 기 교 관
                                              기 교파 관객

- 설계도서 검토   - 3E 대책 수립
- 주변교통사정   ┌─ 기술적 대책(Engineering)
- 배치계획   ├─ 교육적 대책(Education)
- 가설계획   └─ 관리적 대책(Enforcement)
- 양중자재 구분   - 관리비
- Stock yard   - 안전설비
- 양중기계 종류, 선정, 대수   - 안전활동
- 양중 cycle 횟수   - 안전점검
- 양중부하 평준화

5) 초고층공사 공기단축 방안

- 설계의 단순화   *Memory*
- 설계자동화   슬(설)슬(설)피(P)곤(건)하지
- PC화   오예스(o S)자시고
- 건식화   파(Fa)도타기 내미(M E)자!
- Top down 공법
- Strut as permanent system
- 건설 자동화 system
- 초고층 바닥판 공법
- Fast track method
- 진도관리
- MCX
- EVMS

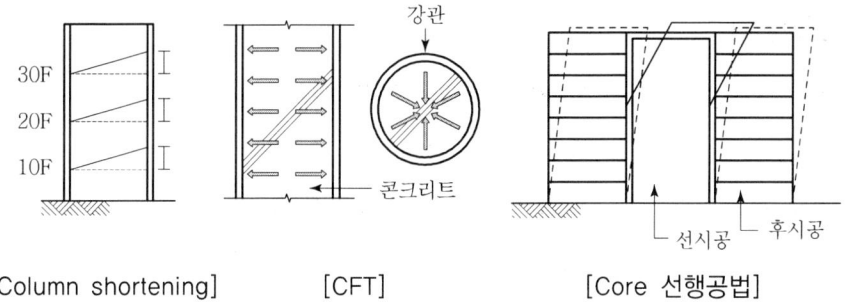

[Column shortening]　　　[CFT]　　　[Core 선행공법]

6) Column shortening(기둥 축소변위)

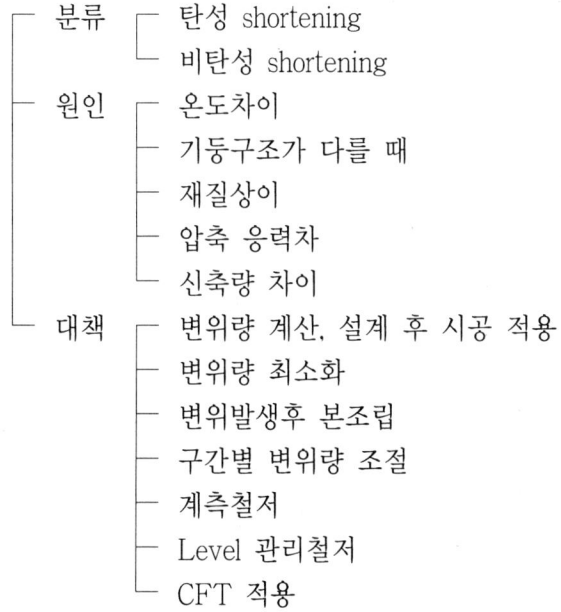

- 분류
  - 탄성 shortening
  - 비탄성 shortening
- 원인
  - 온도차이
  - 기둥구조가 다를 때
  - 재질상이
  - 압축 응력차
  - 신축량 차이
- 대책
  - 변위량 계산, 설계 후 시공 적용
  - 변위량 최소화
  - 변위발생후 본조립
  - 구간별 변위량 조절
  - 계측철저
  - Level 관리철저
  - CFT 적용

7) CFT(Concrete Filled Steel Tube : 콘크리트 채움강관) 공법

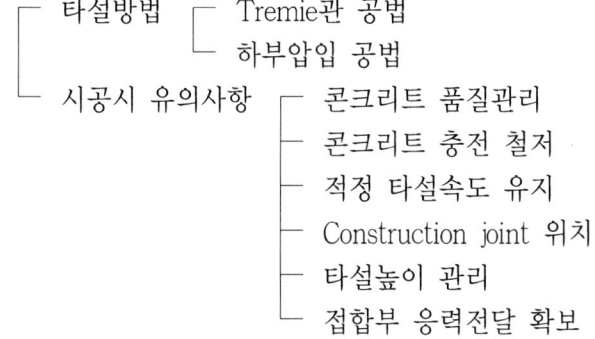

- 타설방법
  - Tremie관 공법
  - 하부압입 공법
- 시공시 유의사항
  - 콘크리트 품질관리
  - 콘크리트 충전 철저
  - 적정 타설속도 유지
  - Construction joint 위치
  - 타설높이 관리
  - 접합부 응력전달 확보

8) Core 선행공법

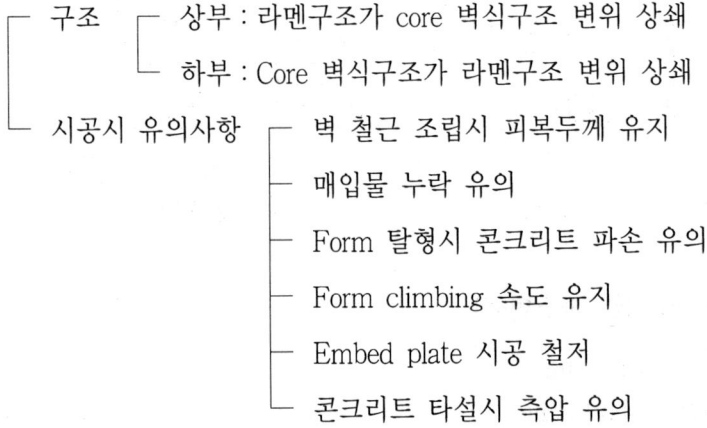

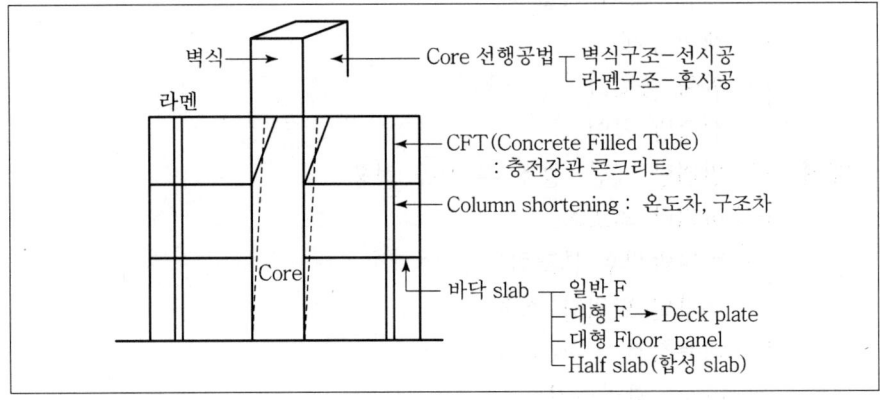

마감 및 기타

8장

■ 장판지 ··· 143

1절 마감
① 조적공사 ·· 145
② 석공사 ·· 149
③ 타일공사 ·· 152
④ 미장공사 ·· 156
⑤ 도장공사 ·· 158
⑥ 방수공사 ·· 159

2절 기타
① 유리공사 ·· 163
② 단열 ··· 164
③ 결로 ··· 166
④ 소음 ··· 167
⑤ 건설공해 ·· 169
⑥ 해체 ··· 170
⑦ Remodeling ·· 172
⑧ 양중기계 ·· 172
⑨ 적산 ··· 175

永生의 길잡이 — 열하나

■ 머리로 이해할 수 없는 은혜

위대하고 관대한 한 왕이 있었습니다. 그 왕이 자애롭게 통치하고 있을 때 신하들이 반란을 일으켰습니다. 왕은 이 일을 조사하기 위해 사신을 보냈지만 반역자들은 왕의 사신을 죽였습니다. 그 다음에는 사랑하는 아들인 왕자를 보냈지만 반역자들은 왕자까지 잔인하게 살해하고 성벽에 그 시체를 매달았습니다.

이제 왕이 어떻게 하리라고 생각하십니까? 군대를 보내 복수함이 마땅하지 않겠습니까. 왕에게는 분명 복수할 권능과 권리가 있었습니다. 그러나 왕이 죄인들을 완전히 용서했다면 어떻겠습니까? "너희들에게 살해된 내 아들은 너희의 반란의 대가라고 여기겠다. 이제 너희는 자유의 몸이다. 단지 너희는 죄를 시인하고 내 아들의 생명의 대가로 너희가 용서받았다는 것을 인정하기만 하면 된다." 이 말을 들은 반역자들이 얼마나 놀랐겠습니까? 그러나 왕의 말은 여기에서 끝나지 않았습니다. "너희 모두 내 궁전에서 살도록 초청한다. 나의 상에서 함께 먹고 왕국의 모든 기쁨을 누리도록 하라. 또한 너희를 양자로 받아들여 내 상속자로 삼을 것이다. 이제 내 모든 것은 영원히 너희 것이 될 것이다." 이어서 왕은 또 이렇게 말했습니다. "내 제안을 받아들이라고 강요하지 않겠다. 하지만 너희가 거절한다면 평생을 감옥에서 보내야 한다. 선택은 너희에게 달렸다."

이것이 바로 우리를 향한 하나님의 은혜입니다. 아무리 머리를 쥐어짜도 이해할 수 없다면, 은혜란 머리로 이해할 수 없는 것임을 인정하십시오.

제8장 마감

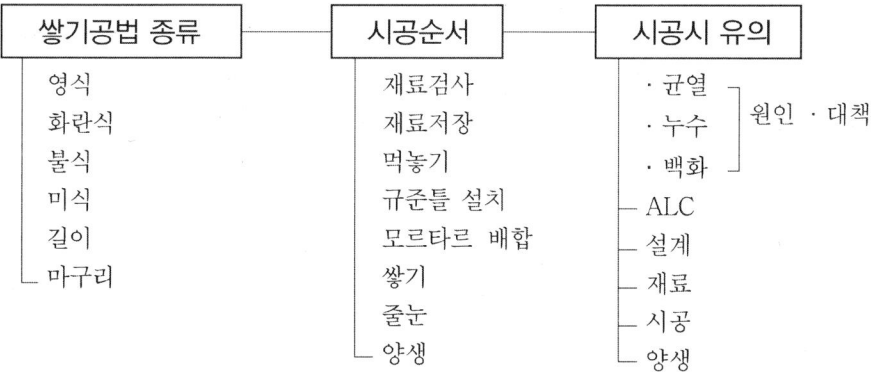

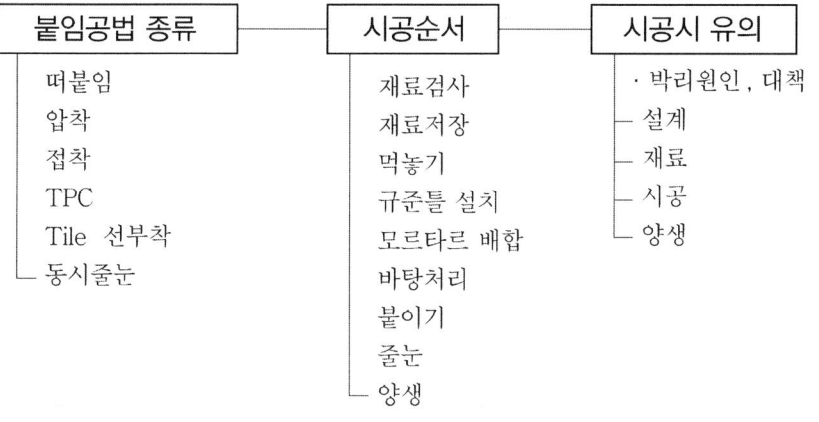
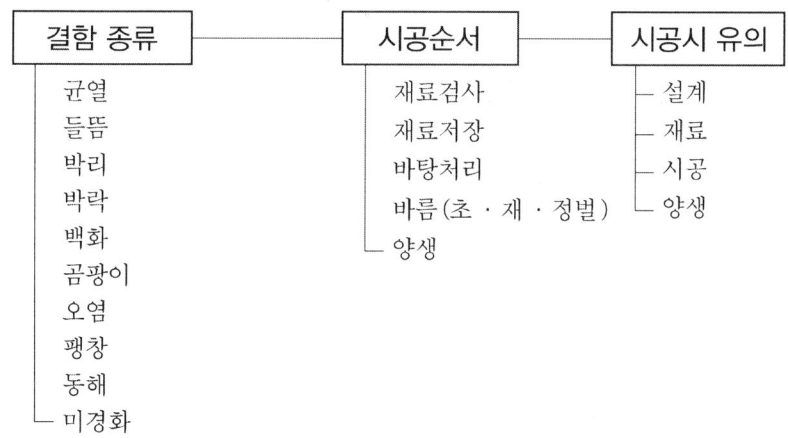
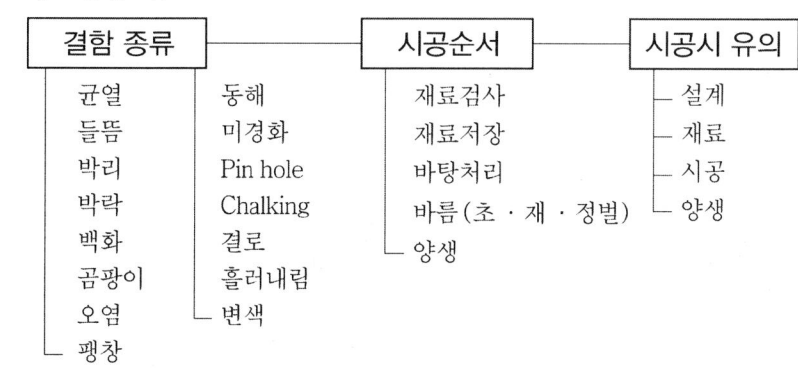
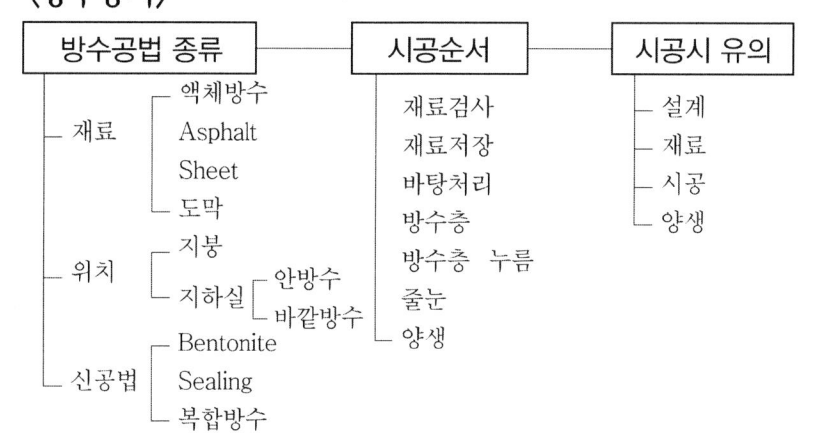
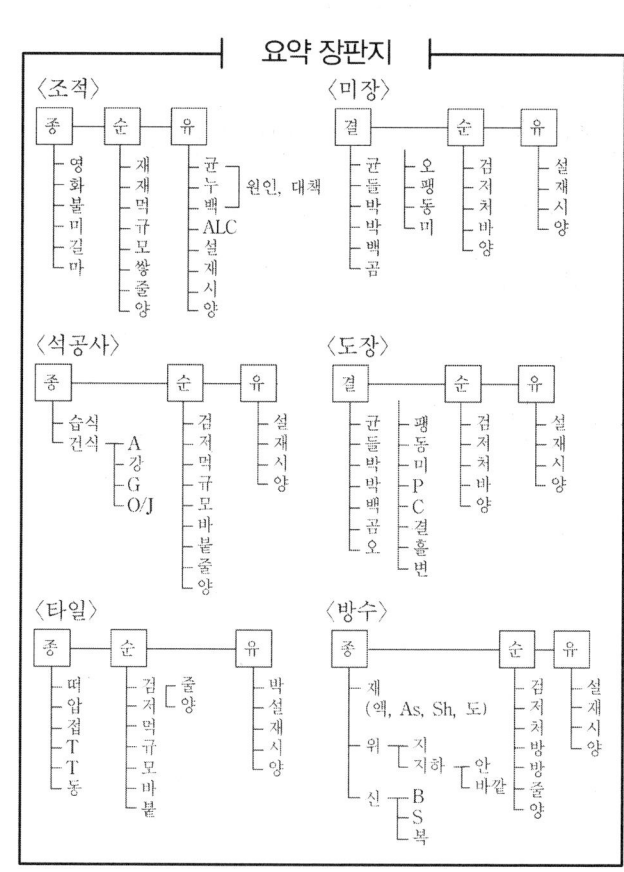

제8장 기타

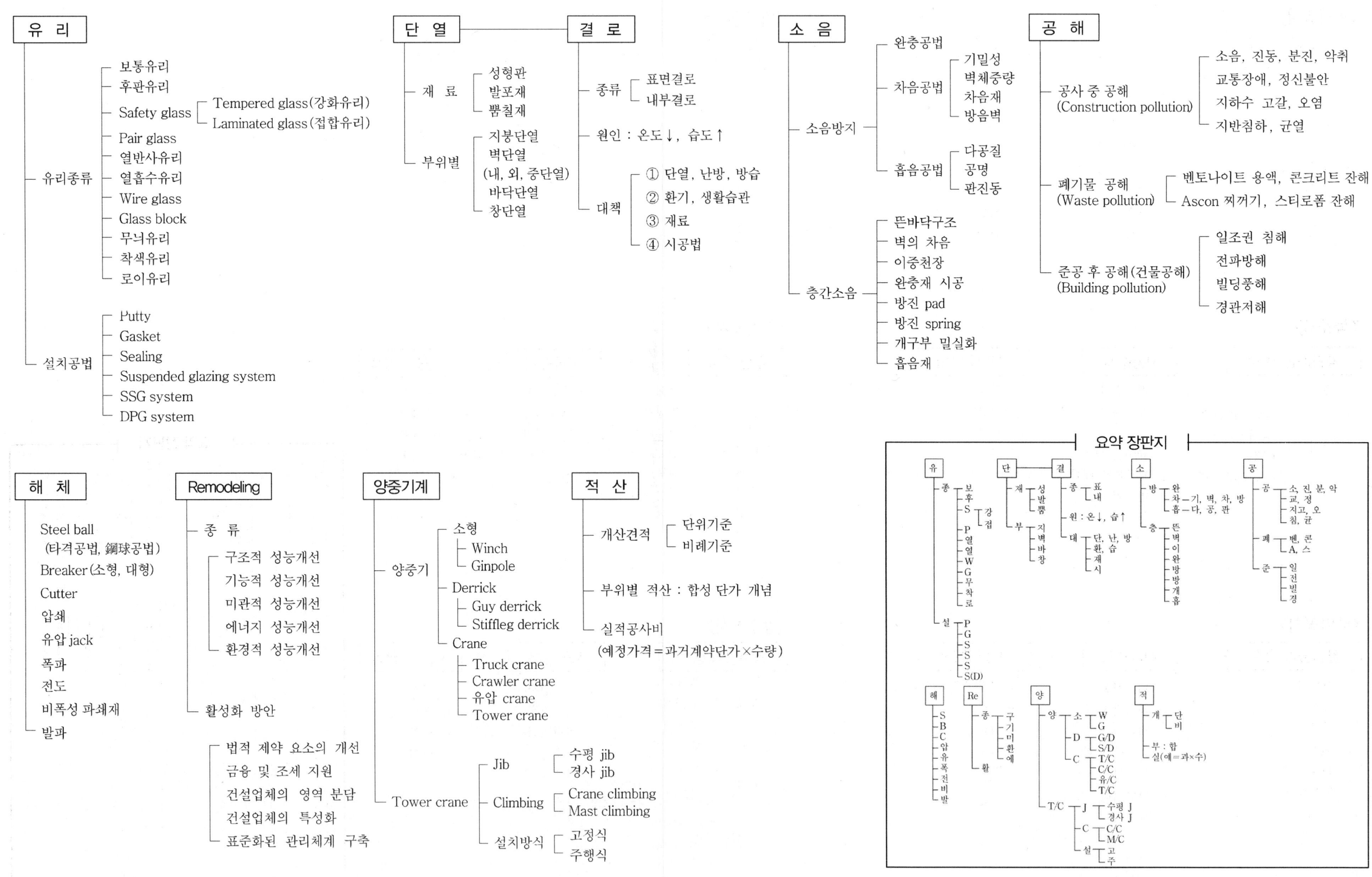

8장 마감 및 기타

1절 마감

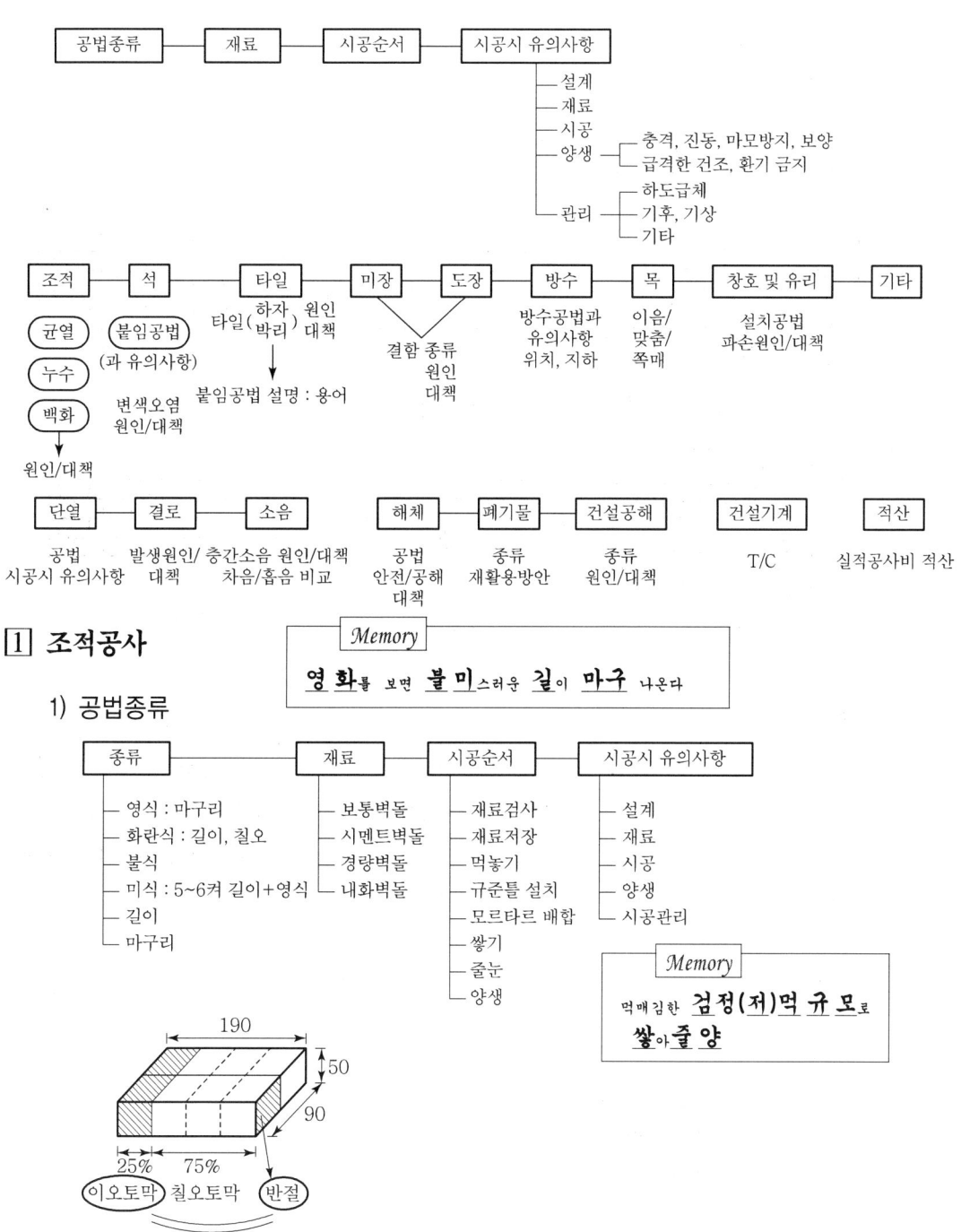

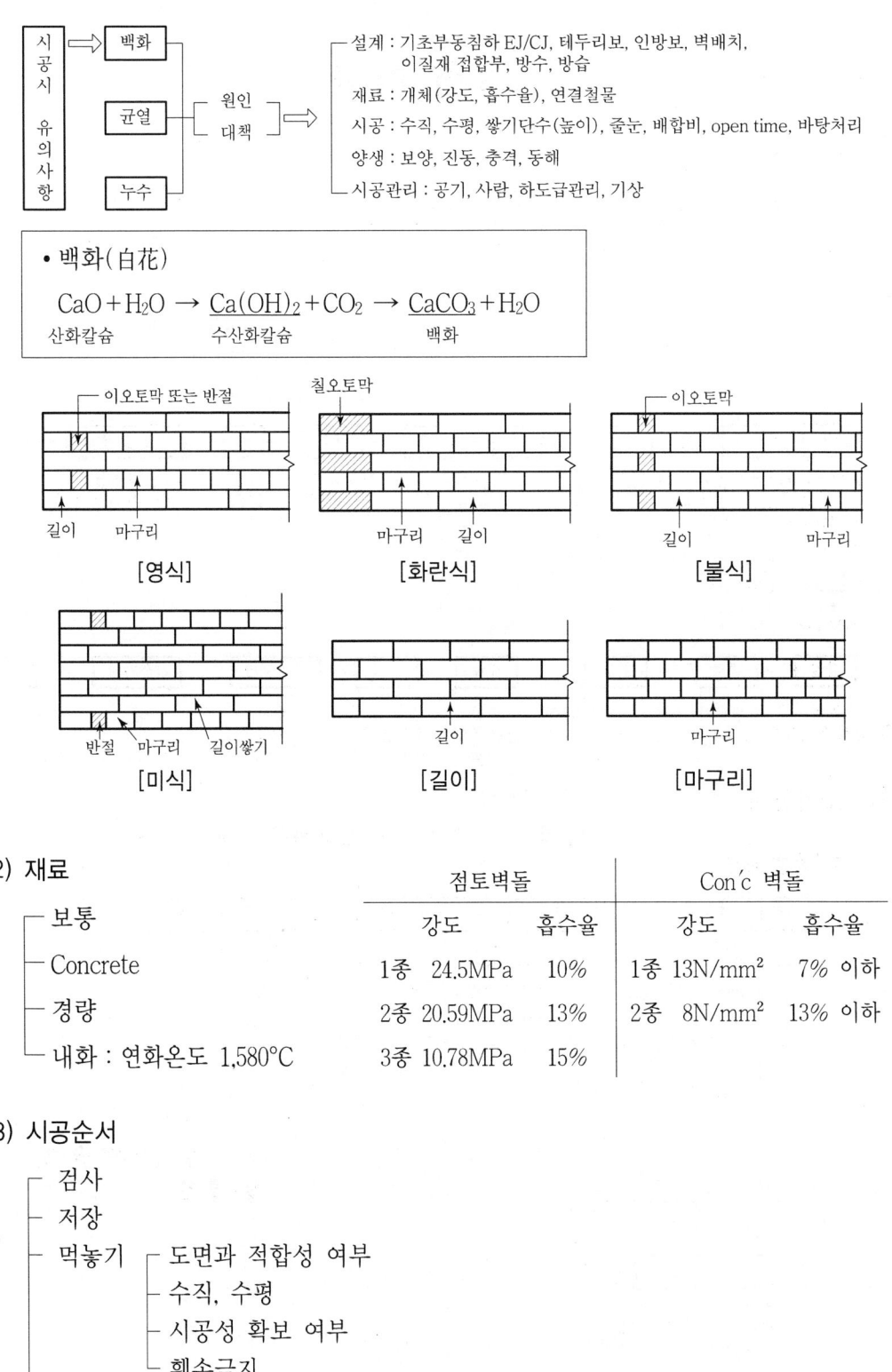

2) 재료

- 보통
- Concrete
- 경량
- 내화 : 연화온도 1,580°C

점토벽돌		Con´c 벽돌	
강도	흡수율	강도	흡수율
1종 24.5MPa	10%	1종 13N/mm²	7% 이하
2종 20.59MPa	13%	2종 8N/mm²	13% 이하
3종 10.78MPa	15%		

3) 시공순서

- 검사
- 저장
- 먹놓기
  - 도면과 적합성 여부
  - 수직, 수평
  - 시공성 확보 여부
  - 훼손금지

```
├ 규준틀 설치 ┬ 정확한 위치
│             ├ 수직
│             ├ 이동금지
│             └ 충격금지
├ 모르타르 배합 ┬ 1 : 2
│               ├ Open time 준수 →  |←  0分        45分  →|
│               └ W/B 최소화
├ 쌓기 ┬ 높이 : 최대 1.5m(22켜), 최소 1.2m(18켜)
│      ├ 청소, 물축임
│      ├ 표면온도 7℃ 이하 금지
│      ├ 영식 or 화란식 쌓기 공법
│      ├ 배관류
│      ├ 운반
│      ├ 층단
│      ├ 기타 : 토막금지, 모서리 파손 금지
│      ├ 수직 / 수평
│      └ 바탕처리
├ 줄눈 ┬ 수밀성 확보
│      ├ 폭 10mm 정도
│      └ 상부에서 하부로 진행
└ 양생 ┬ 쌓은 후 12시간 이내 하중 금지
       ├ 쌓은 후 3일 동안 집중하중 금지
       ├ 진동, 충격, 횡력 금지
       └ 방수시트로 덮음
```

4) 시공시 유의사항 ─────────────→ (균열) 원인과 대책 ┐
                                    (누수) 원인과 대책 ├ 同一
                                    (백화) 원인과 대책 ┘

```
├ 설계 ┬ 기초 부동침하
│      ├ Control joint 설치
│      ├ 물끊기
│      ├ 벽배치(벽량확보) : 대린벽, 부축벽, 내력벽
│      ├ 테두리보
│      └ 인방보
```

├ 방습층(vapor barrier) ┬ 벽체 방습층 → GL에서 100~200mm 위치
│   └ 바닥 방습층
└ 입면 모양치중 금지(아치틀기, 타원, 원금지)

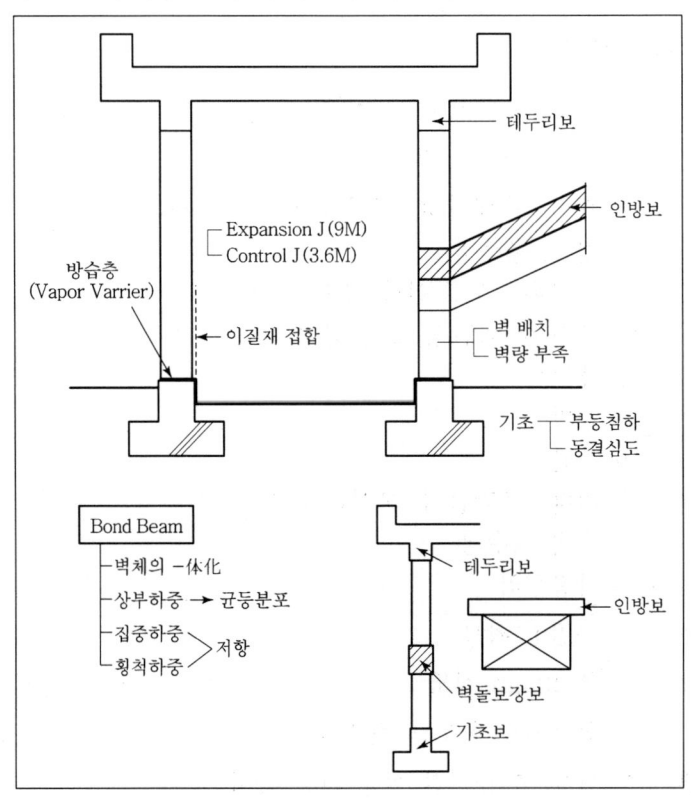

├ 재료 ┬ 벽돌
│   ├ 시멘트
│   ├ 모래(함수량)
│   └ 연결철물
├ 시공
├ 양생
└ 관리 ┬ 하도업체 관리
       ├ 경영상태
       ├ 기술력
       ├ 실적
       └ 자금, 기술지원

8장 마감 및 기타

2 석공사

> **Memory**
> 중국 **화 수 변**에 있는 **화 산**에 **접 사**라는 **대 사**가 있다

- 종류
  - 습식
  - 건식
    - Anchor 긴결 (Pin hole)
    - 강재 truss
    - GPC
    - Open joint 줄눈
- 재료
  - 종류
    - 화성암계 : 화강암, 안산암
    - 수성암계 : 점판암, 사암
    - 변성암계 : 대리석, 사문암
  - 채석방법 : 부리까기법 < 발파법
  - 가공, 표면마무리 : 혹두기, 정다듬, 도드락다듬, 잔다듬, 물갈기
- 시공순서
  - 재료검사
  - 재료저장
  - 먹놓기
  - 규준틀 설치
  - 모르타르 배합
  - 바탕처리
  - 붙이기
  - 줄눈
  - 양생
- 시공시 유의사항
  - 설계
  - 재료
  - 시공
  - 양생
  - 시공관리

시공시유의사항 ⇒ 변색(오염) ─ 원인/대책 ⇒
- 설계 : 구조강도, 바탕구조체 확보, 부동침하방지, 결로, 열응력, sliding
- 재료 : 석재규격, 연결철물, mortar
- 시공 : 수직, 수평, 배합비, open time, 변색, 연결철물시공, sealing
- 양생 : 보양, 진동, 충격, 동해
- 시공관리 : 공기, 사람, 하도급관리, 기상

1) 붙임공법 종류

> **Memory**
> **습**진(**건**) **안**(**An**)가(**강**)지(**G**)오(**O**)

- 습식공법 : 모르타르 위 돌 → 바닥, 계단, 내벽
- 건식공법
  - Anchor 긴결(pin hole) : Open joint 줄눈
  - 강재 truss
  - GPC
  - Open joint 줄눈

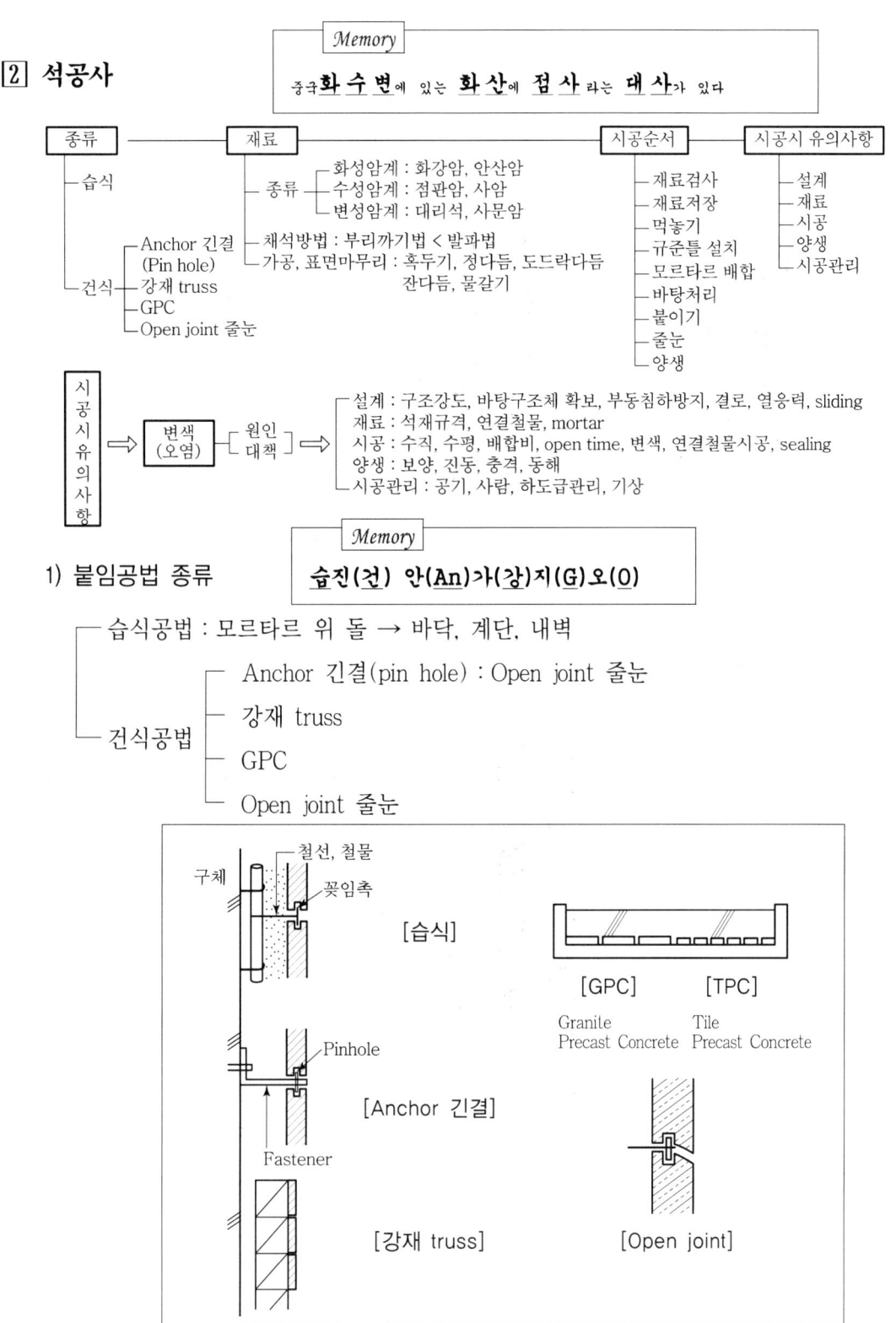

[습식] / [Anchor 긴결] (Pinhole, Fastener) / [강재 truss] / [GPC] Granite Precast Concrete / [TPC] Tile Precast Concrete / [Open joint]

① 습식공법

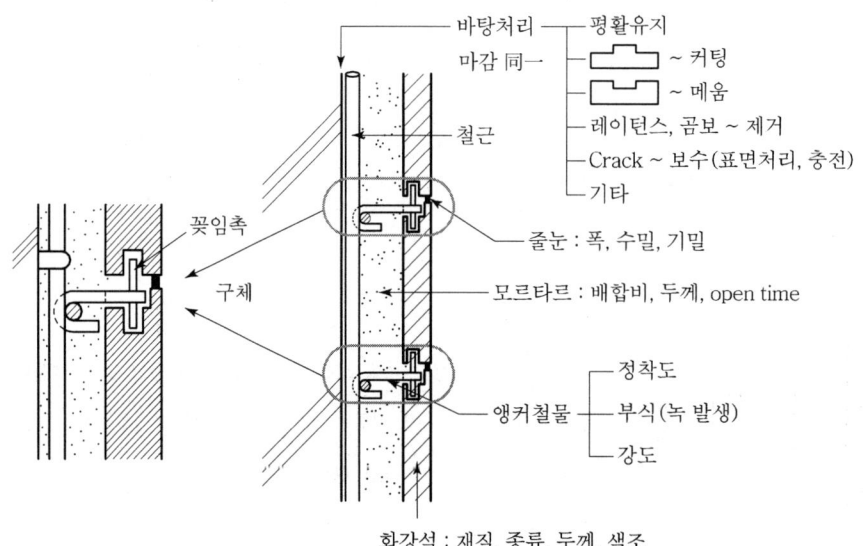

② Anchor 긴결공법(=Pin hole 공법) : 외벽

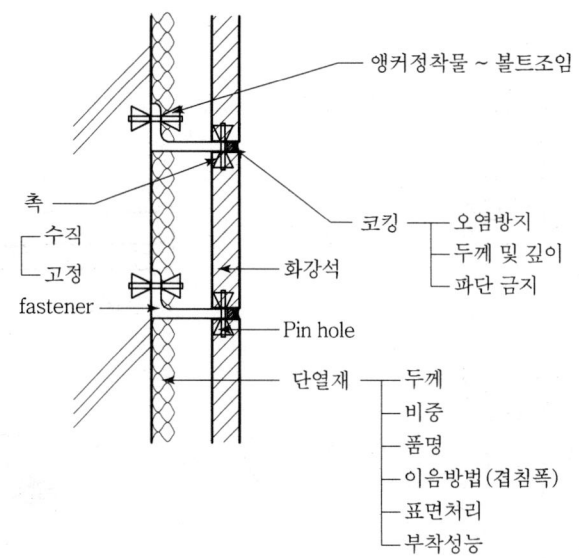

③ 강재 truss 공법

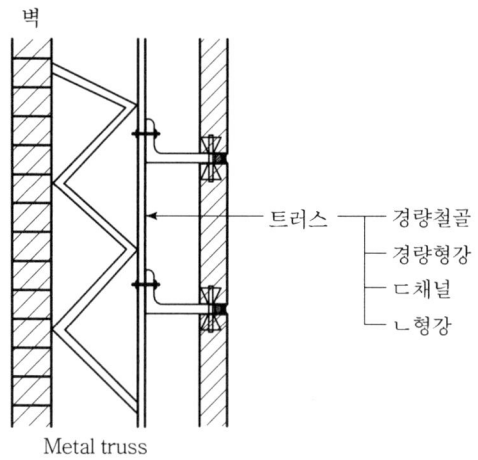

④ GPC(Granite veneer Precast Concrete)

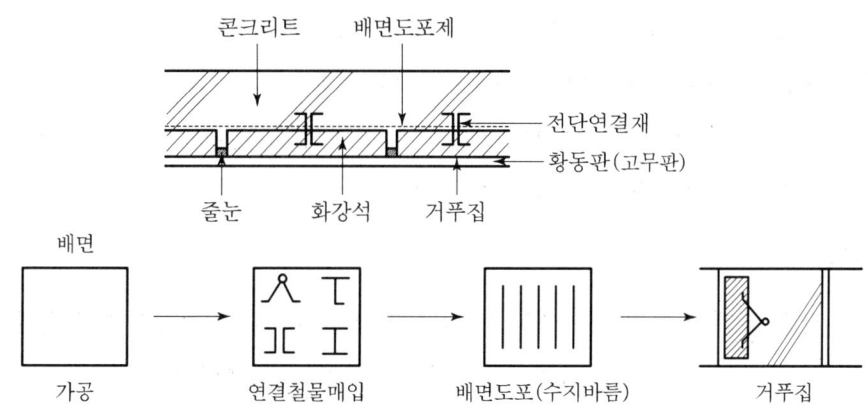

⑤ Open joint 줄눈

석재와 석재 사이의 줄눈을 sealant로 처리하지 않고 틈을 통해 물을 이동시키는 압력차를 없애는 등압이론을 적용하여 줄눈을 open시키는 공법

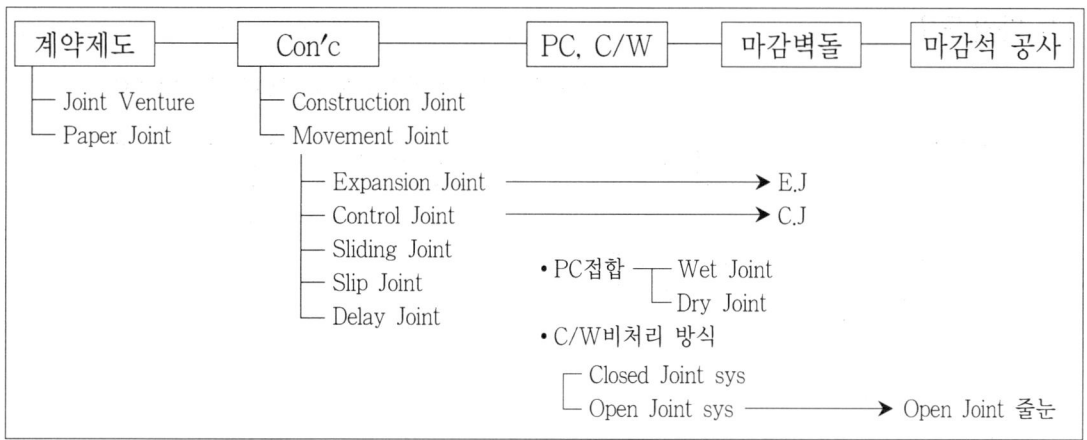

2) 건식공법 장점 – PC와 동일

- 시공속도 빠름
- 공기단축
- 복잡한 곳 시공가능
- 초고층 시공가능
- 원가절감
- 백화 발생 없음
- 단위당 석재 지지가능
- 상부하중 하부전달 하지 않음

3) 시공시 유의사항

- 설계 ~ 구조체 강도, 구조체 바탕확보, 부동침하 방지, 결로, 열응력
- 재료 ~ 석재 규격, 연결철물, 모르타르
- 시공 ~ 수직, 수평, 배합비, open time, 변색, 연결철물시공, sealing
- 관리 ~ 공기, 기능공, 하도급, 기상

4) 보양

- 파손에 대한 보양
  - 바닥 : 3일 보행금지, 1주일 진동·충격금지, 합판, 보양포
  - 벽 : 모서리보양(스티로폼, 합판)
- 오염방지를 위한 보양 → 오염물 제거, 세척

3 타일공사

Memory

저(떠)아(압)저(접)씨(T), 타(Ti)도(동)유(U)?

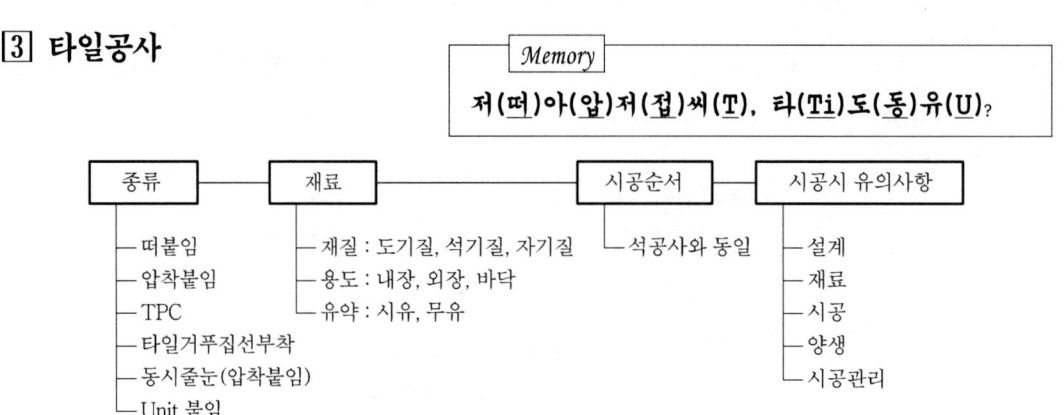

8장 마감 및 기타

> **Memory**
> **도자석 내외**가 **바닥**에서 **시 무**식을 거행했다

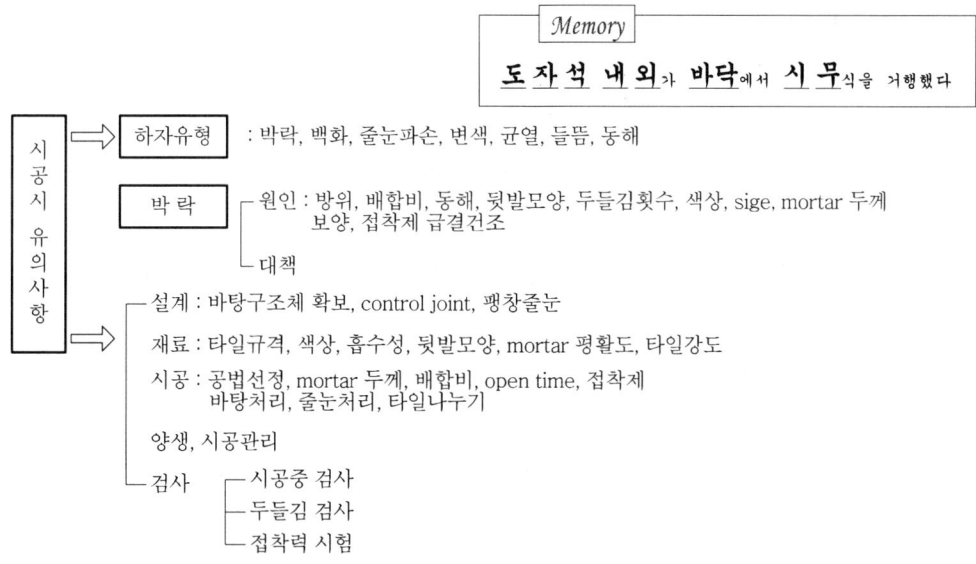

시공시 유의사항
- 하자유형 : 박락, 백화, 줄눈파손, 변색, 균열, 들뜸, 동해
- 박락 ┬ 원인 : 방위, 배합비, 동해, 뒷발모양, 두들김횟수, 색상, sige, mortar 두께, 보양, 접착제 급결건조
       └ 대책
- 설계 : 바탕구조체 확보, control joint, 팽창줄눈
- 재료 : 타일규격, 색상, 흡수성, 뒷발모양, mortar 평활도, 타일강도
- 시공 : 공법선정, mortar 두께, 배합비, open time, 접착제
         바탕처리, 줄눈처리, 타일나누기
- 양생, 시공관리
- 검사 ┬ 시공중 검사
       ├ 두들김 검사
       └ 접착력 시험

1) 공법종류

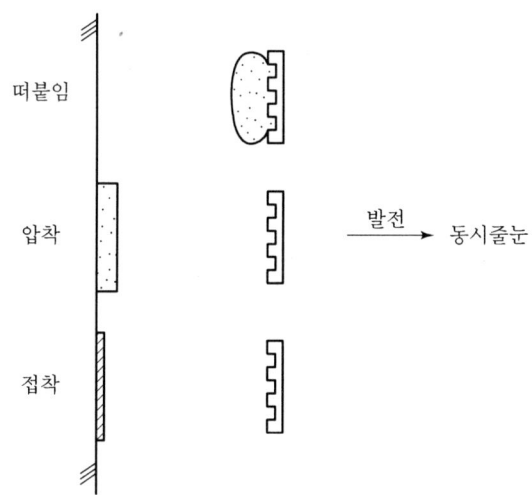

떠붙임 / 압착 → 발전 → 동시줄눈 / 접착

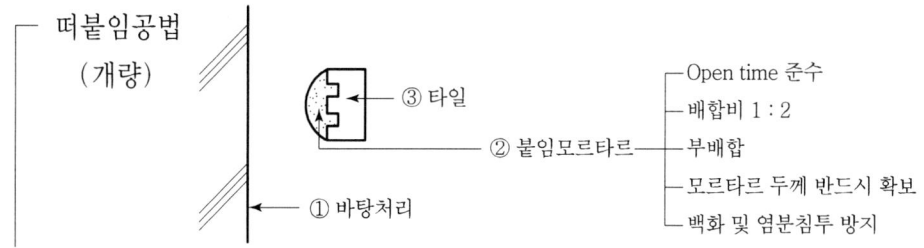

- 떠붙임공법 (개량)
  - ① 바탕처리
  - ② 붙임모르타르
  - ③ 타일
- Open time 준수
- 배합비 1 : 2
- 부배합
- 모르타르 두께 반드시 확보
- 백화 및 염분침투 방지

- 압착붙임공법
  (개량)
- 접착공법 → 유기질 접착제, 수지(epoxy, 본드)
- TPC 공법 → 'GPC' 연상
- 타일 선부착 공법 → 거푸집 내면에 타일 배치한 후 Con'c 타설
  ~ 거푸집 제거하면 타일 외벽 나타남
- 동시줄눈공법(압착공법 : 전동공구 사용 공법) → 9~16회
  ~ 타일을 전동공구를 이용하여 부착하는 공법

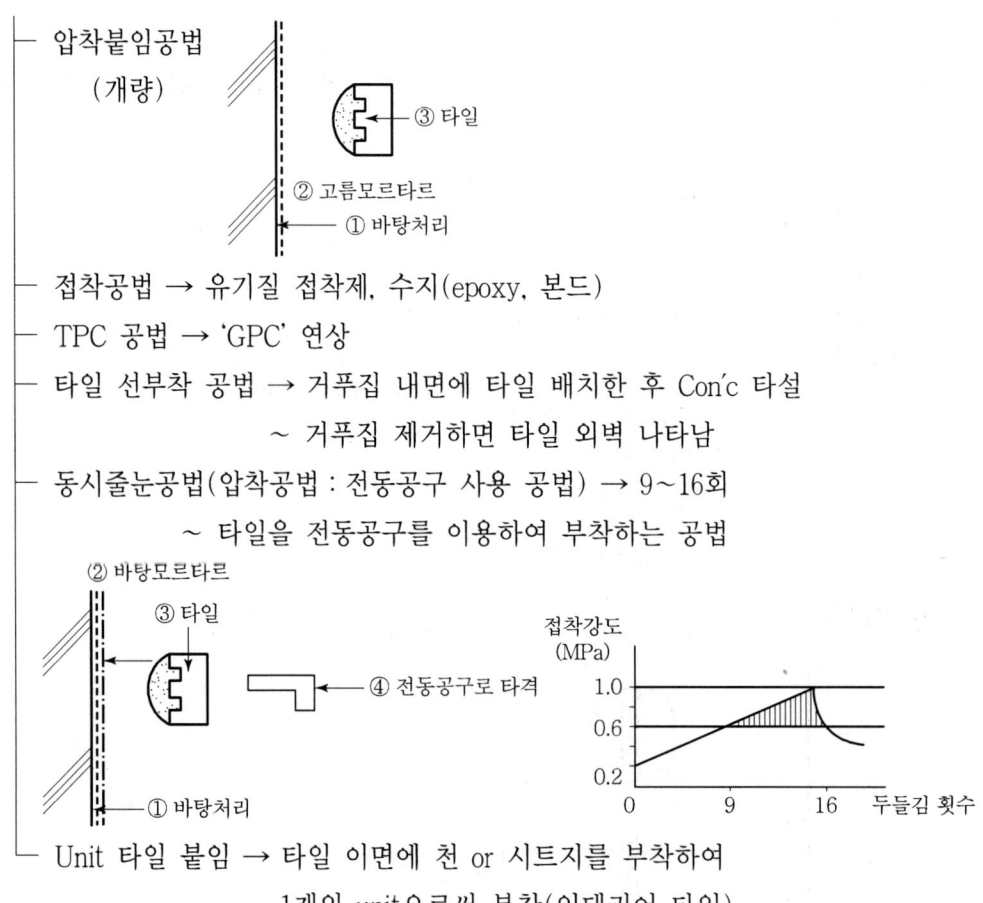

- Unit 타일 붙임 → 타일 이면에 천 or 시트지를 부착하여
  1개의 unit으로써 부착(인테리어 타일)

2) 탈락원인

- 방위 → 남 > 북
- 배합비 → 1 : 2

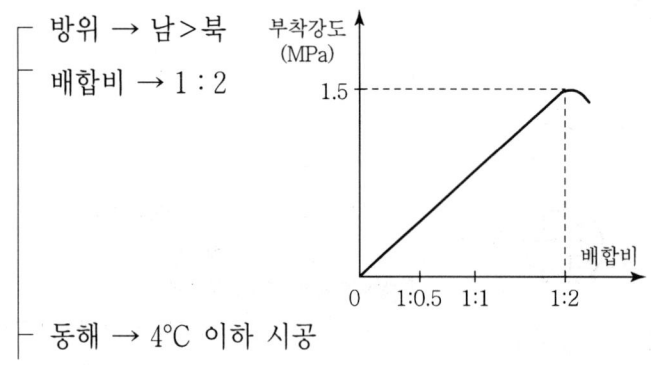

- 동해 → 4℃ 이하 시공

- Open time

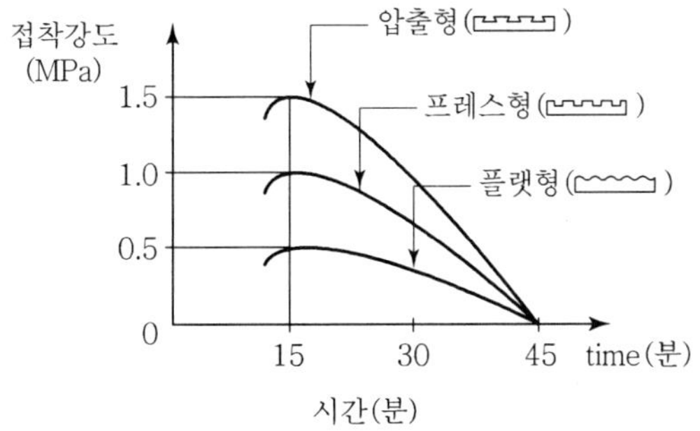
접착강도
(MPa)
1.5
1.0
0.5
0
압출형
프레스형
플랫형
15
30
45
time(분)
시간(분)

- 두들김 횟수
- 색상 → 밝은 < 어두운
- Size → 大 < 小
- Mortar 두께

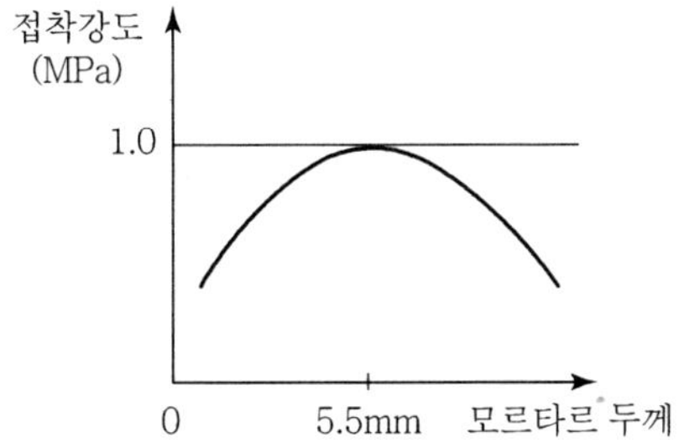
접착강도
(MPa)
1.0
0
5.5mm
모르타르 두께

- 보양
- 접착제
- 급결건조

> *Memory*
> **방 배 동 뒷** 골목에서 **두 색** 시가 **S M** 자동차로 **보**행자 **접**촉사고를 내고 **급** 정지 하다.

3) 대책(시공시 유의사항)

- 설계
  - 구조체 정도 확보
  - Control joint
  - 굴곡, 라운드 자제
  - 대형 타일 설계
- 재료
  - 시멘트
  - 모래
  - 타일규격 / 색상
  - 흡수성
  - 타일크기
  - 타일강도
  - 타일형상(뒷발모양)

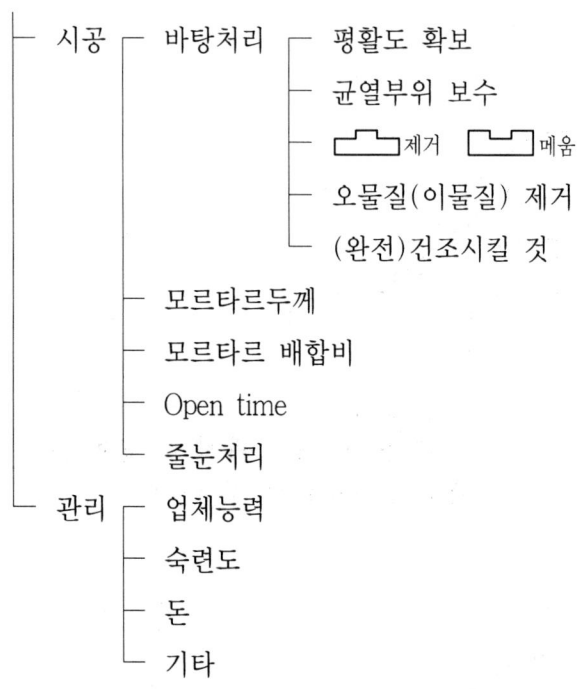

4 미장공사

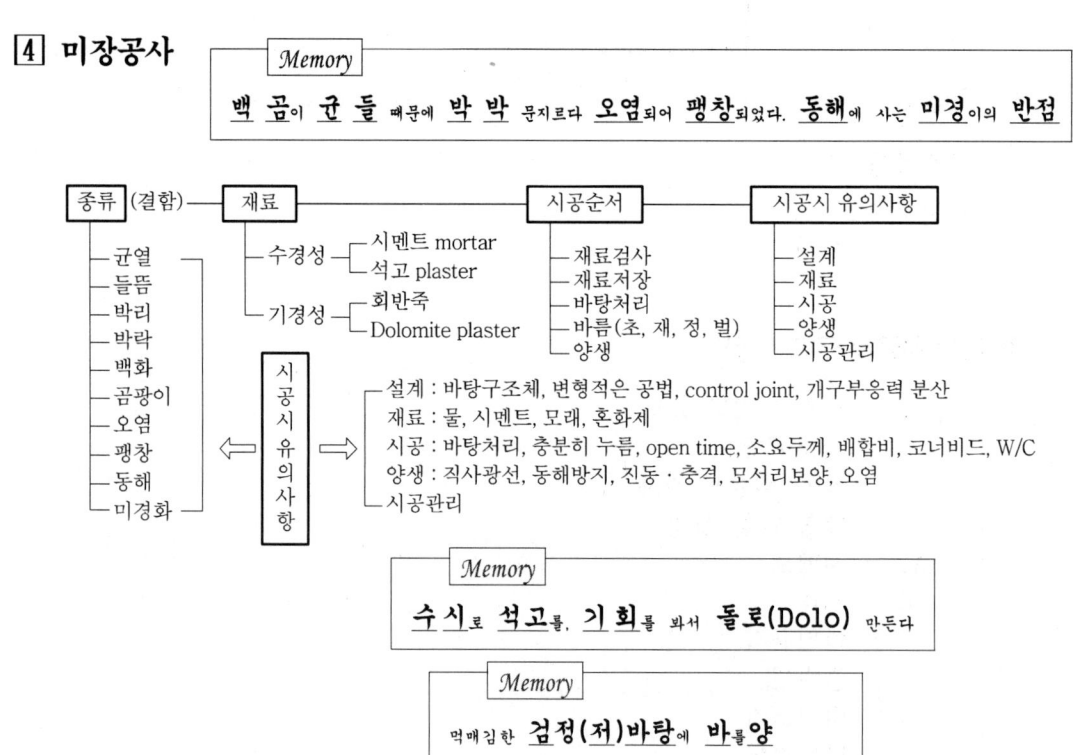

- 결함 유형별 원인
  ① 균열(건조불량, 미장면 수분 급속증발)
  ② 들뜸(붙임시간 미준수, Dry out 현상)
  ③ 박리(연마불충분시, 1회 시공시 과다 미장)
  ④ 박락(연마불충분시, 1회 시공시 과다 미장)
  ⑤ 백화(석회질 재료, 미장면 수분과다)
  ⑥ 곰팡이(건조지연, 미장면 결로 및 수분)
  ⑦ 오염(바탕의 수지분, 유기질 재료 사용시)
  ⑧ 팽창(석회재료 사용)
  ⑨ 동해(3℃ 이하 작업실시)
  ⑩ 미경화(바탕면의 미경화)

- 시공시 유의사항(대책)

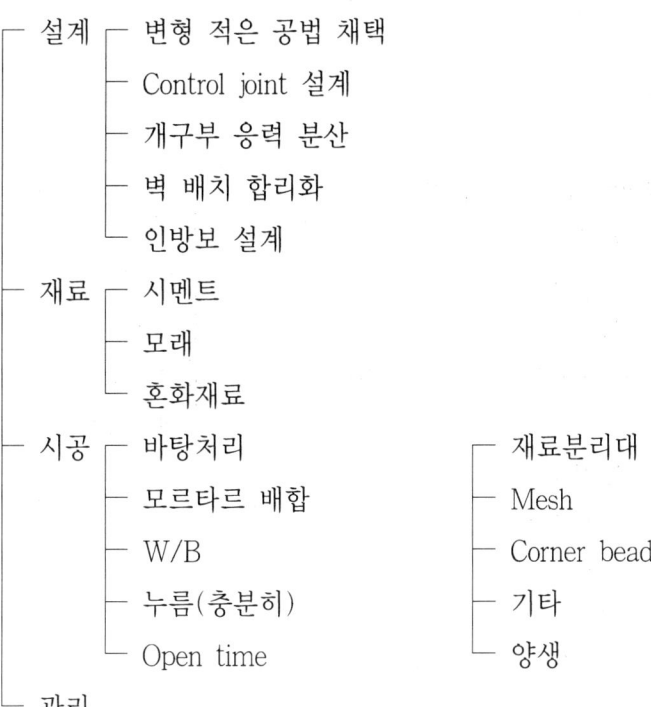

5 도장공사

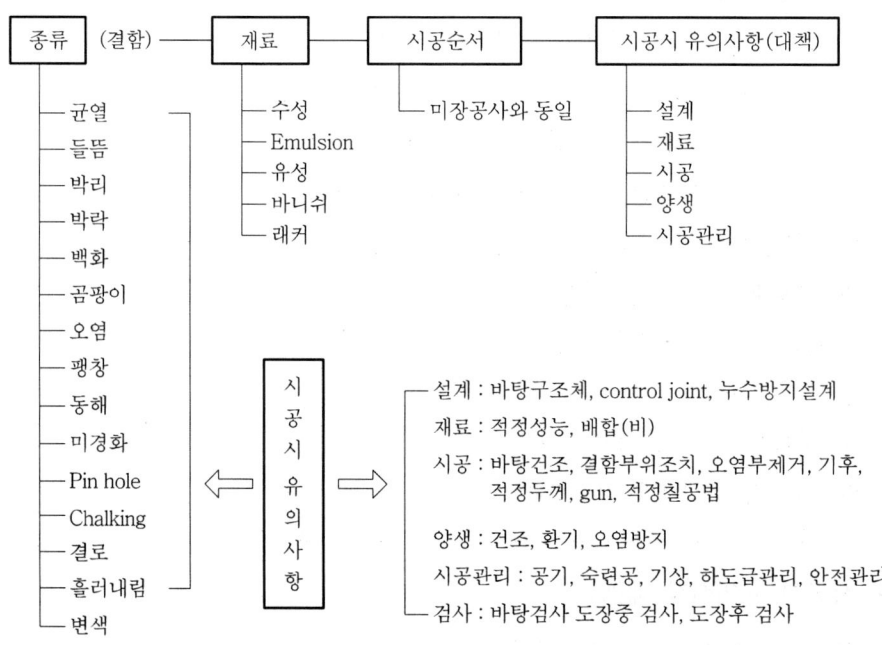

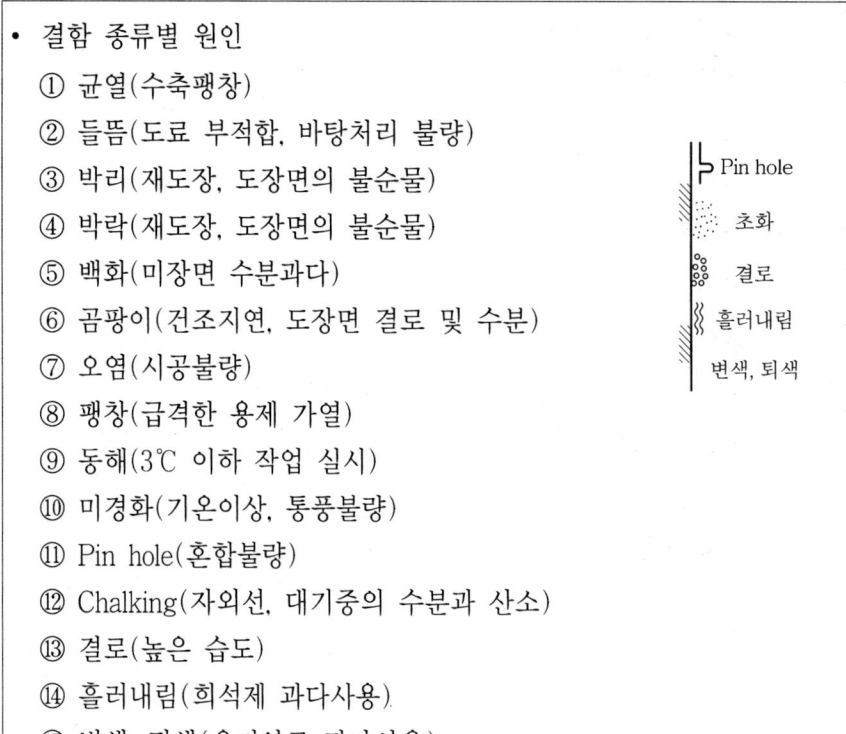

- 결함 종류별 원인
  ① 균열(수축팽창)
  ② 들뜸(도료 부적합, 바탕처리 불량)
  ③ 박리(재도장, 도장면의 불순물)
  ④ 박락(재도장, 도장면의 불순물)
  ⑤ 백화(미장면 수분과다)
  ⑥ 곰팡이(건조지연, 도장면 결로 및 수분)
  ⑦ 오염(시공불량)
  ⑧ 팽창(급격한 용제 가열)
  ⑨ 동해(3℃ 이하 작업 실시)
  ⑩ 미경화(기온이상, 통풍불량)
  ⑪ Pin hole(혼합불량)
  ⑫ Chalking(자외선, 대기중의 수분과 산소)
  ⑬ 결로(높은 습도)
  ⑭ 흘러내림(희석제 과다사용)
  ⑮ 변색, 퇴색(유기안료 과다사용)

- 시공시 유의사항(대책)

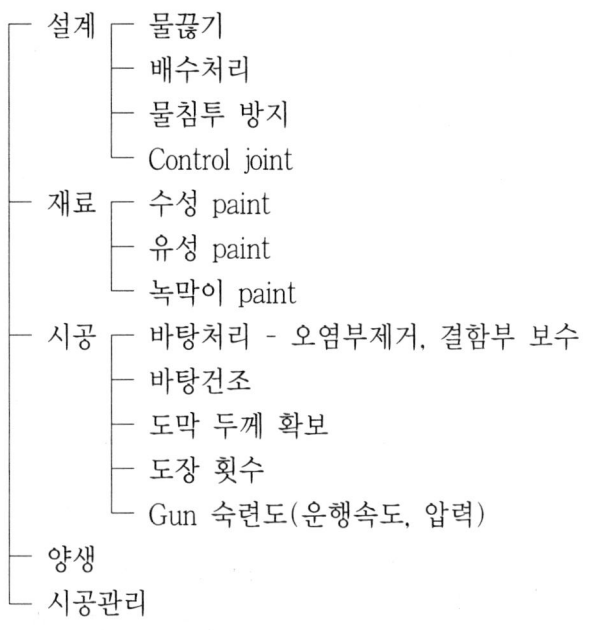

6 방수공사

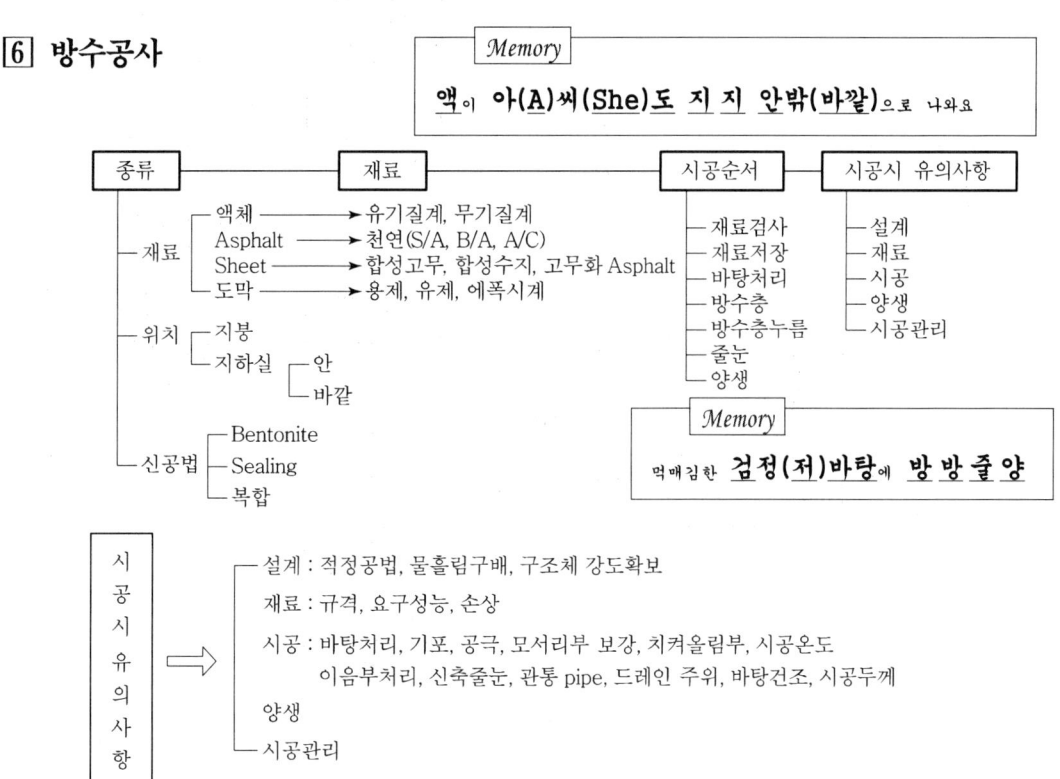

1) 공법종류

① 재료별 ┬ 액체방수(침투성방수) → 빗자루방수(비노출) → 침투성방수 ┬ 무기질
　　　　　│　　　　　　　　　　　　　　　　　　　　　　　　　　　　└ 유기질
　　　　　├ 아스팔트 방수 → 아스팔트를 여러번 칠하여 방수층 형성(비노출)
　　　　　├ 시트방수 → 시트지(Roll)를 바탕에 접착시켜 방수층 형성(비노출)
　　　　　└ 도막방수 → 용액을 바탕에 도포하여 방수층 형성 ┬ 노출
　　　　　　　　　　　　　　　　　　　　　　　　　　　　　　└ 비노출

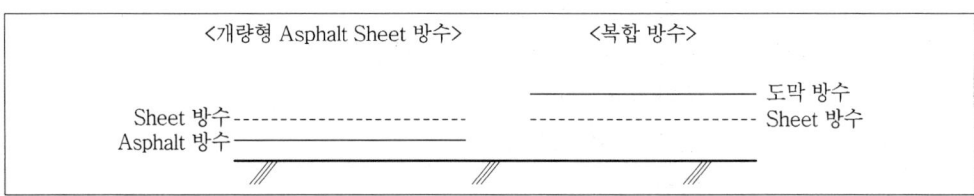

② 위치별 ┬ 지붕(옥상)방수
　　　　　└ 지하실방수(벽, 바닥) ┬ 안방수 → 시멘트 액체방수
　　　　　　　　　　　　　　　　　└ 바깥방수 → 시멘트, 금속판, 벤토나이트

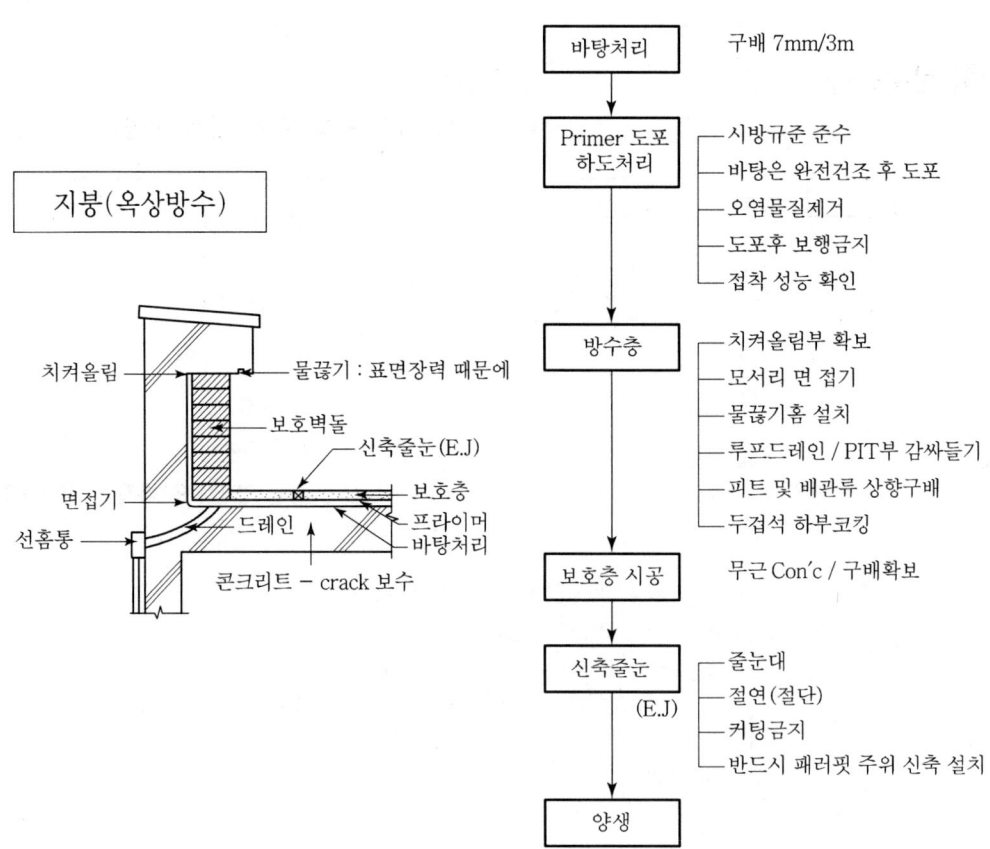

지하실 방수

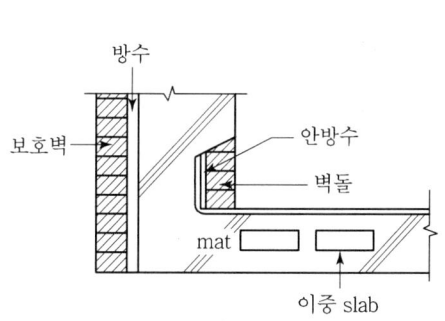

구분	바깥	안
시공성	불가능	가능용이
공사비	고가	저렴
하자보수	불가능	가능
성능	양호	불량
보호유무	有	有
공사기간	多	少
효과	확실	불확실
수압고려	저항성 우수	누수

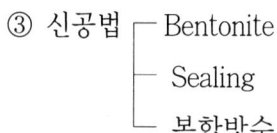

③ 신공법 ─ Bentonite
         ─ Sealing
         ─ 복합방수

Sealing 방수

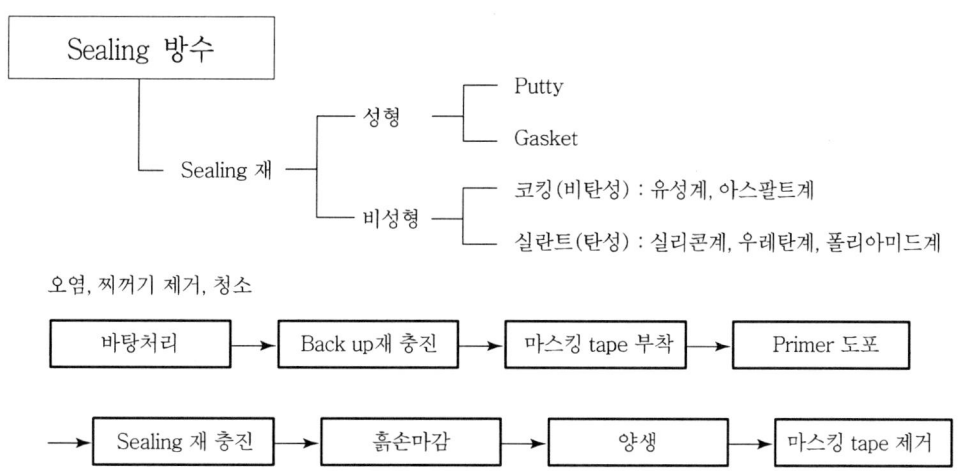

오염, 찌꺼기 제거, 청소

바탕처리 → Back up재 충진 → 마스킹 tape 부착 → Primer 도포

→ Sealing 재 충진 → 흙손마감 → 양생 → 마스킹 tape 제거

침투성 방수

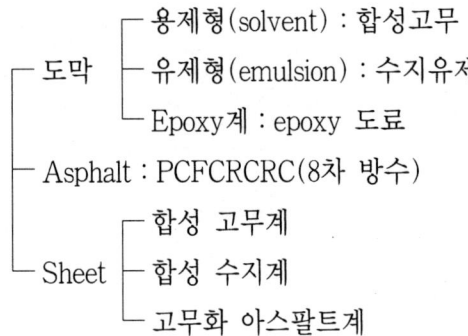

2) 재료

- 도막
  - 용제형(solvent) : 합성고무
  - 유제형(emulsion) : 수지유제
  - Epoxy계 : epoxy 도료
- Asphalt : PCFCRCRC(8차 방수)
- Sheet
  - 합성 고무계
  - 합성 수지계
  - 고무화 아스팔트계

2절 기타

1 유리공사

> **Memory**
> 보 후스(S)프(P)하는데 열 열을 너무 가하여,
> 와(Wi)그래(Gla) 무책(착)임하게 높이(로이)냐?

```
┌ 종류                    ┌ 설치공법                      ┌ 유리공사 check point
├ 보통유리                ├ Putty                         ├ ① 유리와 새시의 조합은 적절한가
├ 후판유리                ├ Gasket                        ├ ② 에너지 절약기준에 적합한가
├ Safety glass ┬ 강화유리  ├ Sealing                       ├ ③ 내풍압강도는 있는가
│              └ 접합유리  ├ Suspended glazing system      ├ ④ 유리의 성질과 사용부위가 적절한가
├ Pair glass(2중유리, 3중유리) ├ SSG system             ├ ⑤ 보수, 유지는 용이한가
├ 열반사유리              └ SPG(DPG) system               ├ ⑥ 유리가 파손될 경우 즉시 교환과 보수가 가능한가
├ 열흡수유리                                              └ ⑦ 열파손이나 결로를 일으키지 않는가
├ Wire glass
├ Glass block
├ 무늬유리
├ 착색유리
├ 로이유리(Low-emissivity)
└ 이중외피(Double skin)
```

> **Memory**
> 피(P)가(Ga) 실(Seal)수(Su)로
> 사(S)셔(S)츠에 묻었다.

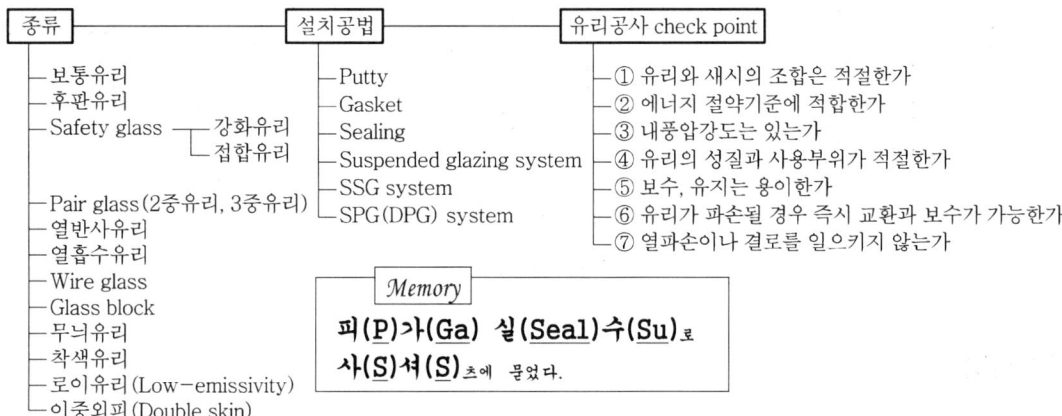

Putty / Gasket / Sealing / Glazing channel

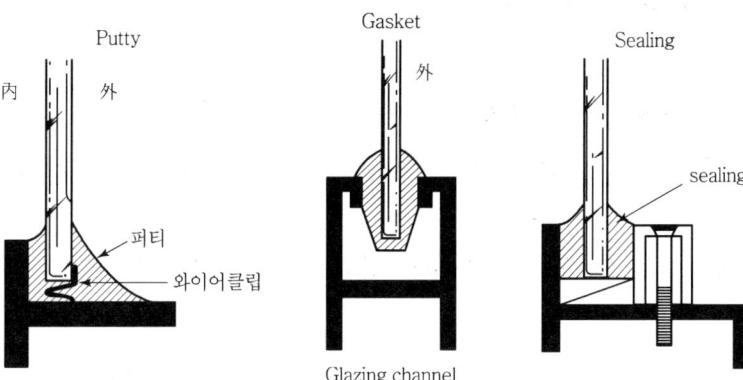

Suspended glazing system / 달철구 / 리브유리(stiffener) / SSG system

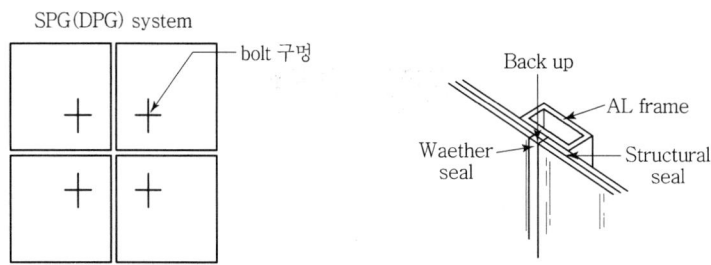

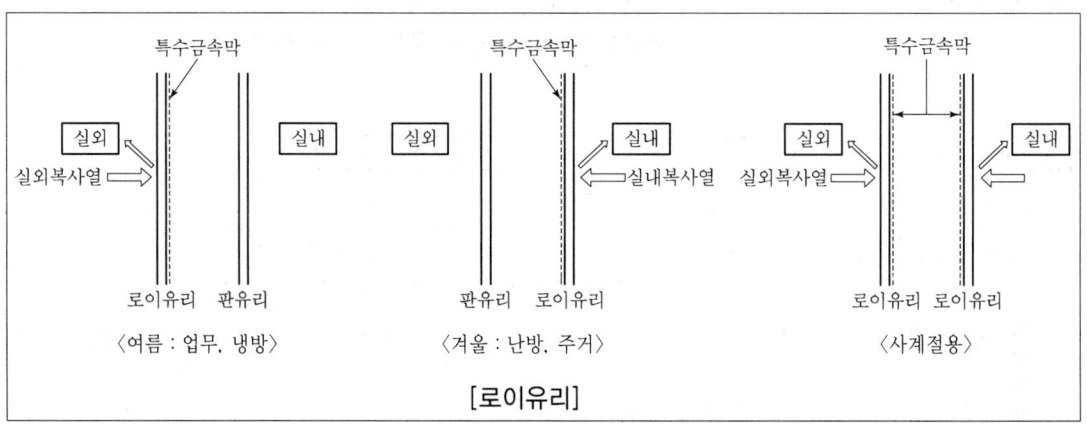

[로이유리]

2 단열

1) 정의 : 열의 이동을 억제, 차단

2) 재료

　① 무기질 : 열에 강함, 흡습성 大
　　- 유리면, 암면, 세라믹파이버, 펄라이트 판, 규산 칼슘판, 경량기포 콘크리트
　② 유기질 : 열에 약함, 흡습성 小
　　- 셀룰로오스 섬유판, 연질섬유판, 폴리스티렌폼, 경질우레아폼

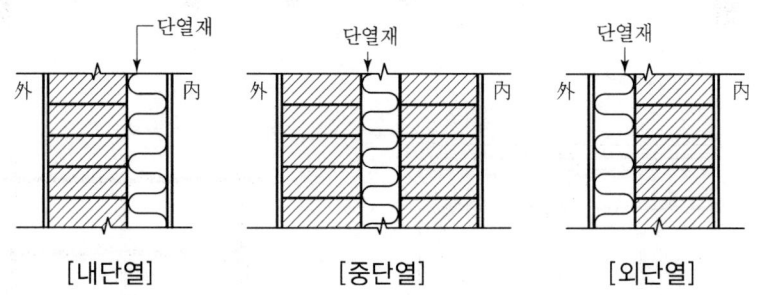

3) 부위별 시공법
    ① 지붕단열
    ② 벽단열 ┬ 내단열 → 거실
            ├ 외단열 → dry vit
            └ 중단열 → 공간쌓기
    ③ 바닥단열
    ④ 창단열 - 기밀성, 3중유리, 복층유리, 이중창, 차양, 커튼, 선팅(단열바)

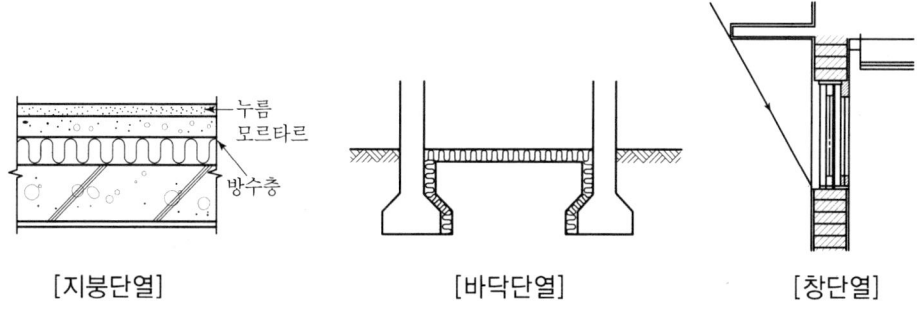

[지붕단열]   [바닥단열]   [창단열]

4) 단열재 요구성능

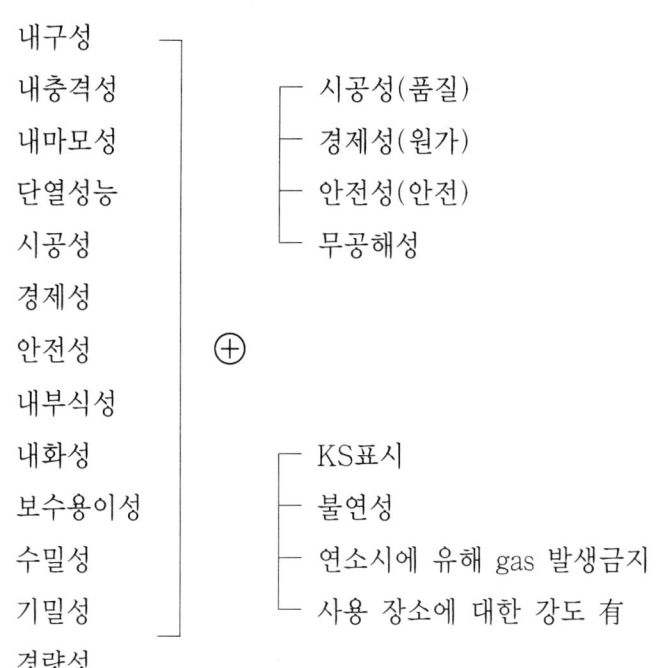

내구성
내충격성   ┬ 시공성(품질)
내마모성   ├ 경제성(원가)
단열성능   ├ 안전성(안전)
시공성   └ 무공해성
경제성
안전성   ⊕
내부식성
내화성   ┬ KS표시
보수용이성   ├ 불연성
수밀성   ├ 연소시에 유해 gas 발생금지
기밀성   └ 사용 장소에 대한 강도 有
경량성

5) 시공시 유의사항

$\left[\begin{array}{c}\text{단열}\\\text{방지대책}\end{array}\right] + \alpha$ 결로 방지대책

① 이음, 겹침, 반턱이음   ┌ 열교, 냉교 방지
② 가공   + ├ 코너부 보강
③ 방습층   └ 천정 등기구

③ 결로

1) 정의 - 온도차(실내외)
2) 종류

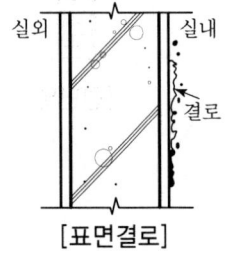
[표면결로]

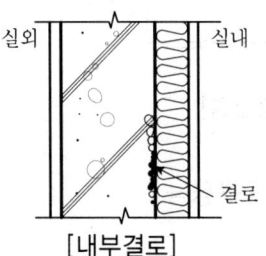
[내부결로]

3) 원인

┌ 온도 ↓   ┌ 단열시공불량
├ 습도 ↑   ├ 건물입지조건
├ 온도차 大   ├ 내장재료
├ 통풍 不   ├ 생활습관
├ 환기 不   └ 기타 : 접합부 ┌ Bar + 벽
└ 난방 不   ├ 문틀 + 벽
                                └ 유리 + bar

4) 대책

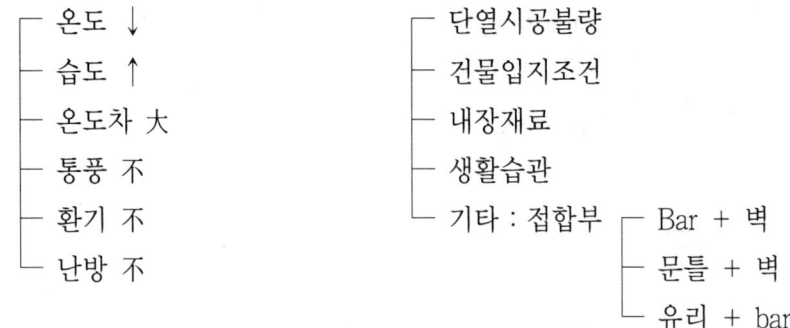
[Cold bridge 방지]

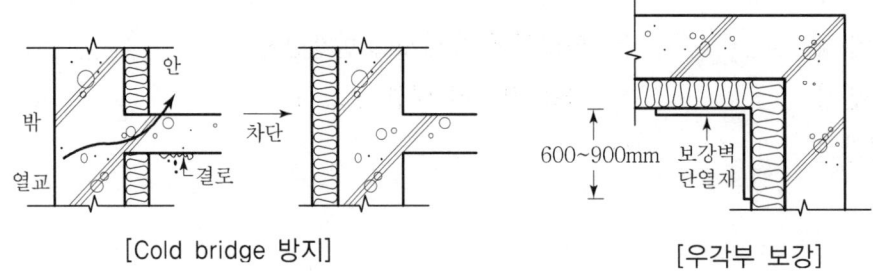
[우각부 보강]

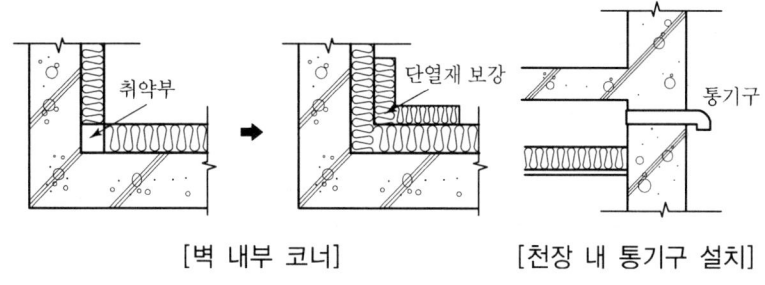

[벽 내부 코너]　　　[천장 내 통기구 설치]

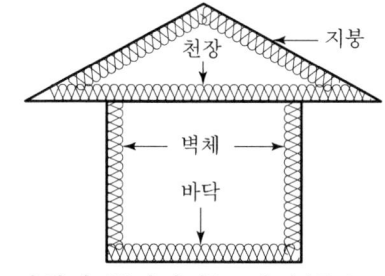

실제로는 단열이 끊어져서는 안됨(주요 단열 부위)

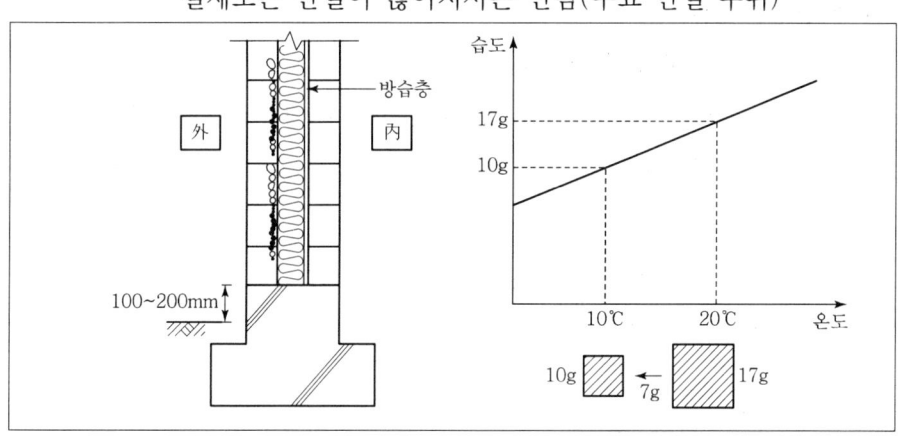

4 소음

1) 소음 방지 ─ 완충공법 : APT 외벽, 소음원 사이에 수목, 식재
　　　　　├ 차음공법 ─ 개구부 기밀성 - system 창호
　　　　　│　　　　├ 벽체중량화 - 차단벽, 옹벽
　　　　　│　　　　├ 방음벽
　　　　　│　　　　└ 차음재료
　　　　　└ 흡음공법 ─ 다공질 흡음 - 암면 텍스
　　　　　　　　　　├ 공명 흡음 - 유공판 텍스
　　　　　　　　　　└ 판진동 흡음 - 벽 사이에 동판

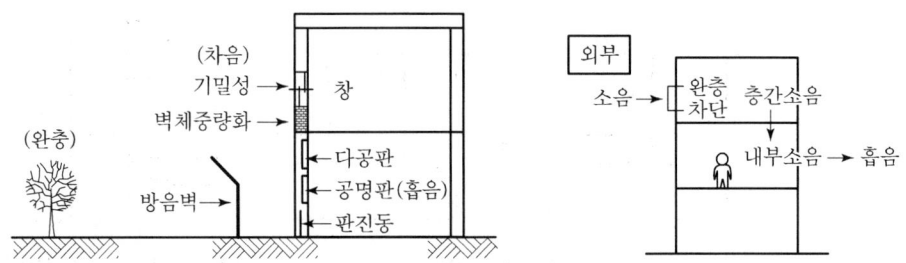

2) 층간소음

- 원인(층간소음)

    ① 구조체　　　　② 상하 바닥충격음
    ③ 급배수 설비소음　④ 계단, 복도
    ⑤ 창호 개폐음　　　⑥ 엘리베이터
    ⑦ 틈새

- 대책(층간소음)

    ① 바닥 ─ 뜬바닥 구조시공
    　　　├ 현실적으로 층고, 용적률, 공사비 상승으로 불가능
    　　　├ 목재마루판
    　　　├ 카펫
    　　　└ 실내화

    ② 벽체 ─ 기밀화
    　　　├ 틈새차단
    　　　└ 벽체 중량화

    ③ 천정 ─ 이중천장
    　　　└ 목재반자틀 + 석고보드 T9 + 도장, 벽지

    ④ 창호 ─ 이중창
    　　　├ 단열 bar
    　　　└ 복층유리 사용

    ⑤ 복도, hall

    ⑥ E/V ─ Pit의 정밀도
    　　　├ Rail의 수직도
    　　　└ Rail의 평활도

※ 표준바닥 구조 단면 상세

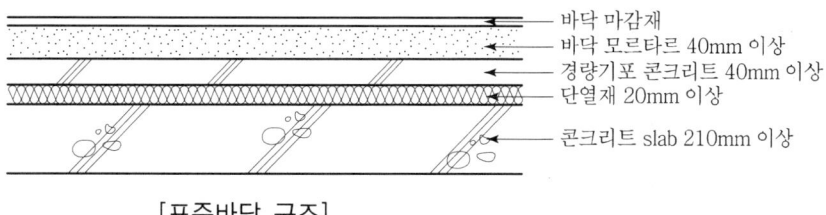

[표준바닥 구조]

5 건설공해

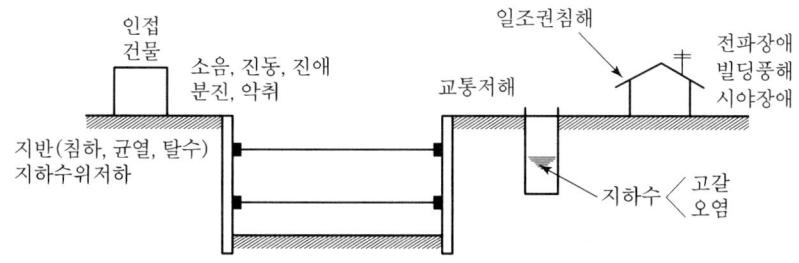

1) 공사중 공해

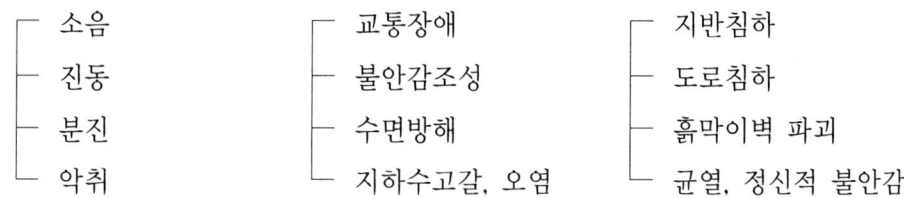

2) 폐기물 공해

① 종류

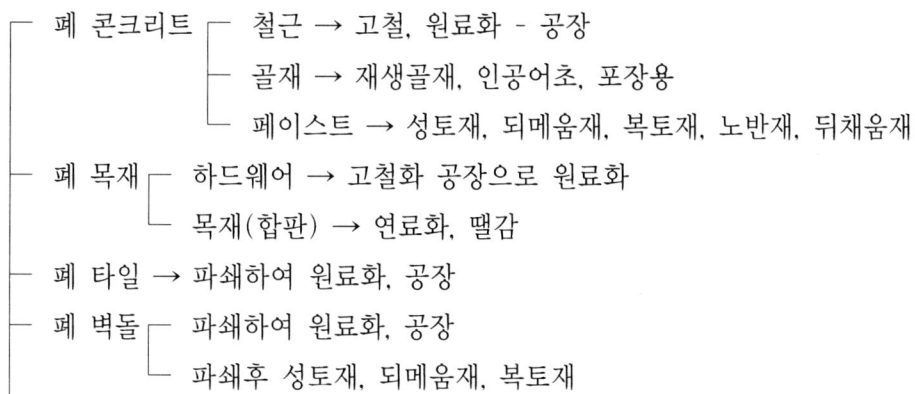

```
├─ 폐 유리
├─ 폐 플라스틱
├─ 폐 창호 ┬ 알루미늄
│         └ 철제
├─ 폐 아스팔트 - 폐기물 처리장
├─ 폐 종이류 - 철거
├─ 폐 비닐류
└─ 토사
```

② 저감대책

```
├─ 설계
├─ 재료
├─ 시공
└─ 정부 ┬ 반드시 분리수거
        ├ 혼합처리시 과태료 부과
        └ 불법매립시 과태료 부과
```

3) 준공후 공해

```
├─ 교통혼잡
├─ 프라이버시 침해
├─ 조망권 저해
└─ 주택가격 하락 및 상승
```

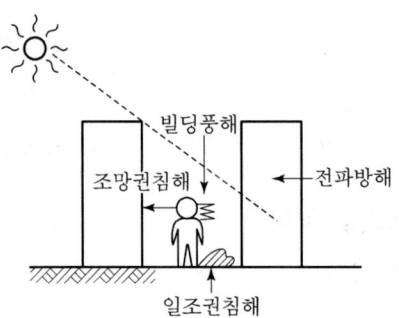

6 해체

1) 공법종류

```
├─ 강구타격 공법(steel ball) ~ crane
│
│
├─ 브레이커 공법(소형, 대형)
└─ Cutter 공법(절단공법) - 단독곤란(물), 속도 ↓, 절단면 거칠다.
```

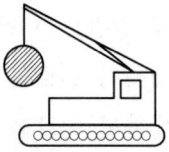

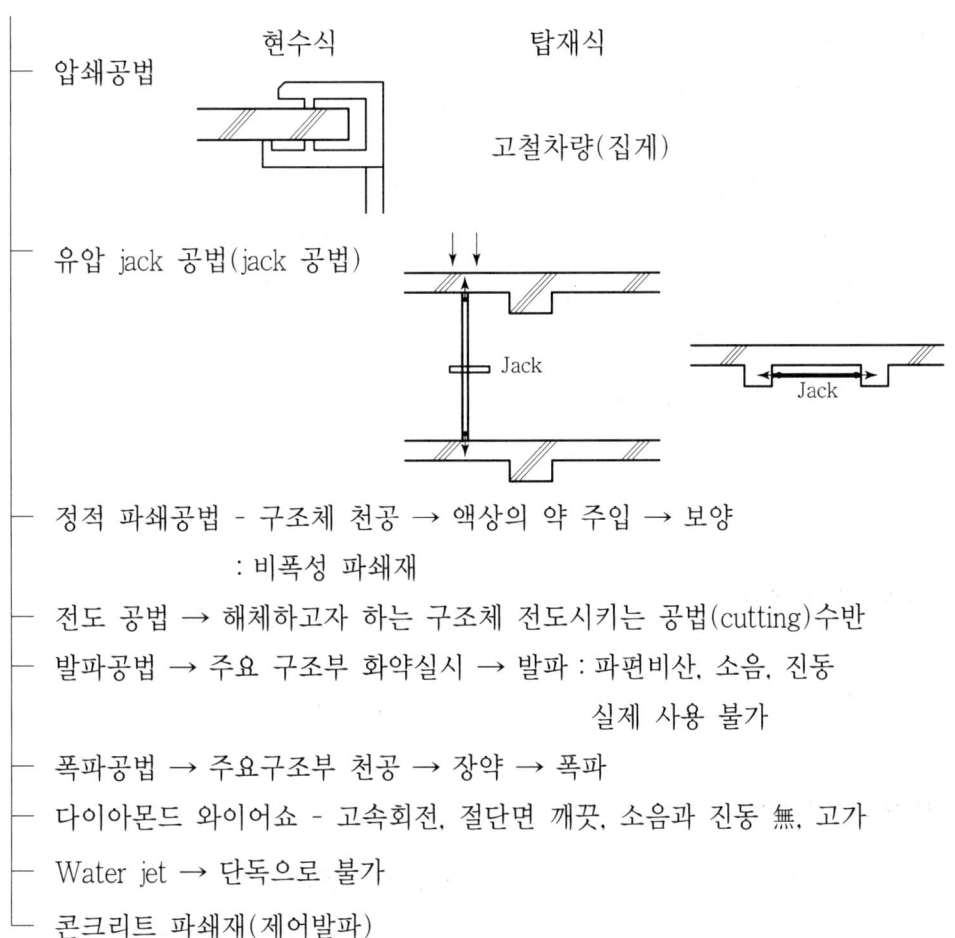

- 압쇄공법 현수식 / 탑재식 / 고철차량(집게)
- 유압 jack 공법(jack 공법)
- 정적 파쇄공법 - 구조체 천공 → 액상의 약 주입 → 보양
  : 비폭성 파쇄재
- 전도 공법 → 해체하고자 하는 구조체 전도시키는 공법(cutting)수반
- 발파공법 → 주요 구조부 화약실시 → 발파 : 파편비산, 소음, 진동
  실제 사용 불가
- 폭파공법 → 주요구조부 천공 → 장약 → 폭파
- 다이아몬드 와이어쇼 - 고속회전, 절단면 깨끗, 소음과 진동 無, 고가
- Water jet → 단독으로 불가
- 콘크리트 파쇄재(제어발파)

2) 소음대책

① 가장 적은 공법 채택, 저소음 공법 채택
② Sheet, 울타리 등 양생재 설치
③ 주변 주민 양해를 구해라
④ 기계, 소음기, 방음기 설치 → 기기 머플러에 소음기 부착
⑤ 기기 방음 cover 설치

3) 진동방지대책

① 저진동 건설 기기
② 절연

4) 안전대책
- ① 신호체계 일원화
- ② 접근금지
- ③ 출입자 통제
- ④ 유도원 배치
- ⑤ 안전시설
  - 낙하물 방지망
  - 방호선반
  - 방호구대
  - 안전난간
  - 안전울타리
- ⑥ 신호수
- ⑦ 차량통제요원
- ⑧ 경고방송
- ⑨ 주민설명회, 홍보활동
- ⑩ 주변건물 보양 실시
- ⑪ 계측철저

5) 분진방지대책
- ① 분진발생원 억제
- ② 살수 or 분수
- ③ 방진막 설치
- ④ 집진시설

7 Remodeling

1) 종류
- 구조적 성능개선
- 기능적 성능개선
- 미관적 성능개선
- 에너지 성능개선
- 환경적 성능개선
- 수직증축 Remodeling
- Green Remodeling

2) 활성화 방안
- 법적 제약 요소의 개선
- 금융 및 조세 지원
- 건설업체의 영역 분담
- 건설업체의 특성화
- 표준화된 관리체계 구축

8 양중기계

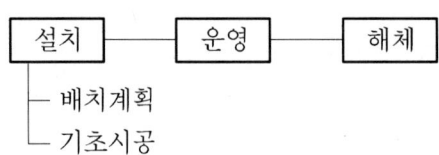

1) 종류 — Tower crane
   (수직장비) — Hoist
              — Jib
              — Concrete pump

2) 선정시 고려사항 — 시공성
                  — 경제성
                  — 안전성
                  — 무공해성
                  — 능력
                  — A/S
                  — 작업량

   | Just in time |
   — 낭비요인 제거
   — 대기시간 최소화
   — 소운반 최소화

3) Tower crane

   ① Jib — 수평 Jib
          — 수직 Jib

   ② Climbing — Crane Climbing
              — Mast Climbing

   ③ 설치방식 — 고정식
              — 주행식

   ④ 배치계획(위치선정시 고려사항)
      — 붐의 수평거리에서 자재양중 가능 여부
      — 직접 자재 양중하여 작업장소에 하역 여부
      — 작업장소에 하역 여부
      — 구조물과 간섭 여부
      — 브레싱 구조물과 간섭 여부
      — 마감공사와 간섭이 최소화인가 여부
      — 커튼월 시공 가능 여부
      — 비행고도 제한 저촉 여부
      — 회전시 인접 건물과 간섭 여부
      — 해체장비 진입여부, 작업공간확보 여부

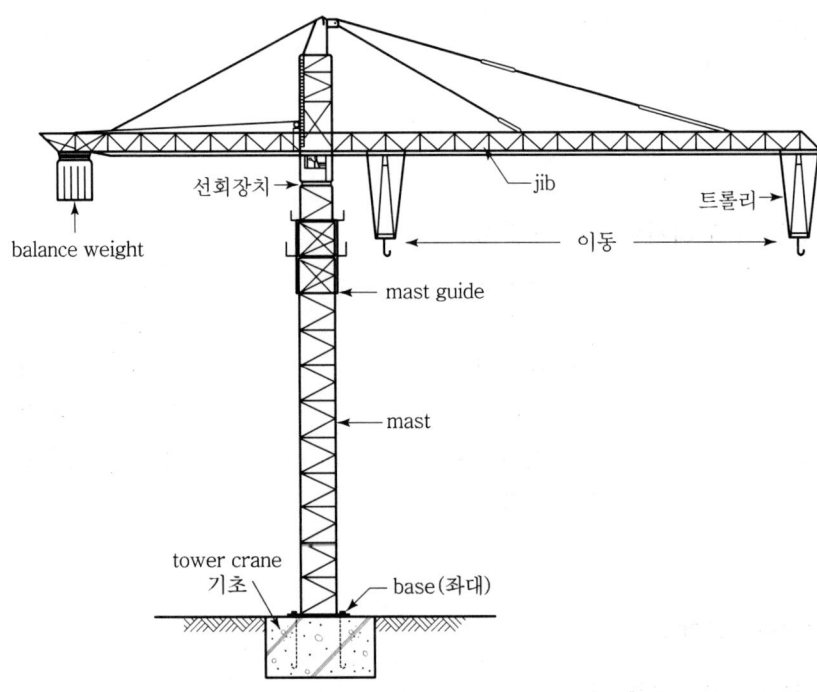

⑤ 기초시공
- 기초시공
- 부동침하 금지
- Mat 기초
- 기초폭 최소 2m × 2m
- 기초 anchoring은 1m 이상
- Mat 기초의 높이는 1m 이상

⑥ 해체시 유의사항
- 해체부재 야적공간확보
- 해체장비선택 및 지반상태검토
- 해체작업
- 해체작업시 타작업과의 간섭사항 점검
- 안전요원상주
- 해체일정 결정
- 제보험 가입현황 확인
- 대민 대관업무 수행
- 재해예방 대책 수립

⑦ 재해유형

전도	• 안전장치 고장으로 인한 과하중 • Guide rope의 파손 및 기초의 강도 부족
붐의 절손	• Tower crane 상호간의 충돌 또는 장애물과의 충돌 • 기복 wire의 절단
Crane 본체 낙하	• 권상 및 승강용 wire rope 절단 • Rope 끝 손잡이 및 joint부 pin이 빠질 경우
기타	• 폭풍시 자유선회 장치 불량 • 낙뢰 및 항공기 접촉

⑧ 운영관리(유의점)

- 임의조작 금지
- 고정신호수 배치
- 안전교육
- 이상징후시 크레인 가동중지
- 작업범위 결정
- 감독입회하에 작업
- 비상경계선 설치, 안내표지판 설치
- 전력은 타공종 사용금지
- 고압전선 인접시 케이블 보호용구
- 기초시공 철저
- 충돌방지장치
- 과하중방지
- Wire rope 수시점검
- 자유선회장치 점검

9 적산

1) 적산 – 수량 산출하는 기술활동

2) 견적 – 산출수량(unit price) × 가격 = 공사비 산출하는 기술활동

3) 종류

① 개산견적 - 예산 편성 기준으로서 활용

m^2당 - m^3당 - m당

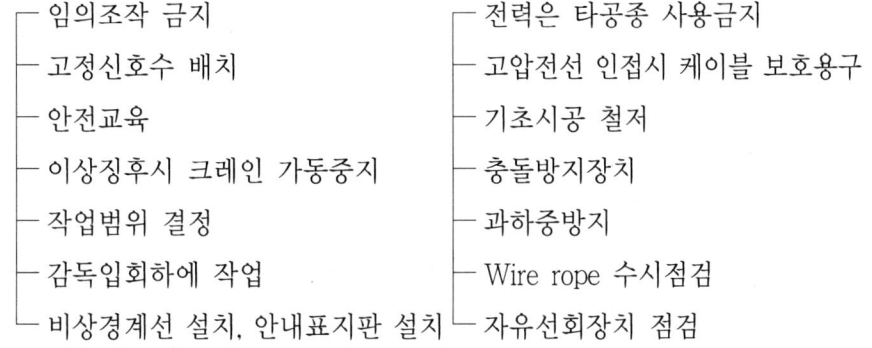

- 단위기준
  - 단위면적
  - 단위체적
  - 단위설비
- 비례기준
  - 가격비율
  - 수량비율

② 명세견적 - 설계도와 시방서를 기준으로 산출
: 실시설계 → 수량산출 → (품셈)일위대가표 → 내역서 → 총원가
③ 부위별견적 : 합성단가개념

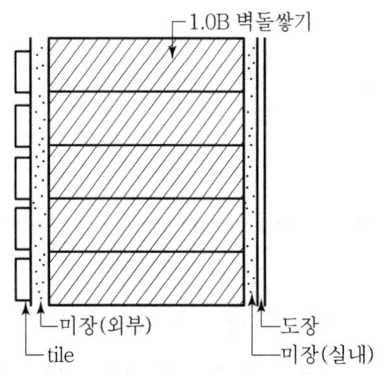

예) 조적(1.0B) 공사비 : 100원/m^2
미장(외부)   : 20원/m^2
Tile   : 40원/m^2
미장(실내)   : 20원/m^2
도장   : 10원/m^2
────────────────
계   190원/m^2

④ 실적공사비 적산방법

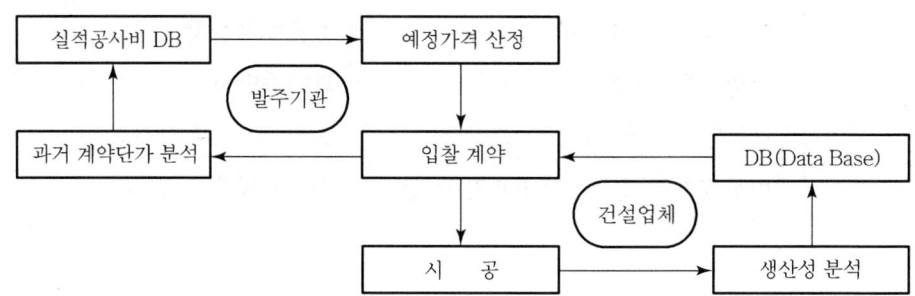

┌ 원가계산방식(표준품셈)
│   : 예정가격 = 일위대가표 × 도면, 시방서로부터 산출된 수량
└ 실적공사비 적산방식
     : 예정가격 = 견적가 × 도면, 시방서로부터 산출된 수량 + a(공사특성치)

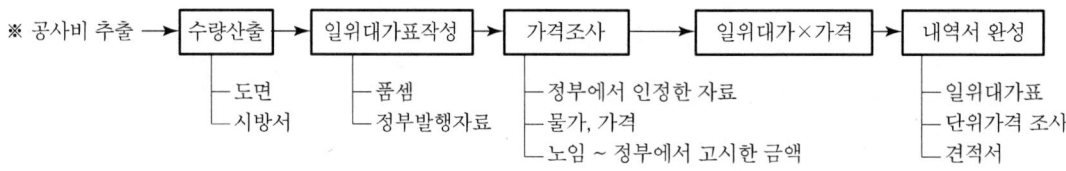

녹색건축

9장

■ 장판지 ·· 179

1 지구온난화 ·· 181
2 교토의정서(1997년) ··· 181
3 한국의 온실가스 배출목표치 ·· 182
4 녹색건축 관련제도 ··· 183
5 녹색 건축물 ··· 183
6 녹색건축 인증제도 ··· 183
7 Zero Energy House ·· 184

永生의 길잡이-열둘

■ 성경은 무슨 책입니까?

우리의 신앙과 생활의 유일한 법칙은 신구약 성경입니다. 성경은 하나님의 정확무오(正確無誤)한 말씀으로, 구약 39권, 신약 27권, 합 66권으로 되어 있습니다.

구약은 선지자, 신약은 사도들이 성령의 감동을 받아서 기록하였습니다.(디모데후서 3 : 16)

구약에 기록된 내용은
① 천지만물의 창조로부터
② 인간창조와 타락
③ 인류 구속을 위한 메시아의 탄생을 예언하고 있습니다.(이사야 7 : 14)

신약에 기록된 내용은
① 예수 그리스도의 탄생으로부터
② 역사의 종말과
③ 내세에 관한 일까지 기록하고 있습니다.(요한계시록 22 : 18)

성경을 매일매일 읽고 묵상하되, 그대로 지키려고 힘써야 합니다.

제9장 녹색건축

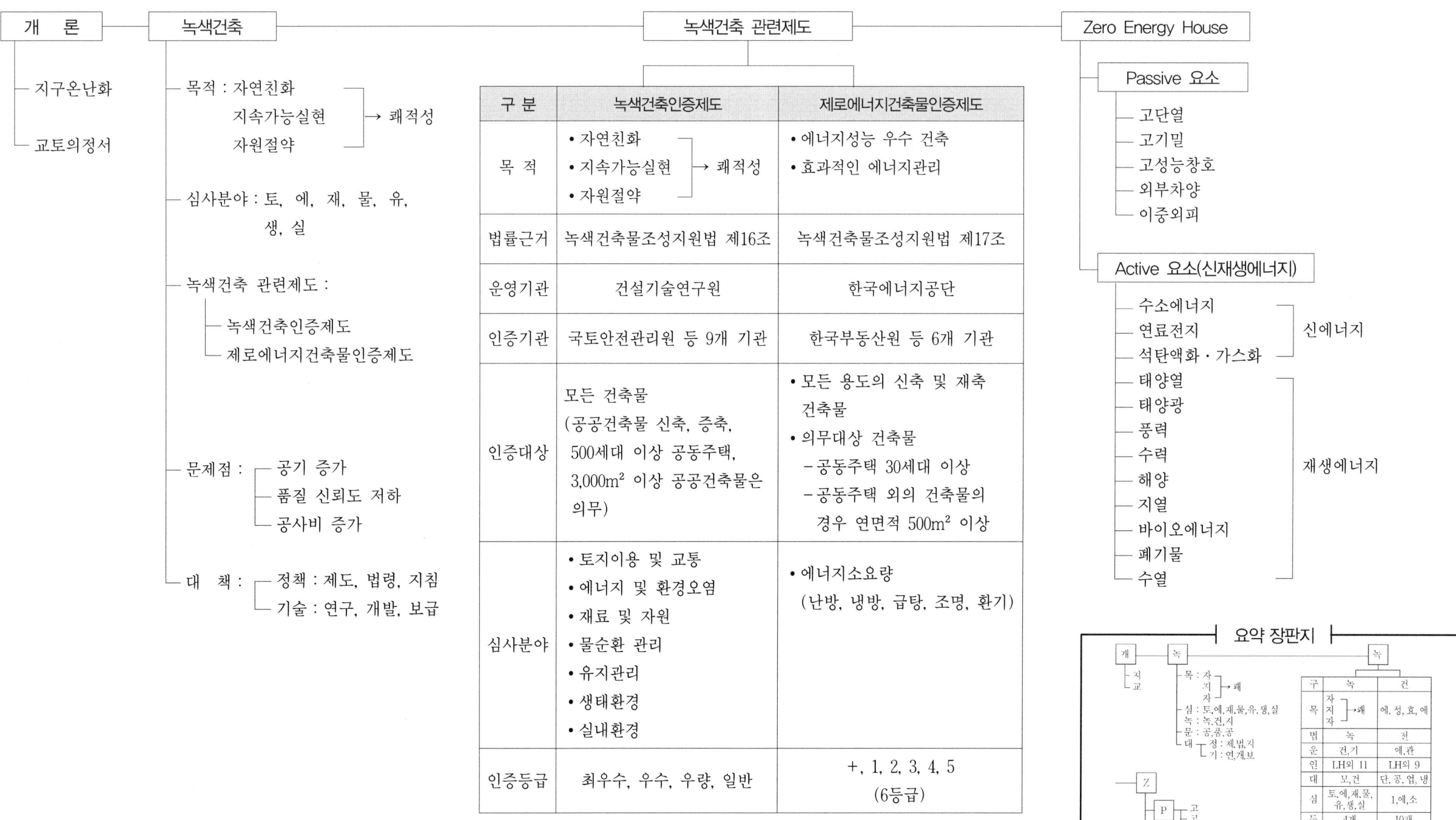

1 지구온난화

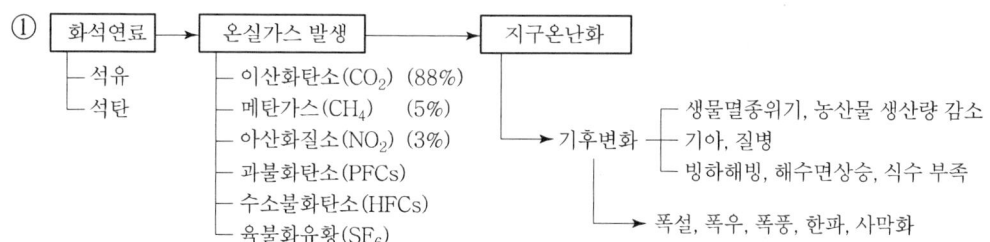

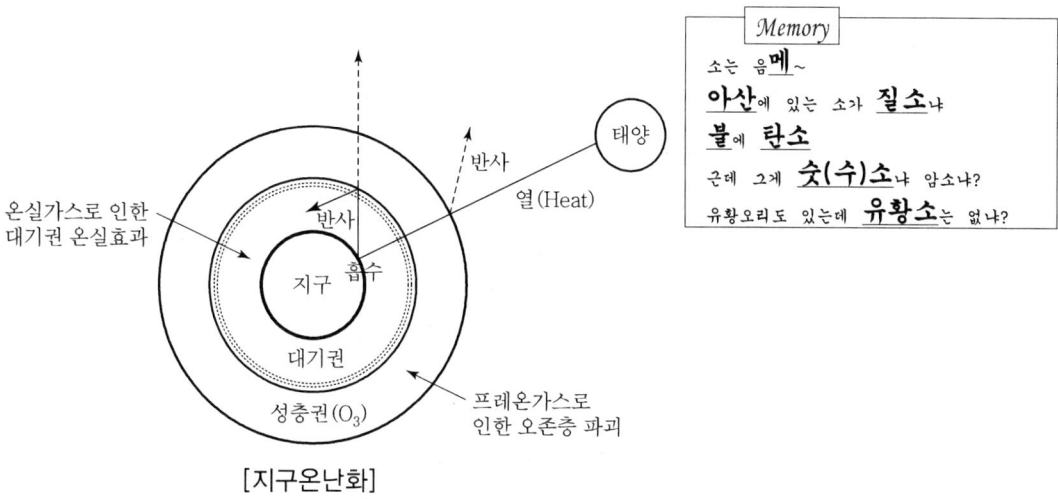

[지구온난화]

② 화석연료의 문제점
　㉮ 자원의 유한성
　㉯ 온실가스의 발생

2 교토의정서(1997년)

① 의무감축국(선진국 38개국), 비의무 감축국(후진국)
② 의무감축국은 2012년까지 자국내 온실가스 배출량의 1990년대 대비 5.2% 감축의무화

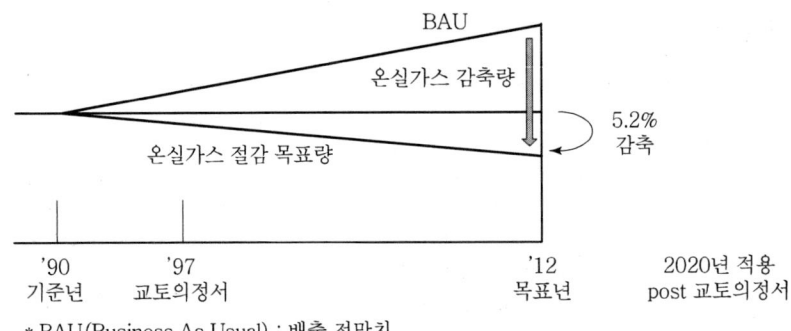

예) 1990년대에 온실가스를 10억 TCO_2 배출시 2012년도에는 5.2% 감축된 약 9.5 TCO_2 의 온실가스를 배출해야 함

※ 1 TCO_2 = 석유 341kg 사용시 발생하는 이산화탄소량

③ 국가간의 탄소배출에 대한 권리를 매매가능 → 탄소배출권거래소(전세계 10개소) 이용

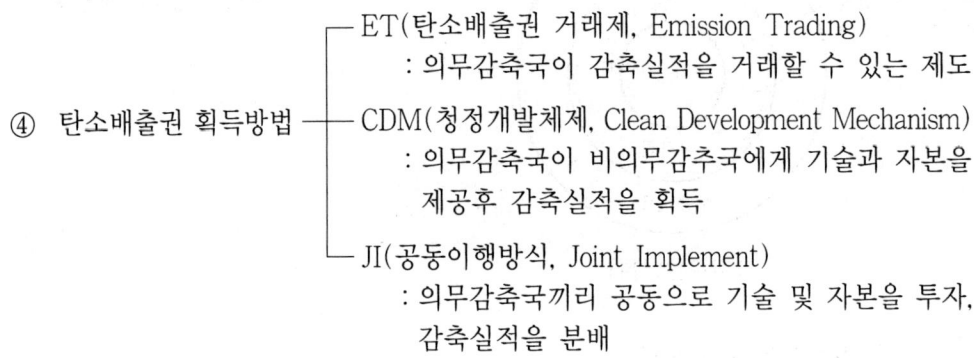

④ 탄소배출권 획득방법
- ET(탄소배출권 거래제, Emission Trading)
  : 의무감축국이 감축실적을 거래할 수 있는 제도
- CDM(청정개발체제, Clean Development Mechanism)
  : 의무감축국이 비의무감축국에게 기술과 자본을 제공후 감축실적을 획득
- JI(공동이행방식, Joint Implement)
  : 의무감축국끼리 공동으로 기술 및 자본을 투자, 감축실적을 분배

3 한국의 온실가스 배출목표치

① 온실가스 절감 목표량

저탄소 녹색성장(2009.8.15) → 이명박 대통령 광복절 경축사

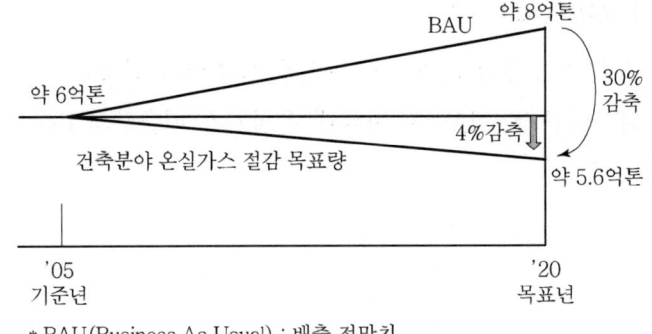

②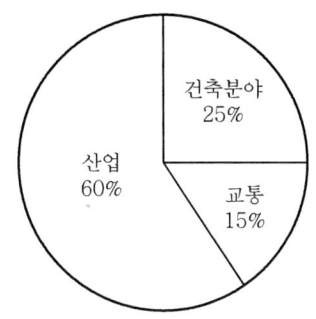

산업과 교통분야의 절감 : 난해
건물분야에서의 절감 : 多

주요 이산화탄소 발생 기업 : 철강, 반도체, 시멘트 공장
※ 시멘트 1톤 생산시 이산화탄소 0.9톤 발생

4 녹색건축 관련제도

① 국내 녹색건축 인증제도 → G-SEED
② 해외 친환경건축물 인증제도 ─┬─ LEED(미국)
　　　　　　　　　　　　　　　├─ BREEAM(영국)
　　　　　　　　　　　　　　　└─ CASBEE(일본)

5 녹색 건축물

① 문제점
　㉮ 공기증가 (공정)
　㉯ 품질 신뢰도 저하 (품질)
　㉰ 공사비 증가 (원가)
② 대책
　㉮ 정책 : 제도, 법령, 지침
　㉯ 기술 : <u>연구, 개발,</u> 보급
　　　　　　　R&D

6 녹색건축 인증제도

① 목적
　자연친화
　지속가능 실현 ─┬─ 쾌적성
　자원절약
② 법률근거 : 녹색건축물조성지원법 제16조
③ 운영기관 : 건설기술연구원
④ 인증기관 : LH공사 등 11개 기관

⑤ 인증대상
- ㉮ 모든 건축물
- ㉯ 의무대상
  - 공공건축물의 신축·증축
  - 500세대 이상의 공동주택
  - 3,000m² 이상의 공공건축물

⑥ 심사분야(7개 분야)
- ㉮ 토지이용 및 교통
- ㉯ 에너지 및 환경오염
- ㉰ 재료 및 자원
- ㉱ 물순환관리
- ㉲ 유지관리
- ㉳ 생태환경
- ㉴ 실내환경

⑦ 인증등급 : 최우수, 우수, 우량, 일반

7 Zero Energy House

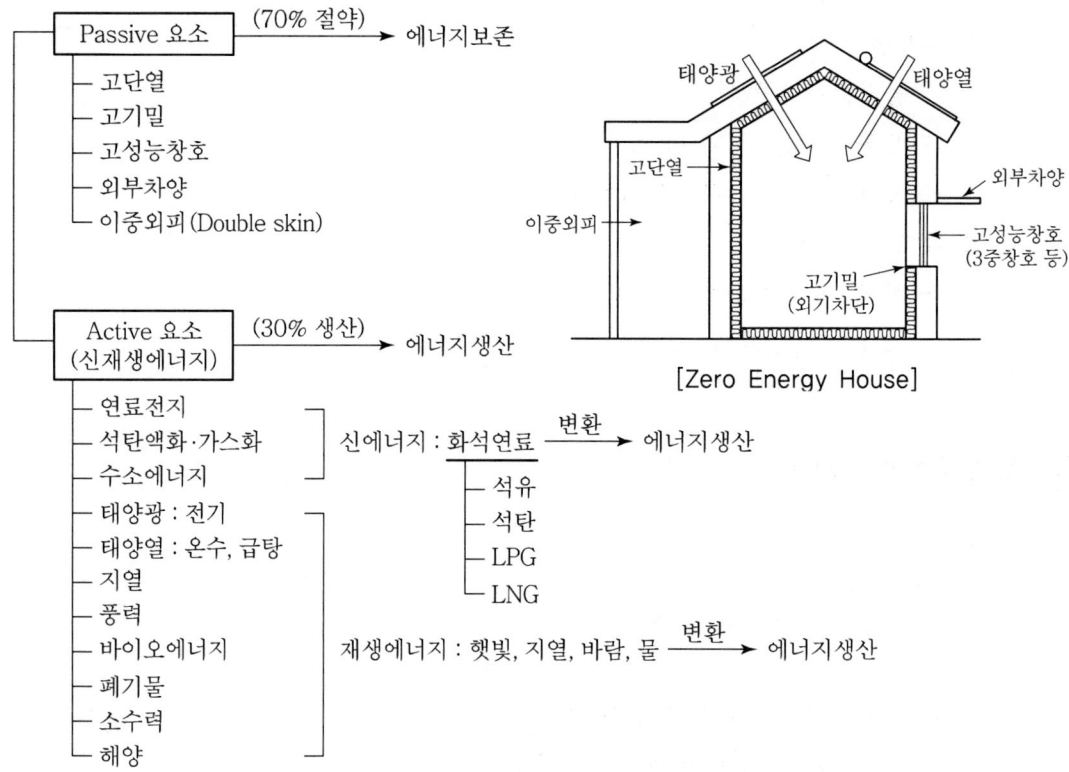

[Zero Energy House]

① 연료전지 : 축전지 ×

$$2H^+ + 1/2O_2 + e^- \rightarrow H_2O + 전기(1.23V)$$

　　화석연료　　공기

② 태양광 : 전기생산

　태양열 : 온수, 급탕

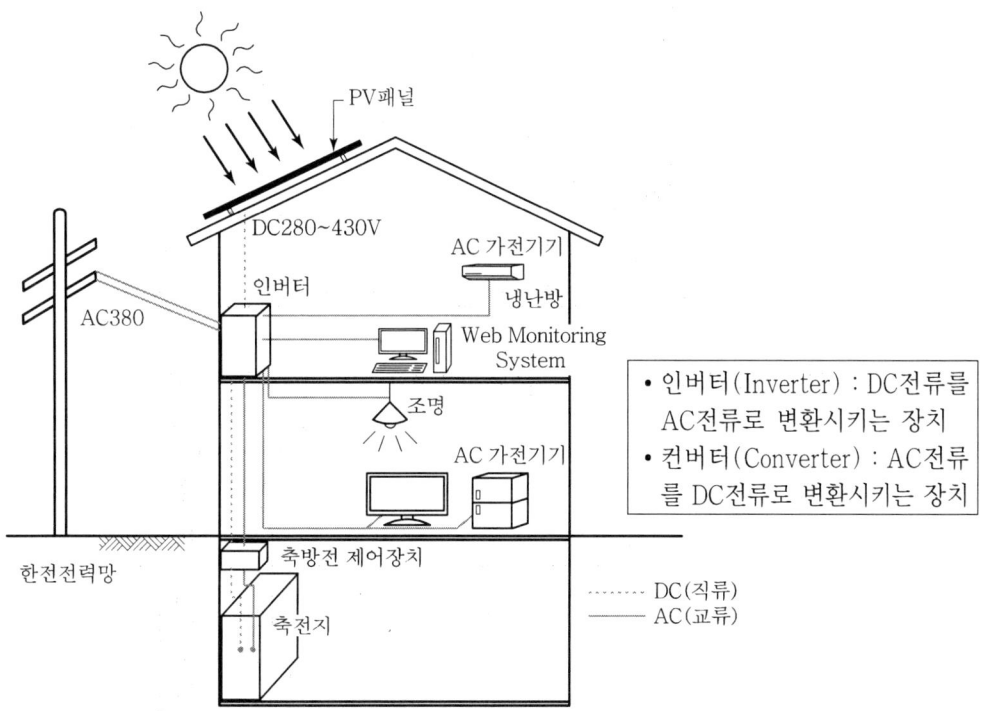

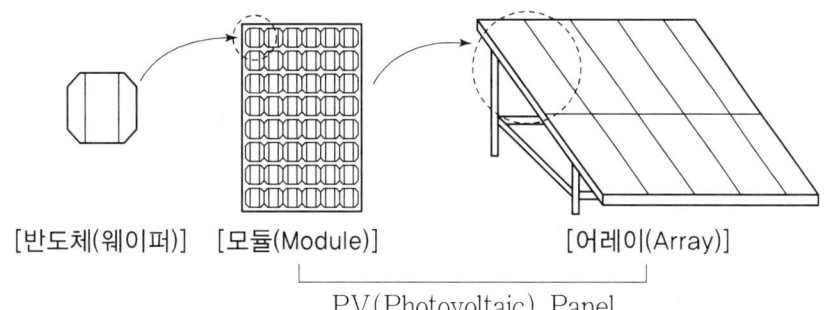

PV(Photovoltaic) Panel

※ BIPV(Building Integrated Photovoltaic) : 태양광발전을 통합적으로 건물 외피 구성요소로서 적용하고자하는 기술

③ 태양열 : 태양열로 온수와 급탕을 공급

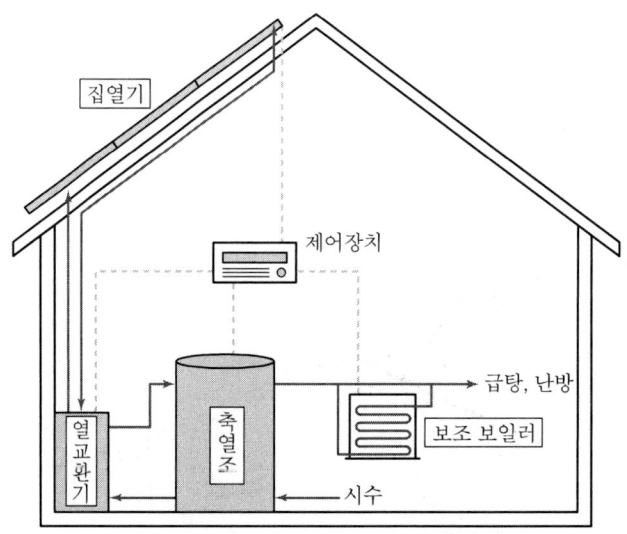

④ 지열 : 지상과 지하의 온도차를 이용하여 냉난방에 활용하는 기술

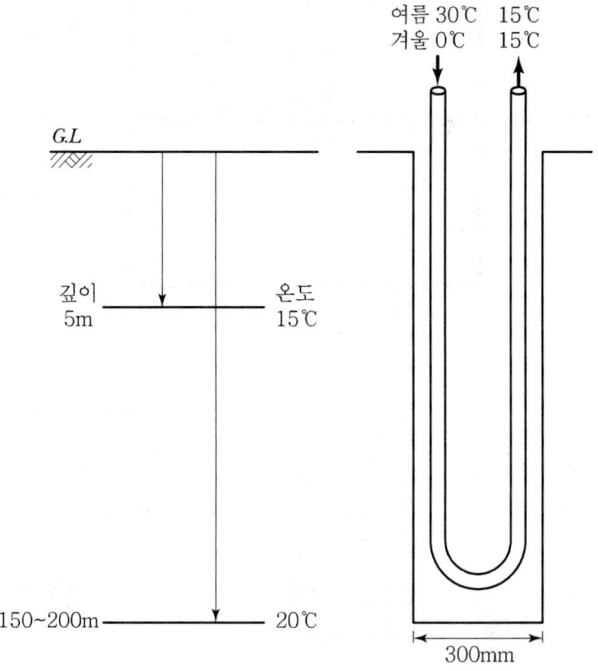

⑤ 폐기물

RDF(성형고체연료, Refuse Derived Fuel) : 종이, 나무, 플라스틱 등의 가연성 폐기물을 파쇄, 분리, 건조, 성형 등의 공정을 거쳐 제조된 고체연료

⑥ 소수력(小水力) : 작은 수력발전소
⑦ 해양 : 해양의 조수, 파도, 해류, 온도차 등을 변환시켜 전기 또는 열을 생산하는 기술

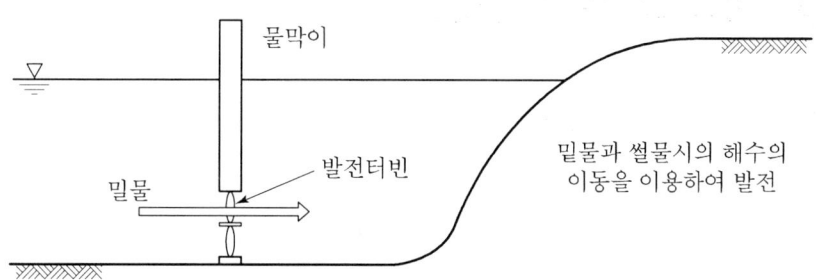

永生의 길잡이-열셋

■ 성경이 말하는 훌륭한 거부는 어떤 사람인가?

1. 깨달음이 깊은 사람이 훌륭한 거부입니다. 성경은 돈이 많다고 훌륭한 거부라고 말하지 않습니다. 성경이 말하는 거부는 깨달을 줄 아는 사람입니다. 성경은 아무리 물질이 많아도 깨닫지 못하는 사람은 멸망하는 짐승 같다고 말씀합니다.(시 49 : 20)

2. 지식과 지혜가 있는 사람이 훌륭한 거부입니다. 참된 거부는 한 번이 아니라 계속해서 형통할 수 있는 사람을 말합니다. 형통에 형통을 더하고, 그 형통을 유지하기 위해서는 지식과 지혜가 필요합니다. 하나님께 지혜를 구하고, 지혜의 책과 지혜자를 가까이 하십시오.

3. 부요케 하시는 하나님을 의지하는 사람이 훌륭한 거부입니다. 정말 지혜로운 거부는 부요의 본체를 붙잡은 사람입니다. 부요의 본체는 하나님이십니다. 모든 것을 다 잃어도 우리를 부요케 하시는 하나님을 붙잡고 있다면 그는 훌륭한 부자입니다.

4. 존재가 넉넉한 사람이 훌륭한 거부입니다. 존재가 넉넉한 사람은 소유로 살지 않고 어떤 환경에도 자족할 줄 압니다. 이런 사람은 많든 적든 자기가 가진 것으로 베풀 줄 압니다. 이런 사람이 훌륭한 부자입니다. 많은 것을 소유했다고 할지라도 나눌 수 없다면 그는 가난한 사람입니다.

5. 다른 사람을 부요케 하는 사랑의 사람이 훌륭한 거부입니다. 나눌수록 커지는 것이 하나님이 만드신 부요의 원리입니다. 자신 밖에 모르는 사람은 가장 가난한 사람입니다. 자신의 부요를 나누어 다른 사람을 거부로 만드는 사람, 남을 윤택하게 하는 사랑의 사람이 참된 거부입니다.

－형통의 원리를 상속하라(강준민/두란노) 중에서 발췌

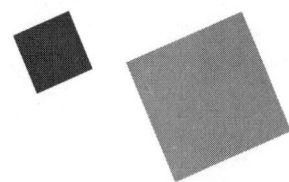

총론

10장

- ■ 장판지 ·· 191
- ① 시공계획 관리 ·· 195
- ② 공사관리 ·· 196
- ③ 시공의 근대화 ·· 197
- ④ 관리 핵심 ·· 200

1절 품질관리
- ① 개론 ·· 208
- ② 7가지 tool ·· 209

2절 안전관리

永生의 길잡이 — 열넷

■ 아름다운 가정

미국의 자동차 왕 헨리포드는 대기업을 일으켜 세계의 자동차 왕이 된 뒤 조그만한 집 한 채를 지었습니다.

그 집은 대기업 총수가 살기에는 너무 작고 평범한 집이었습니다.

"이건 너무 초라하지 않습니까? 호화롭지는 않더라도 생활에 불편하지는 않아야지오"
주위 사람들은 이해가 안되어 걱정스럽게 물었습니다.

그러자 포드는 얼굴 가득히 미소를 띠며 이렇게 대답하였답니다.
"가정은 건물이 아니지 않습니까? 비록 작고 초라하더라도 그곳에 꿈이 있고 하느님의 사랑이 넘친다면 가장 아름답고 위대한 집이지요."

지금도 티트로이트에 있는 헨리포드의 기념관에 가면 우리는 이런 글을 볼 수 있습니다.
"헨리는 꿈을 꾸는 사람이었고, 그의 아내는 기도하는 사람이었다."

헨리포드의 성공 이면에는 꿈꾸는 사람과, 기도하는 사람이 함께 이룬 아름다운 가정이 있었습니다.

제10장 총론

시공 계획

1. 사전조사 : 설계도서 검토, 계약조건 검토, 입지조건,
   지반조사, 공해, 기상, 법규

2. 공법선정 : 시공성, 경제성, 안정성, 무공해성

3. 4요소 : 공정관리, 품질관리, 원가관리, 안전관리
   　　　　(공기단축)　(질우수)　(경제성)　(안정성)

4. 6M : Man, 　　Material, 　　Machine, 　　Money, Method, Memory
   　　　{노무절감, 전문인력} {자재건식화, 자재관리} {기계화, 초기투자비} {자금관리} {시공법} {기술축적}

5. 관리 : 하도급 관리, 실행예산
   　　　　현장원 편성, 사무관리, 대외업무 관리

6. 가설 : 동력, 용수, 수송, 양중

7. 구조물의 3요소 : 구조, 기능, 미

8. 기타 : 환경친화적 설계시공, 실명제, 민원

시공의 근대화

1. 계약제도 : TK, SOC, Partnering, 성능발주방식
   　　　　신기술지정제도, 기술개발 보상제도

2. 설계 : 골조 PC화, 마감건식화

3. 재료 : MC화, 건식화

4. 시공 : 가설공사　→ 강재화, 경량화, 3S(표준화, 단순화, 전문화)
   　　　　토공사　　→ 계측관리
   　　　　기초공사　→ 무소음, 무진동
   　　　　Con'c 공사 → 고강도화
   　　　　PC 공사　 → Open system
   　　　　철골공사　→ 자동용접

5. 시공관리 : 4요소(EVMS, ISO 9000, VE, ISO 18000)
   　　　　6M(성력화, 자재건식화, 기계화)

6. 신기술 : EC, CM
   　　　　Web 기반(Computer, High Tech 건축)
   　　　　　　→ Data Mining
   　　　　　　─ PMIS(PMDB), CIC, BIM(BEMS)
   　　　　　　─ CALS

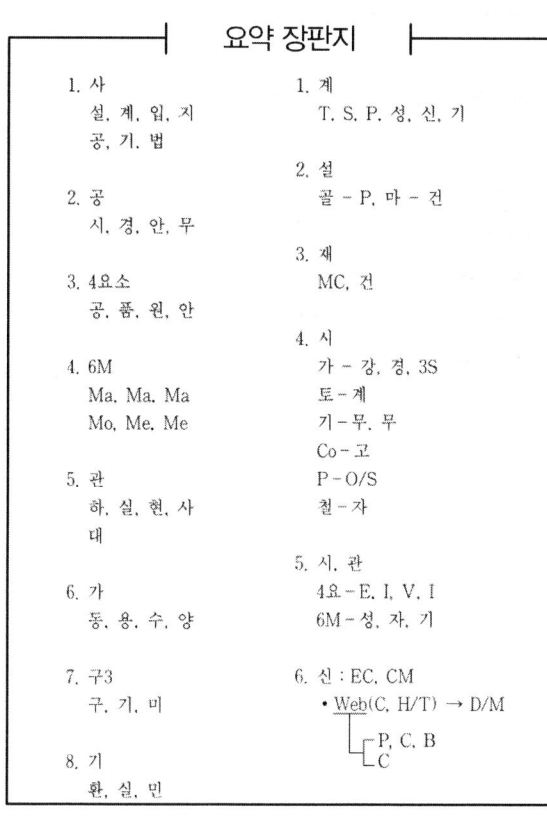

요약 장판지

1. 사
   설, 계, 입, 지
   공, 기, 법

2. 공
   시, 경, 안, 무

3. 4요소
   공, 품, 원, 안

4. 6M
   Ma, Ma, Ma
   Mo, Me, Me

5. 관
   하, 실, 현, 사
   대

6. 가
   동, 용, 수, 양

7. 구3
   구, 기, 미

8. 기
   환, 실, 민

1. 계
   T, S, P, 성, 신, 기

2. 설
   골 - P, 마 - 건

3. 재
   MC, 건

4. 시
   가 - 강, 경, 3S
   토 - 계
   기 - 무, 무
   Co - 고
   P - O/S
   철 - 자

5. 시, 관
   4요 - E, I, V, I
   6M - 성, 자, 기

6. 신 : EC, CM
   • Web(C, H/T) → D/M
   　　┌ P, C, B
   　　└ C

제10장 품질관리

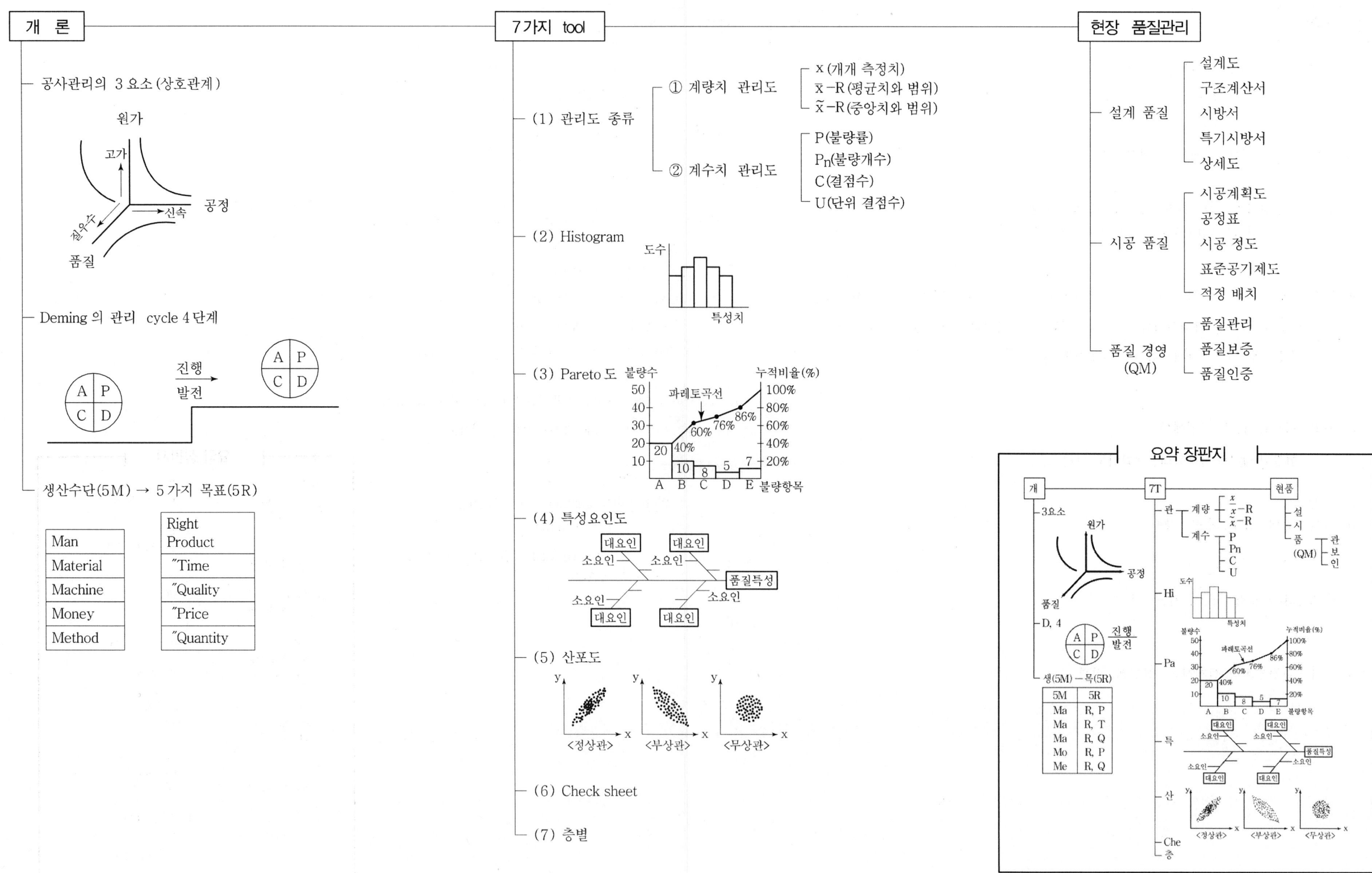

제10장 원가관리

개론

필요성(目的)
① 원가절감
② 원가관리체계
③ 시공계획(35)
④ 시공법

원가관리 방법
① Plan(실행예산편성)
② Do(원가통제)
③ Check(원가대비)
④ Action(조치)

※ 내용은 6M으로

원가관리 체계
(원가구성 요소)

총공사비 ─┬─ 순공사비(공사원가) ─┬─ 재료비(직접재료비, 간접재료비)
          │   ├─ 노무비(직접노무비, 간접노무비)
          │   ├─ 경비
          │   └─ 간접공사비
          ├─ 일반관리비
          ├─ 이윤
          └─ 부가가치세

원가·공정·품질 상호관계

원가관리 기법

Cost down 관리기법(tool)

설계	시공	유지관리
SE	VE	IE, QC
C_1		C_2

$LCC = C_1 + C_2$

관리기법	Cost down
SE	최적공법
VE	=Function/Cost
IE	노무절감
QC	품질관리

VE

기본원리
$$V = \frac{Function}{Cost}$$

필요성(효과)
① 원가절감   ② 조직력 강화
③ 기술력 축적   ④ 경쟁력 제고
⑤ 기업 체질 개선

대상 선정
① 공기大, 품질향상大, 원가절감大,
   안전사고大, 기상영향大, 공해大
② 노무품多, 자재건식화 가능, 장비효율,
   자금화가 빠른 것
③ 수량多, 하자多, 공사내용 복잡, 개선효과大

활동 영역
① 설계자에 의한 VE ┐ 4요소
② 시공자에 의한 VE ┘ 6M

활성화 방안
① TQC 7 TOOL   ② 설계자 VE
③ 시공자 VE   ④ 시공법

효과적인 VE
LCC 가 최소인 때

문제점
① 이해부족   ② 인식부족
③ 안이한 생각   ④ 성급한 기대
⑤ 활동시간 부족

대책 ↔ 문제점
① 교육실시   ② 전조직 참여
③ 이익확보

LCC

목적(효과)
① 설계의 합리적 선택
② 건축주-비용 절감
③ 설계자-노동력 절감
④ 시공자-시공 편리
⑤ 입주자-유지관리비 절감
⑥ 건물의 효과적인 운영체계수립

LCC 구성

설계	시공	유지관리
	C_1	C_2

$LCC = C_1 + C_2$

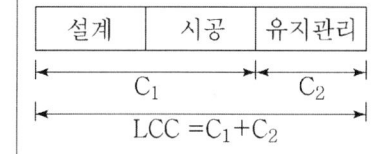

LCC 기법의 진행절차
분석-계획-관리(PDCA)

문제점
① 사용자, 설계자, 시공자의
   관심·이해 부족
② 조직 미비
③ System 미확립
④ 정보수집 부족
⑤ 적용상 예측 곤란
⑥ 대상부분의 기능복잡

MBO

목적(필요성)
① 경영의 계획성 부여
② 동기 부여
③ 자기 통제 능력 부여
④ 원가 낭비 요소 제거
⑤ 상호 협조 분위기 조성

진행단계
① 1단계 : 목표의 발견
② 2단계 : 목표의 설정
③ 3단계 : 목표의 내용과 정당화
④ 4단계 : 목표의 실천
⑤ 5단계 : 목표의 통제와 평가

적용시 유의사항
① 목표의 본질 파악
② 목표설정 방법과 주체 설정
③ 측정을 통한 자기 통제
④ 목표의 평가에 따른 조치
⑤ 교육 강화
⑥ 책임과 권한의 부여

요약 장판지

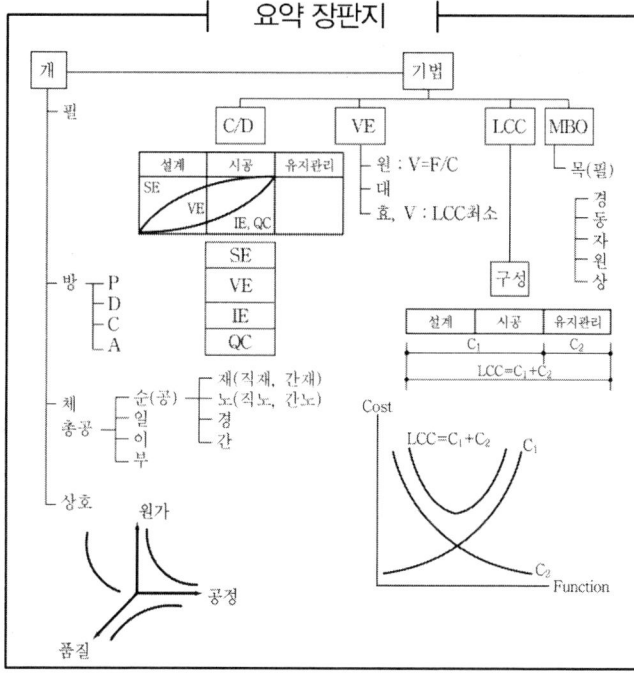

제10장 안전관리

개론

목 적
① 근로자 생명보호 → 사기진작, 생산성 향상
② 기업 재산보호 → 대외 신뢰도 확보

재해 유형
① 추락
② 낙하 비래
③ 붕괴
④ 감전
⑤ 전도
⑥ 협착
⑦ 충돌
⑧ 화재

$(환산)재해율 = \dfrac{(환산)재해자수}{상시 근로자수} \times 100\%$

재해 요인

불안전 행동
- 위험 장소 접근
- 위험물 취급 부주의
- 정리 정돈 불량
- 안전장치 기능 제거
- 보호구 미착용
- 감독 연락 불충분
- 운전 중 기계 손질
- 기계 잘못 사용
- 불안전한 속도 조작
- 불안전한 자세

불안전 상태
- 작업환경 결함
- 작업장소 결함
- 물(物) 자체 결함
- 물(物) 배치 결함
- 안전시설 결함
- 개인 보호구 결함
- 경계 표시 결함
- 생산 공정 결함

3E
- Engineering(기술적 원인)
- Education(교육적 원인)
- Enforcement(관리상 원인)

방지 대책

3E
- Engineering(기술적 대책)
- Education(교육적 대책)
- Enforcement(관리적 대책)

산업안전보건관리비

공사종류\대상액	5억원 미만	5억원 이상 50억원 미만		50억원 이상
		비율	기초액	
건축공사	3.11%	2.28%	4,325,000	2.37%
토목공사	3.15%	2.53%	3,300,000	2.60%
중건설공사	3.64%	3.05%	2,975,000	3.11%
특수건설공사	2.07%	1.59%	2,450,000	1.64%

안전 시설
① 추락 방지망(안전 net)
② 안전난간
③ 낙하물 방지망
④ 낙하물 방지선반(낙하물 방호선반)
⑤ 보도 방호구대
⑥ 방호 sheet(수직 보호망)
⑦ 안전선반
⑧ 환기설비
⑨ Gas 탐지기

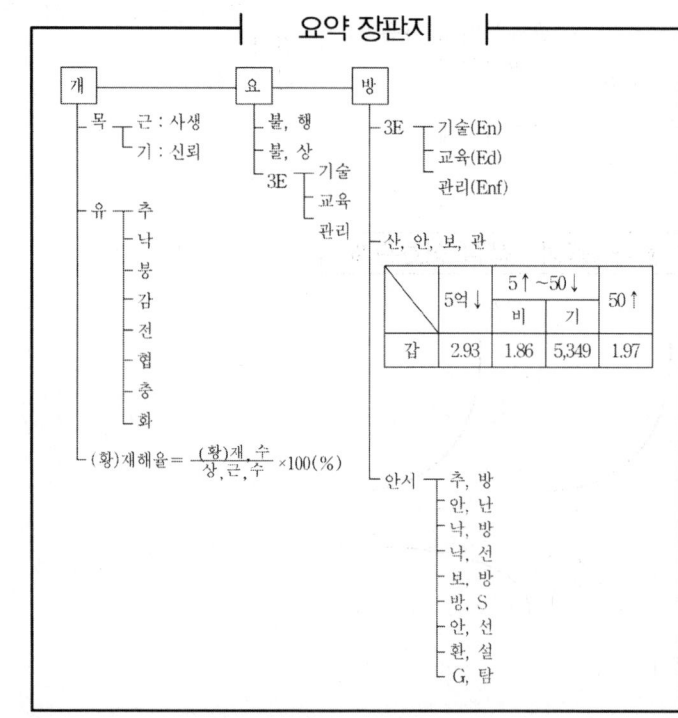

요약 장판지

1 시공계획 관리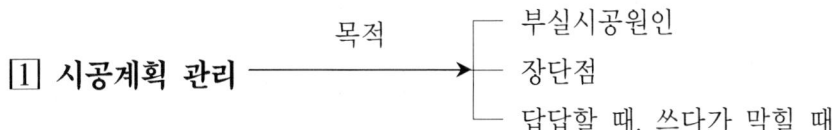

1) 사전조사

　① 설계도서 검토

　② 계약조건 검토

　③ 입지조건

　④ 지반조사

　⑤ 공해

　⑥ 기상

　⑦ 법규

2) 공법선정

　① 시공성

　② 경제성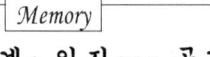

　③ 안정성

　④ 무공해성

3) 4요소(+환경관리=5요소)

　① 공정관리 : 공기단축, 적정공기, 공정계획

　② 품질관리 : 질우수, 품질계획

　③ 원가관리 : 경제적, 실행예산

　④ 안전관리 : 건설공사사전 안전성평가, 안전시설, 산업안전보건관리비, 안전진단

　⑤ 환경관리(5요소) : 건설폐기물, 소음, 진동, 분진

4) 6M

　① Man : 노무절감, 전문인력, 적정인원배치, 실명제, 교육 Program

　② Material : 자재건식화, 자재관리, 표준화, Unit화, MC화

　③ Machine : 기계화, 초기투자비, 양중관리, 장비선정, robot 시공, 자동화, 무인화, 경제적 수명

　④ Money : 자금, 실행예산관리, 기성고관리, 실적공사비, VE, LCC

　⑤ Method : 시공법, 요구성능, PC화, 복합화, 신공법, 최적공법

　⑥ Memory : 기술축적, 신기술, 신공법

5) 관리
　① 하도급관리
　② 실행예산
　③ 현장원 편성
　④ 사무관리
　⑤ 대외업무관리

> *Memory*
> 사공 4 6명 관리하는데 가 구가 필요하다

6) 가설
　① 동력 : 배선, 전기방식, 수전용량, 인입위치, 수변전 위치
　② 용수 : 지하수 및 상수도 사용검토, 용수량, 수질적정성, 위치
　③ 수송 : 수송거리, 수송방법, 운반경로
　④ 양중 : 적정용량, 위치, 대수, 1일작업량, 건설공사 특성

7) 구조물 3요소
　① 구조
　② 기능
　③ 미

8) 기타
　① 환경친화적 설계 시공
　② 시공(공사)실명제
　③ 민원

> *Memory*
> 환경을 아끼는 시 민

2 공사관리

- 공사관리 4요소

가장 빠르게 ⇒	공정계획 or 관리	→ 공기단축 → 적기준공
가장 싸게 ⇒	원가계획 or 관리	→ 비용증가억제 → 경제성
가장 좋게 ⇒	품질계획 or 관리	→ 질우수 → 하자발생방지
가장 안전하게 ⇒	안전계획 or 관리	→ 무재해
	환경관리	→ 친환경

196

1) 공정관리 → 가장 빠르게 → 공기단축 → 공기
     ① 공정표 종류
     ② 공기단축(cost slope, 최적공기, 시공속도, 경제적인 시공속도, 최소공사비)
     ③ 진도관리(사선식 공정표 → 바나나 곡선)
     ④ 자원배당(인력, 장비, 자재, 돈)

2) 원가관리 → 가장 싸게 → 이윤추구 → 돈
     - VE 기법
     - LCC 기법   → Cost down
     - MBO 기법

3) 품질관리 → 가장 좋게 → 질 우수 → 하자방지 - 품질관리기법(tool) 7가지에 넣어서 개선
     품질 관리
     품질 감리   TQC → 품질관리
     품질 경영   TQM → 품질경영

4) 안전관리 → 가장 사고없게 → 무재해 - 재해 발생 원인과 대책, 재해율

5) 환경관리 → 무공해 - ① 실내공기질 향상 ─ 친환경 자재, 녹화 Con'c
              ② VOC 저감방안 ─ Green 빌딩, 식생 Con'c

     제도적인 측면
     설계적인 측면   입주자 측면
     시공적인 측면   시공자 측면
     관리적인 측면   시행자 측면

[3] 시공의 근대화 ──목적──→ ─ 부실시공 방지대책
                              ─ Cost down
                              ─ 품질, 질↑

  1) 계약제도
     ① TK
     ② SOC
     ③ Partnering(I.P.D)

> **Memory**
> **T**모양의 **소(SO)파(Pa)**는 **성능**이 **신 기**하다

④ 성능발주방식

⑤ 신기술 지정제도

⑥ 기술개발보상제도

2) 설계

① 골조 PC화

② 마감건식화

3) 재료

① MC화

② 건식화

4) 시공

① 가설공사 → 깅재화, 경량화,
         3S(표준화, 단순화, 전문화)

② 토공사 → 계측관리

③ 기초공사 → 무소음, 무진동

④ Con'c공사 → 고강도화

⑤ PC공사 → open system

⑥ 철골공사 → 자동용접

> **Memory**
> 가설공 강 경 삼(3)과
> 토공을 계측하니
> 기초가 없어(무)없어(무)
> 콘크리트를 고강도로 하고
> PC로 open하니
> 철골이 자동용접되더라

5) 시공관리

① 4요소(EVMS, ISO9000, VE, ISO18000, ISO14000)

② 6M(성력화, 자재건식화, 기계화)

6) 신기술

① EC

② CM

③ Web 기반(Computer, High Tech 건축) → Data Mining
    ├ PMIS(PMDB), CIC, BIM(BEMS)
    └ CALS

7) 기타

① 환경관리
    환경친화(ECO, 녹화, 식생), Con'c, 녹색건축, 녹색건축 인증제도, 환경영향평가

② 경영관리
　　Constructability, MBO, bench marking, claim, project financing, risk management
③ 생산성 관리
　　MC화, lean construction, just in time, robot화

Project 발굴	기획	타당성 조사	기본설계	본설계	시공	시운전	인도	조업	유지관리
				Engineering	Construction				
				협의의 EC, TK, CM					
	광의의 EC, TK, 종합건설, PM								

EC化(설계+시공)제도 → TK계약 → 종합건설업제도 → CM
　　　　　　　　　　　　　(설계+시공)　　(관리)

CM(Construction Management)
　├ 기본형태 ─┬ CM for Fee
　│　　　　　　└ CM at Risk
　│
　└ 계약유형 ─┬ ACM(Agency CM) : 대리인형　　　┐
　　　　　　　├ XCM(Extended CM)≒PM과 동일한 개념　├ 대리인형(for fee)
　　　　　　　├ OCM(Owner CM) : Owner　　　　　┘
　　　　　　　└ GMPCM(Guaranted Maximum Price CM) - 시공자형(at risk)

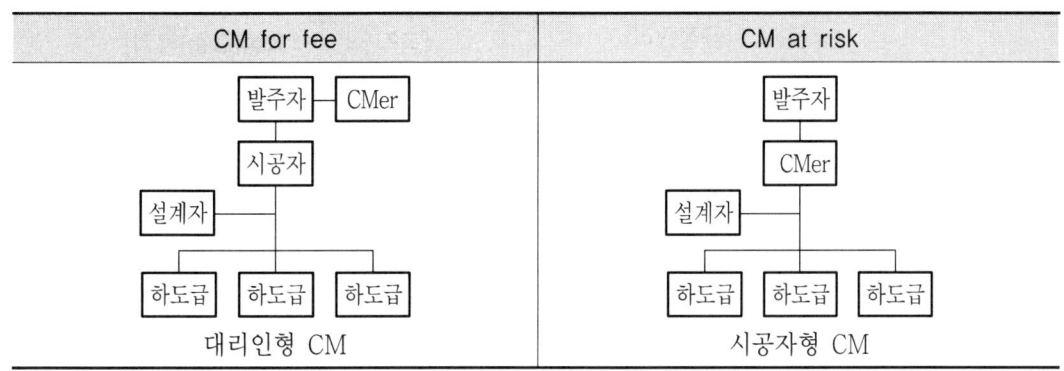

4 관리 핵심

1) 공정관리 핵심

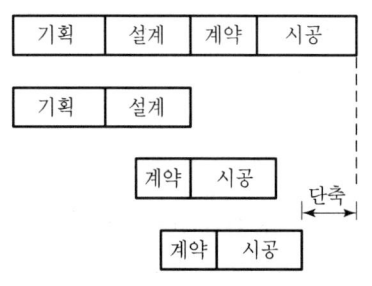

[Fast track method]

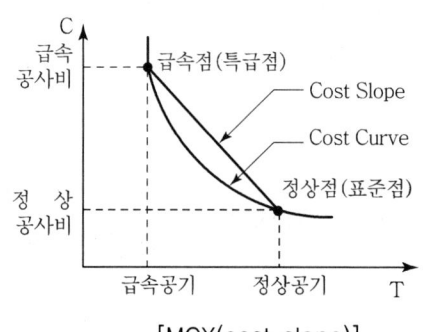

[MCX(cost slope)]

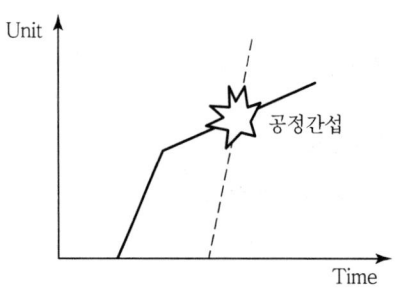

[공정마찰(≒ LOB)]

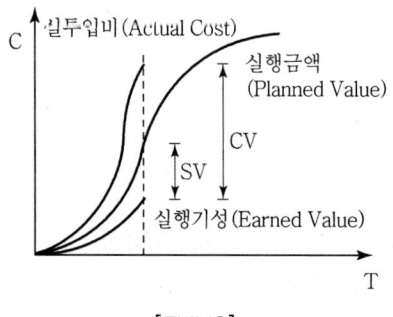

[EVMS]

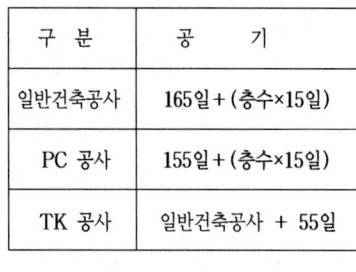

[TACT 공정관리]

구 분	공 기
일반건축공사	165일 + (층수×15일)
PC 공사	155일 + (층수×15일)
TK 공사	일반건축공사 + 55일

[공정일반 - 적정(표준)공기]

2) 원가관리 핵심

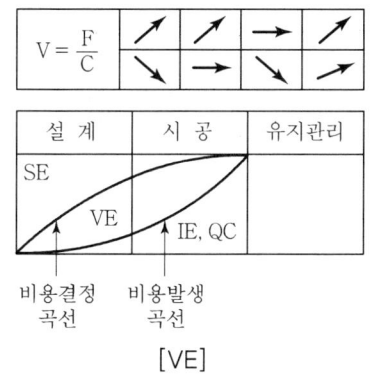

[VE]

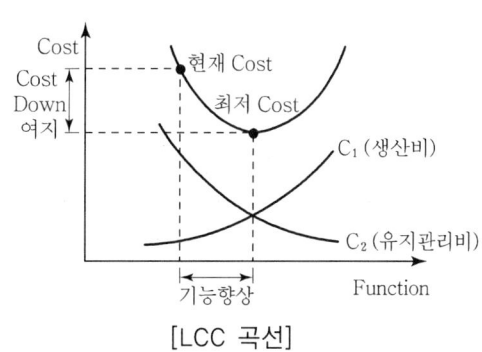

[LCC 곡선]

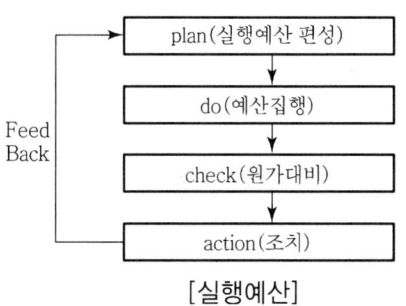

[실행예산]

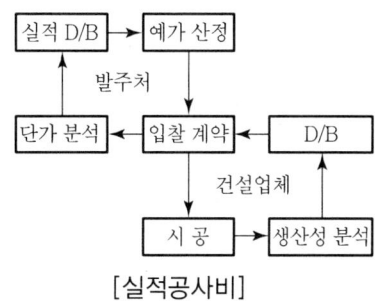

[실적공사비]

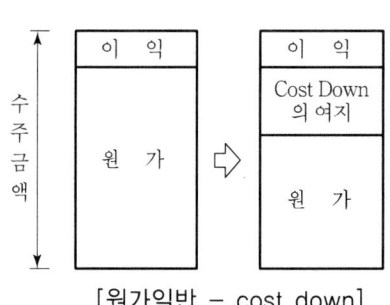

[원가일반 - cost down]

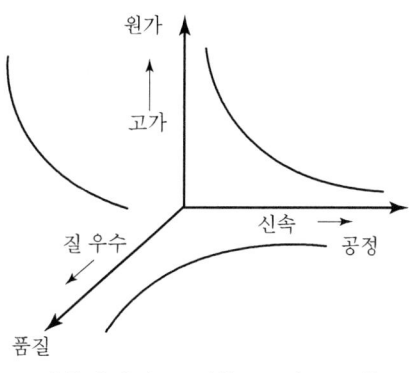

[원가일반 - 비용, 공정, 품질]

3) 품질관리 핵심

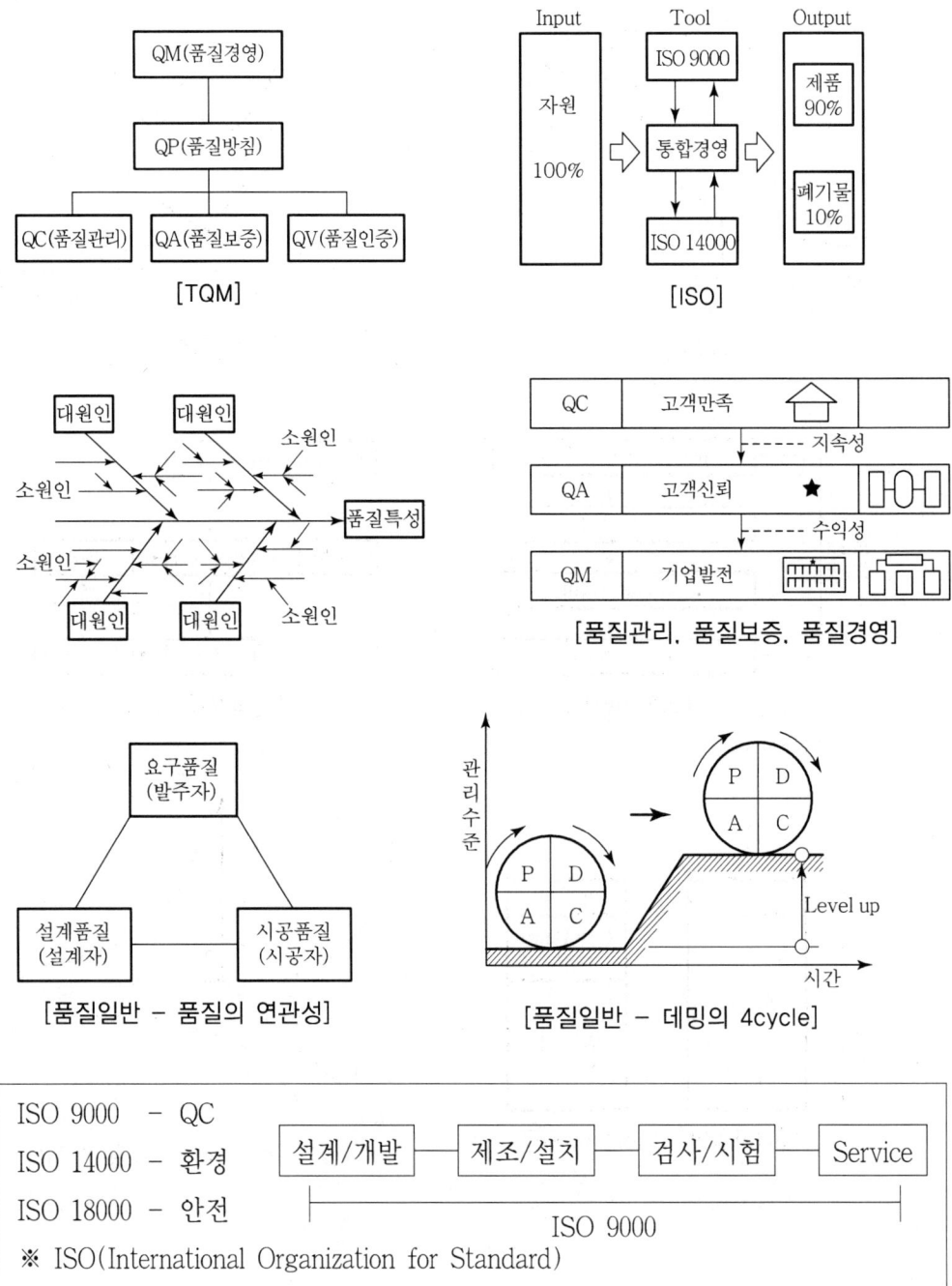

4) 안전관리 핵심

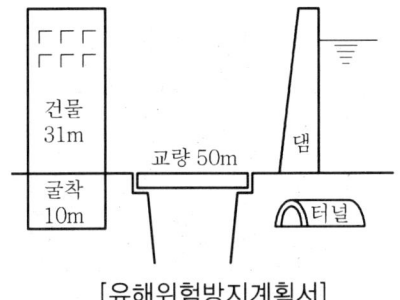
[유해위험방지계획서]

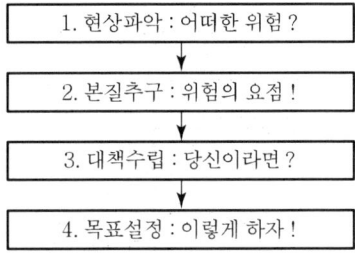
[위험예지훈련(≒ TBM)]

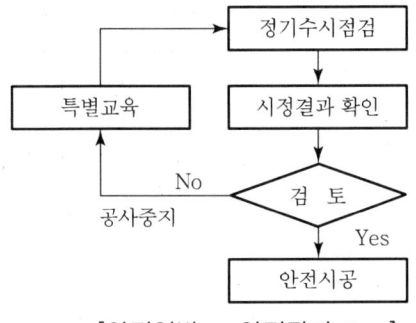
[안전일반 - 안전관리 flow]

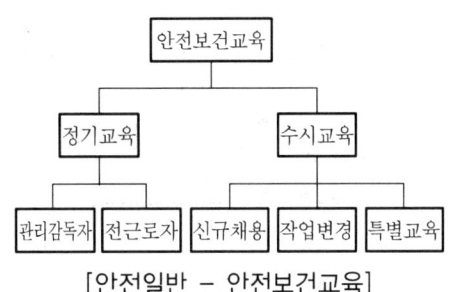
[안전일반 - 안전보건교육]

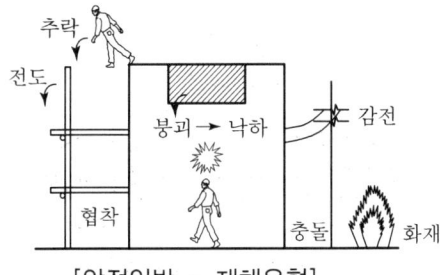
[안전일반 - 재해유형]

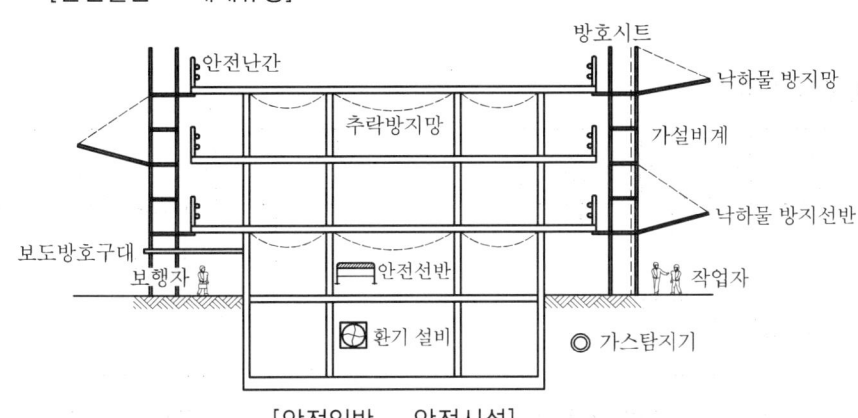
[안전일반 - 안전시설]

5) 환경관리 핵심

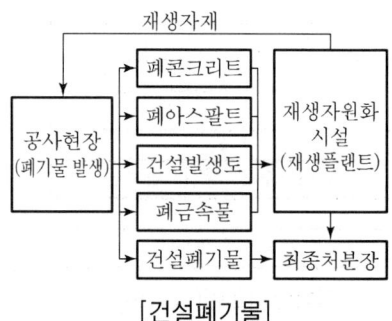
[건설폐기물]

[환경친화(ECO, 녹화, 식생)콘크리트]

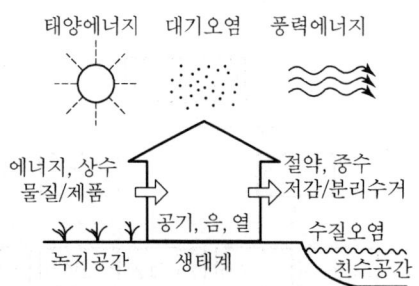
[녹색건축(그린빌딩)]

대상지역	아침, 저녁	주간	심야
주거지역 녹지지역	65dB 이하	70dB 이하	55dB 이하
상업지역 공업지역	70dB 이하	75dB 이하	55dB 이하

(단, 아침, 저녁 : 05 : 00~08 : 00, 18 : 00~22 : 00)
　주　　간 : 08 : 00~18 : 00
　심　　야 : 22 : 00~05 : 00)

[생활소음 규제기준]

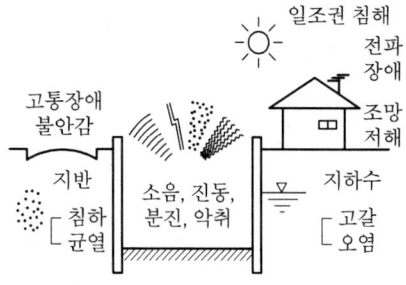
[환경일반 – 건설공해(근접시공)]

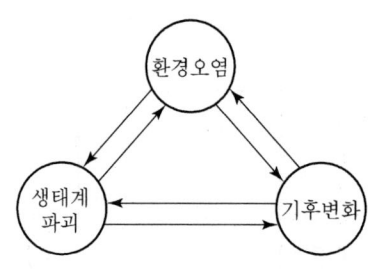
[환경일반 – 도시환경문제]

6) 정보화 핵심

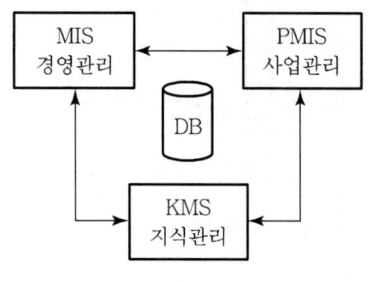
[PMIS(사업관리시스템)]

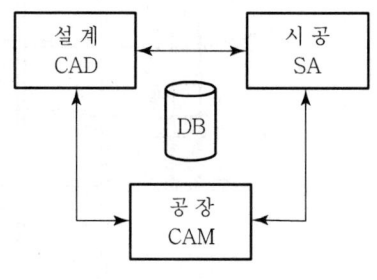
[CIC(정보통합생산)]

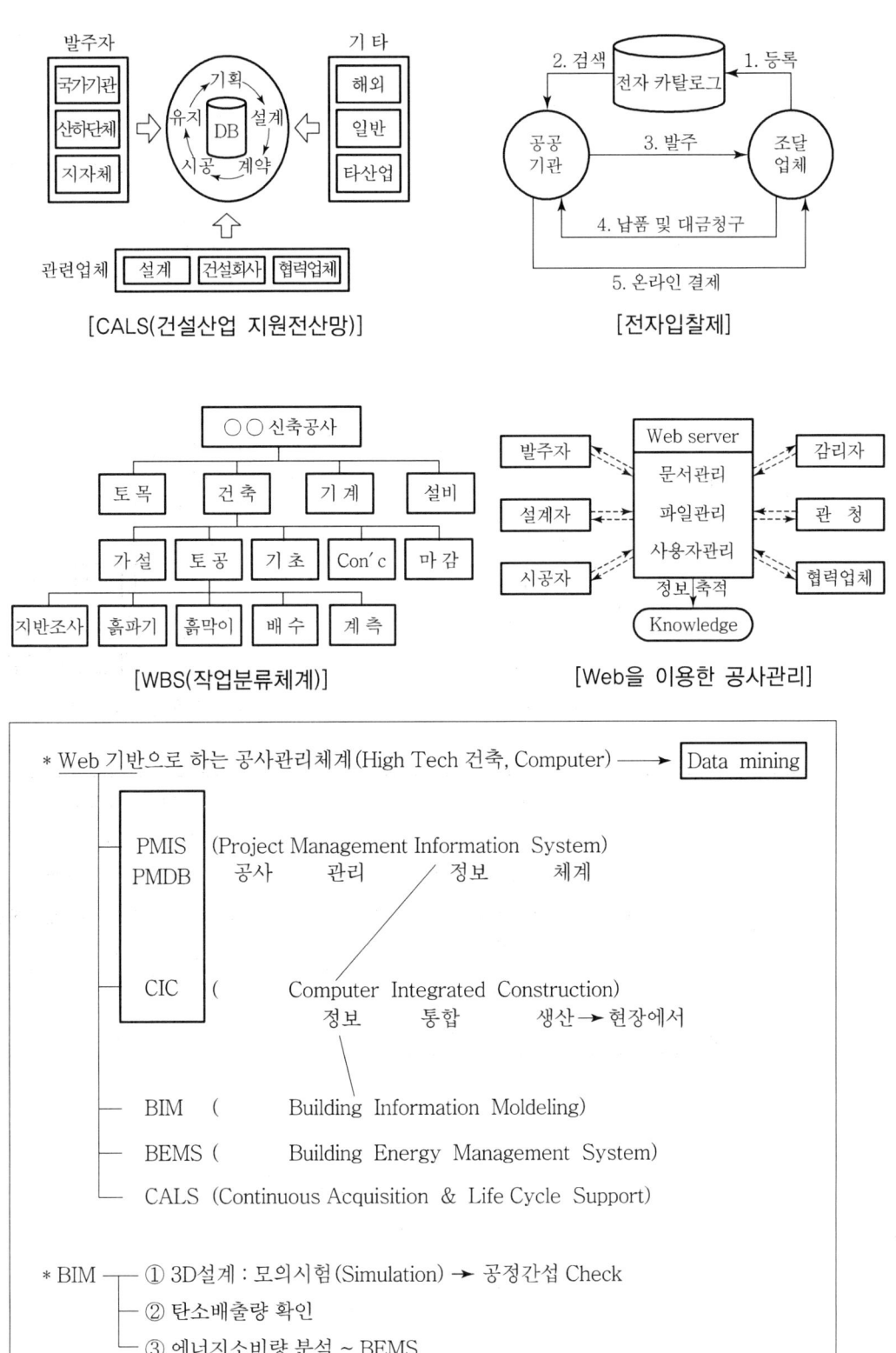

7) 경영관리 핵심

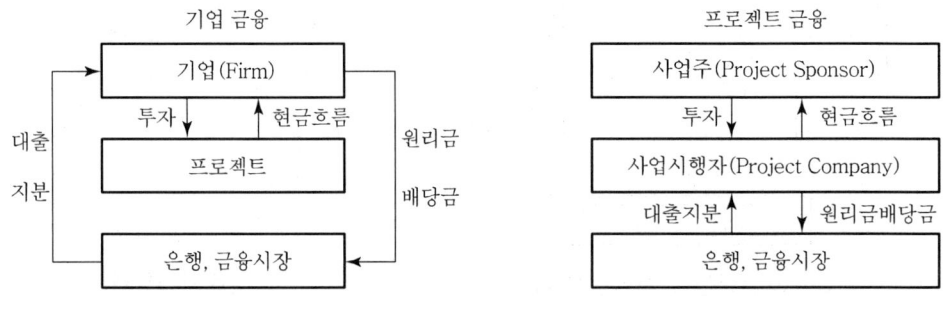

[프로젝트 파이낸싱]

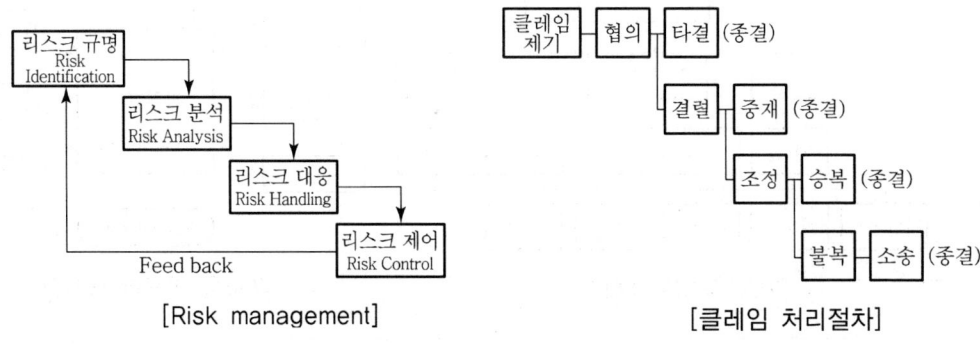

[Risk management]   [클레임 처리절차]

	Partnering	Constructability
목표	프로젝트의 공기, 원가, 품질, 안전	프로젝트의 공기, 원가, 품질, 안전
주안점	생산주체들이 하나의 Team을 구성하여 프로젝트 수행	시공단계의 지식, 경험을 프로젝트 초기단계부터 반영
적용시기	시공단계	시공전단계
적용방법	워크숍, 협약	프로그램

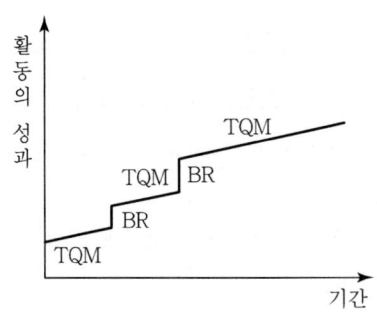

[비즈니스 리엔지니어링과 TQM]

8) 생산성 핵심

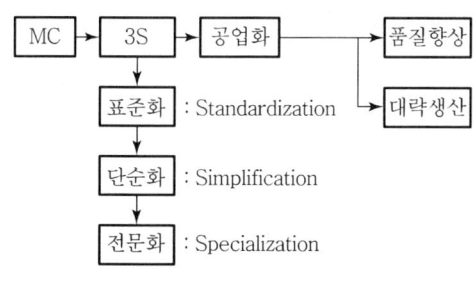

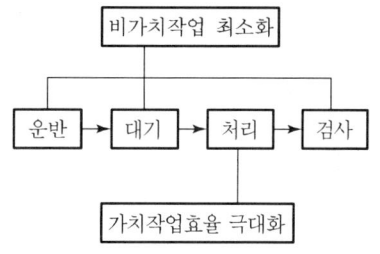
[Lean construction : 무낭비]

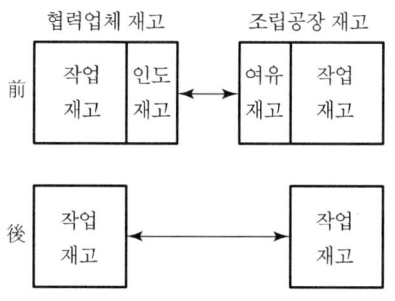
[Just in time : 무재고]

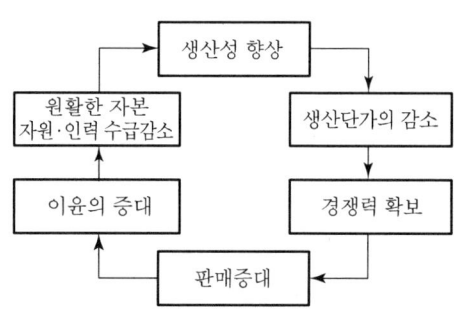
[생산성일반 - 생산성 향상 연쇄효과]

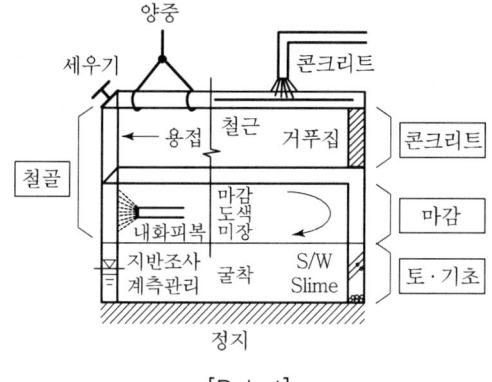
[Robot]

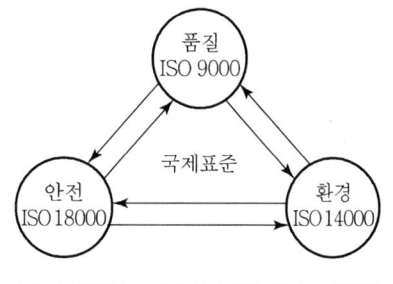
[생산성일반 - ISO를 통한 생산성 향상]

```
┌─ Lean Construction : 건축의 전 생산활동의 낭비를 최소화
│     (무낭비)          4요소   6M
└─ Just in time : 자재의 소운반에 대한 낭비를 최소화
      (무재고)
```

1절 품질관리

1 개론

1) 목적(필요성)
    ① 시공능률향상
    ② 품질향상
    ③ 신뢰성향상
    ④ 설계합리화
    ⑤ 작업표준화

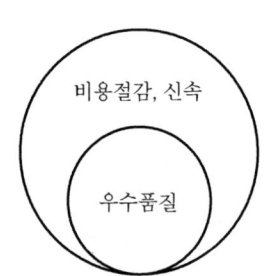

2) 상호연계성

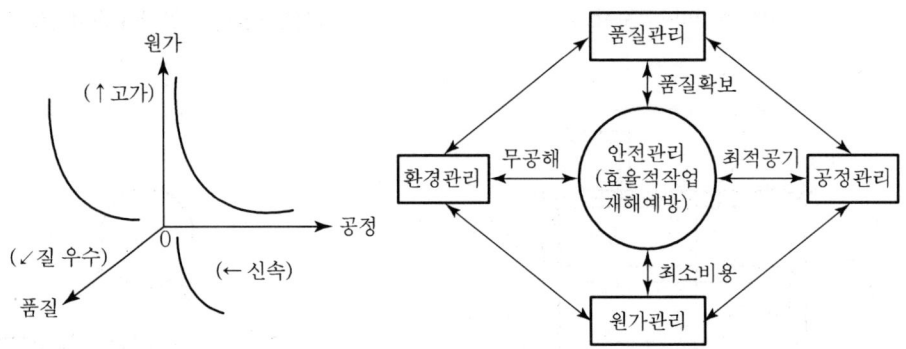

3) Deming의 관리 cycle 4단계

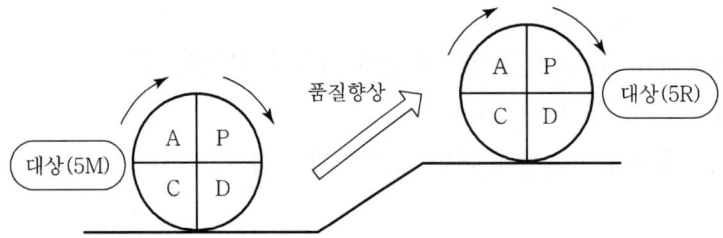

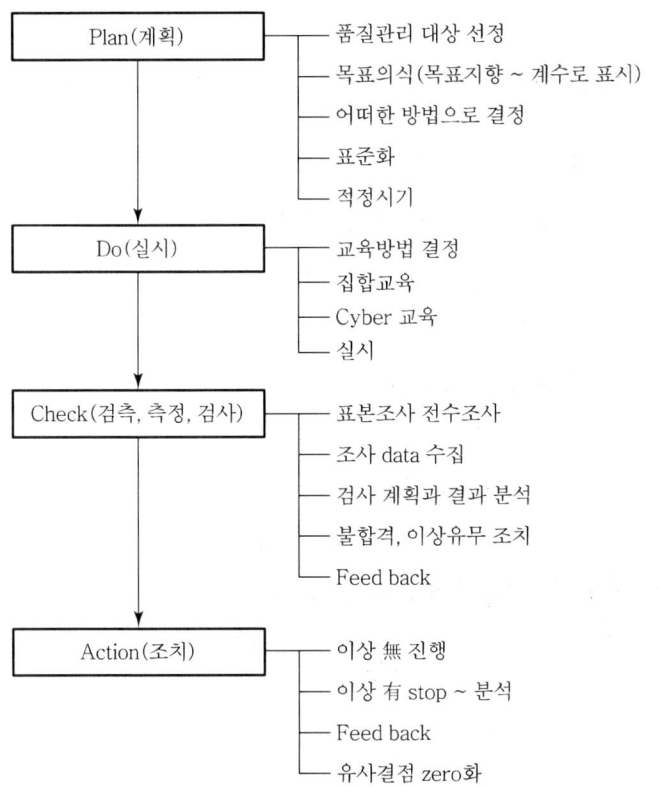

4) 5M & 5R

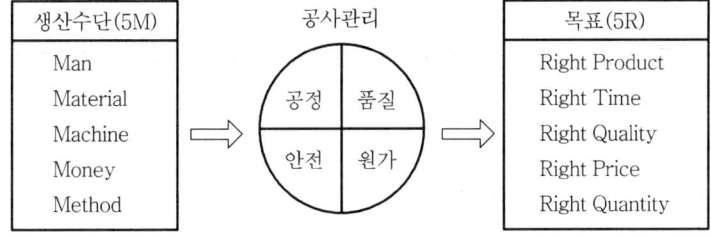

2 7가지 tool

- 공정이 예정대로 진행되느냐
- 공정이 관리상태(안정상태)로 제대로 진행되는지 확인 check하는 도표

1) 관리도

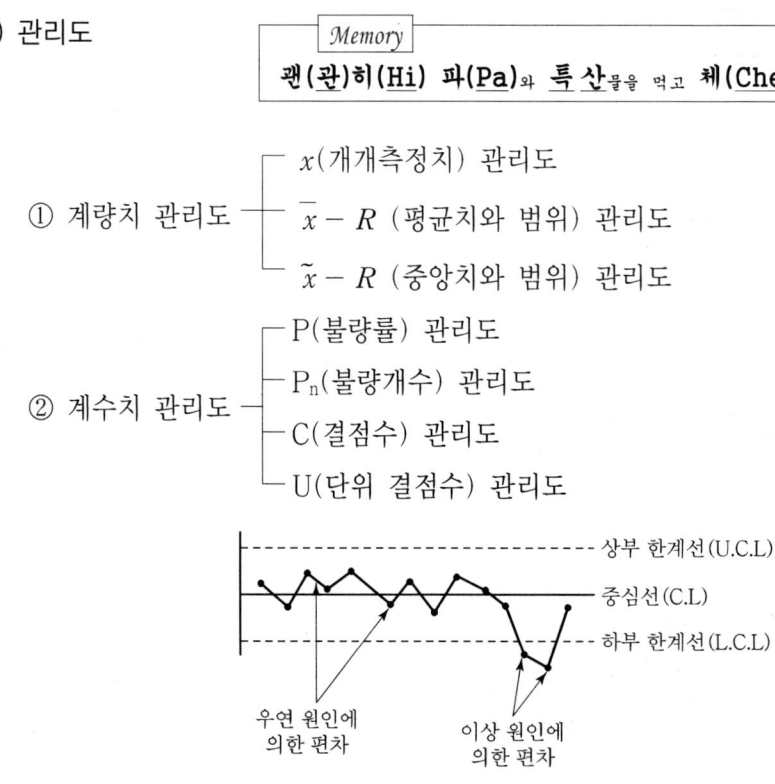

[$\overline{x} - R$ 관리도]

2) Histogram(주상도)

계량치의 data가 어떠한 분포를 하고 있는지 알아보기 위하여 작성하는 그림으로 일종의 막대 graph
① 낙도형
  Data의 이력을 조사하고 원인을 추구
② 이빠진형
  계급의 폭의 값, 측정 최소단위의 정배수 등을 조사
③ 비뚤어진형
  한쪽에 제한조건이 없는가 조사
④ 낭떠러지(절벽)형
  측정방법의 이상 유무 조사

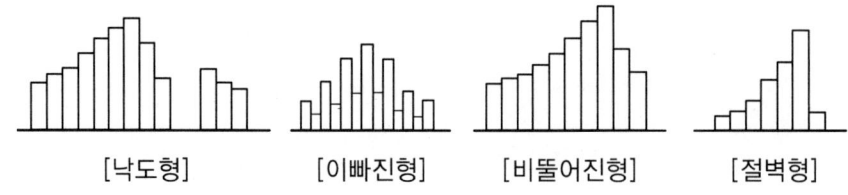

3) Pareto diagram(파레토도)

불량 등 발생건수를 분류항목별로 나누어 크기 순서대로 나열해 놓은 그림

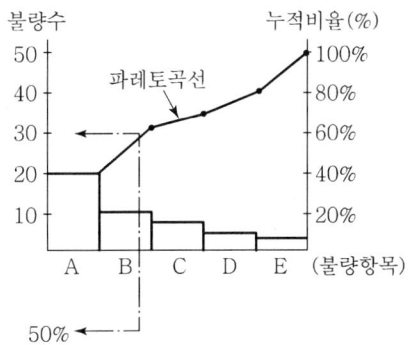

전체 불량률 50% 기준시 A, B 항목의 집중관리 필요

4) 특성요인도(Causes and effects diagram)
   - 결과를 가지고 원인 추적
   - 大, 中, 小 요인 분류
   - 생선뼈

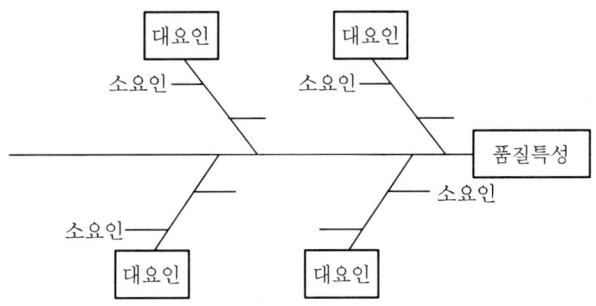

5) 산포도(산점도, scatter diagram)
   - 대응하는 두 개의 짝으로 된 data를 graph 용지 위에 점으로 나타낸 그림

6) 체크시트(Check sheet)
   - 현장사무실 기후 조건표

月	火	水	木	...
1	2	3	4	...
☀	🌧	☁	☀	...

   날씨
   맑음 ☀
   흐림 ☁
   비 🌧

7) 층별(Stratification)
   집단을 구성하고 있는 많은 data를 어떤 특징에 따라 몇 개의 부분 집단으로 나누는 것

2절 안전관리

1) 목적
   ① 근로자 생명보호 → 사기 진작, 생산성 향상
   ② 기업 재산보호 → 대외 신뢰도 확보

> *Memory*
> **추락 낙하**하여 **붕**대로 **감**으니 **현(협)충**일날 **전 화**가 왔다

2) 재해유형
   ① 추락
   ② 낙하비래
   ③ 붕괴
   ④ 감전
   ⑤ 협착
   ⑥ 충돌
   ⑦ 전도
   ⑧ 화재

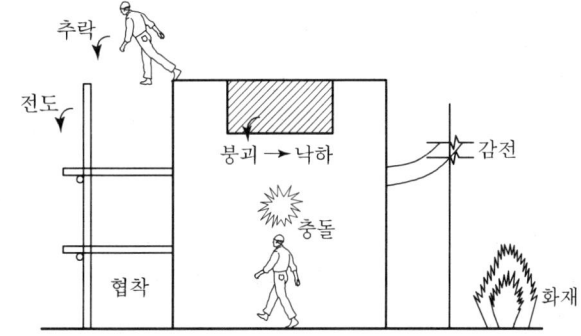

3) 재해율(재해통계 종류)

   ① 환산재해율 = $\dfrac{\text{환산재해자수}}{\text{상시근로자수}} \times 100(\%)$

   ② 연천인율
   ③ 도수율(빈도율)
   ④ 강도율

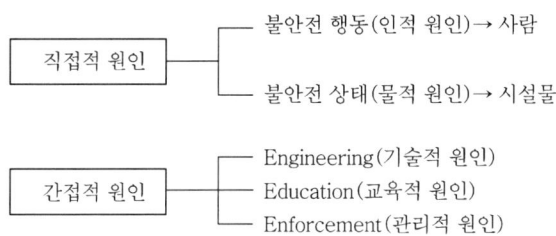

- 직접적 원인
  - 불안전 행동(인적 원인) → 사람
  - 불안전 상태(물적 원인) → 시설물

- 간접적 원인
  - Engineering(기술적 원인)
  - Education(교육적 원인)
  - Enforcement(관리적 원인)

永生의 길잡이―열다섯

■ 가장 소중한 지혜

유태인 어머니들은 자녀들을 가르칠 때 반드시 이런 질문을 한다.
"얘야, 만약 적군이 쳐들어와 집에 불을 지르고 재산을 모두 훔쳐간다면 제일 먼저 무엇을 갖고 도망을 가겠느냐?"
자녀들의 대답은 거의 비슷하다.
"금과 돈입니다. 값나가는 물건부터 챙겨야지요."
유태인 어머니들은 다시 묻는다.
"그보다 훨씬 중요한 것이 있다. 곰곰이 생각해 보거라. 그것은 빛도 모양도 냄새도 없지만 가장 소중한 것이란다."
자녀들은 궁금증을 참지 못하고 어머니에게 대답을 요구한다. 그때 어머니는 자녀를 가르친다.
"세상을 살아가면서 가장 소중한 것은 지혜다. 지혜는 시련을 당할 때 이를 극복하는 길을 가르쳐 준다. 지혜는 가난한 사람을 부자로 만들어 준다. 지혜는 보잘 것 없는 사람에게 명예의 선물을 안겨준단다."

이스라엘이 나라를 잃고 방황하면서도 희망을 잃지 않은 것은 지혜를 소유하고 있었기 때문이다. 지혜는 인생의 위대한 스승이다.

출처 / 좋은 글

공정관리

11장

- ■ 장판지 ··· 217
- 1 공정표 ·· 219
- 2 Network ·· 223
- 3 공기단축 ·· 227
- 4 자원배당 ·· 228
- 5 진도관리(follow up) ·· 230
- 6 공기와 시공속도 ·· 233

永生의 길잡이―열여섯

■ **하나님도 동기를 보신다.**

제2차 세계대전 때 미국이 필리핀의 마닐라를 공격하기 위해 군함을 막 출항시키려는 순간이었습니다. 그때 한 해군의 옷이 바다에 떨어졌습니다.
그 해군은 자신을 말리는 상관의 명령을 들은 체도 하지 않고 바다에 뛰어들어 옷을 건져 냈습니다. 병사는 명령불복종이란 죄로 즉시 군법회의에 넘겨졌습니다.

재판관이 그에게 물었습니다.
"귀관은 그까짓 옷 하나를 건지려고 상관의 명령을 어겼단 말인가?"
병사는 묵묵부답이었습니다.
"상관의 명령이 중요한가, 옷가지가 중요한가? 말해보라."
병사는 중형에 처해질 위기에 처했습니다. 사람들도 사소한 일에 목숨을 건 병사를 마땅히 중하게 처벌해야 한다고 생각했습니다.

이때 병사는 눈물을 흘리면서 말했습니다.
"제가 상관의 명령을 어기고 옷을 되찾으려고 바다에 뛰어든 것은 잘못입니다. 저를 처벌해 주십시오. 그러나 제가 바다에 뛰어든 이유는 옷 때문이 아니었습니다."
그는 호주머니에서 빛바랜 사진 한 장을 꺼냈습니다.
"옷 속에 제가 세상에서 제일 사랑하는 어머니의 사진이 들어 있었기 때문입니다."

그러자 재판장은 술렁이기 시작했습니다. 재판관도 그의 동기를 듣고 나서 큰 감동을 받았습니다. 그리고 병사의 어깨에 손을 얹고 말했습니다.
"어머니 사진 때문에 목숨을 건 자네는 진정 용기 있는 군인이네. 자네는 조국을 위해서도 목숨을 걸고 싸울 수 있을 거야."

병사는 무죄 선고를 받았습니다. 하나님도 우리의 숨은 동기를 보십니다. 신자는 겉으로 드러난 행동보다 동기를 중요하게 여기는 사람임을 명심합시다.

― 「예수님과 함께 떠나는 행복 여행」 / 백금산

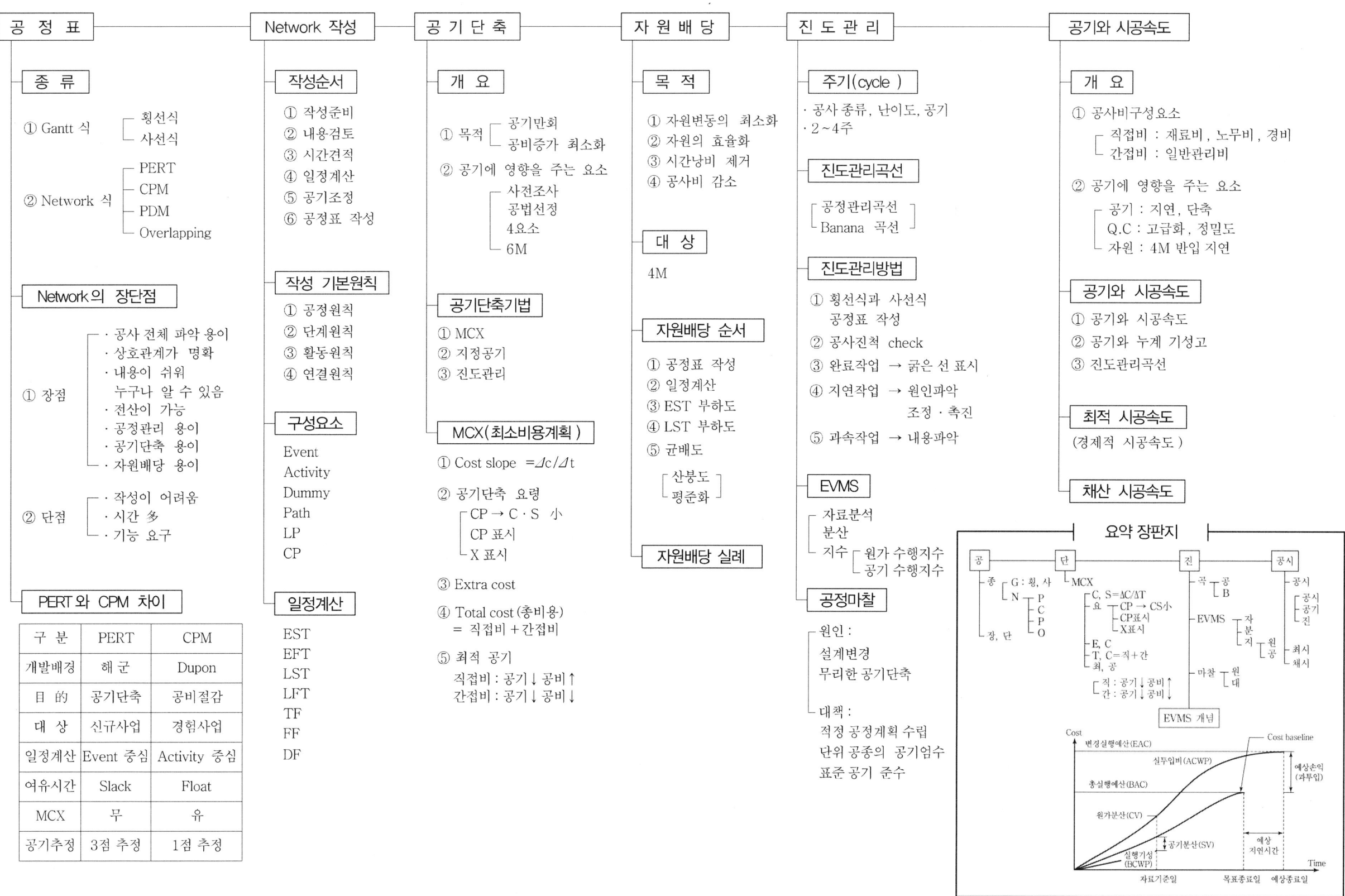

11장 공정관리

1 공정표

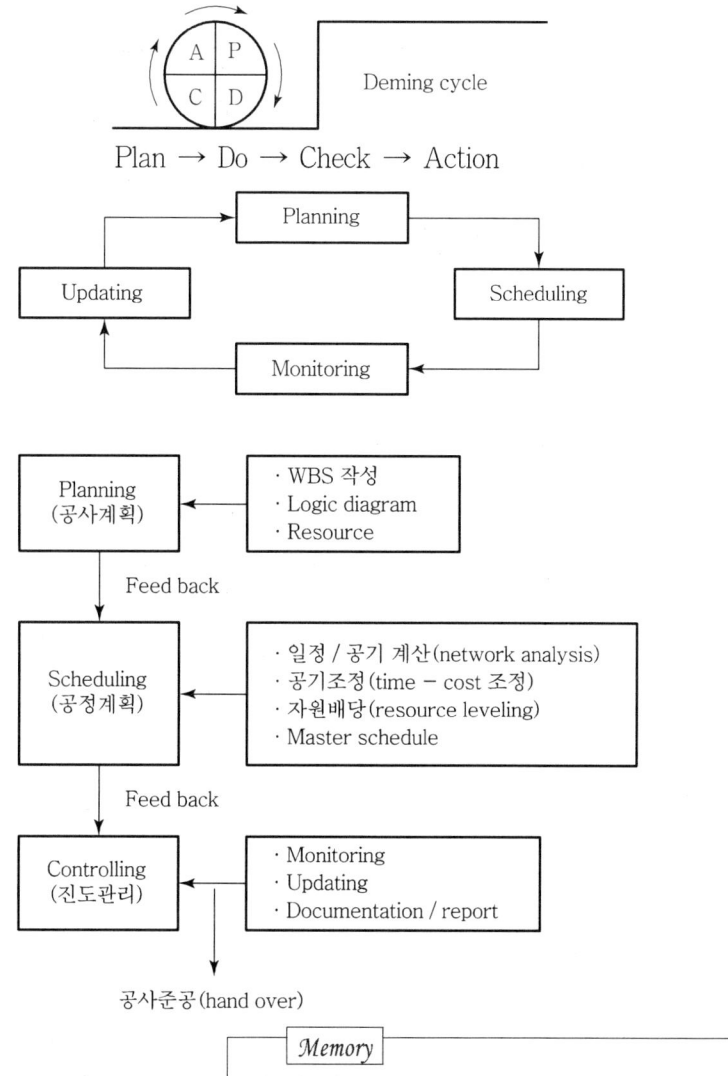

1) 횡선식(bar chart)

　　Memory　행(횡)사장에서 P C에 뽀(P O)뽀하로(LO)

① 공정진행관계, 수평막대 graph로 표현
② Gantt chart : 1910년 1차 세계대전중 미육군 병기국 병기 생산 위해 사용

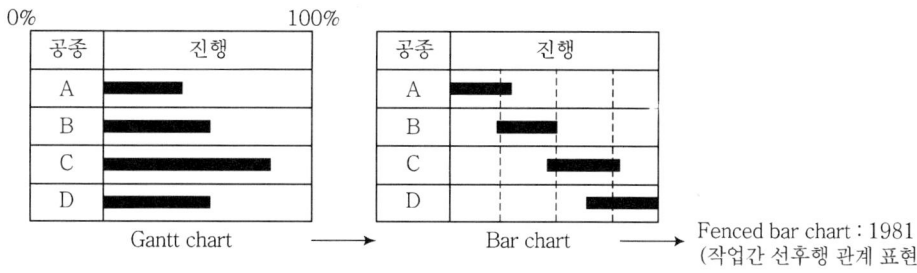

Fenced bar chart : 1981
(작업간 선후행 관계 표현)

2) 사선식(진도율 곡선)

① Banana 곡선

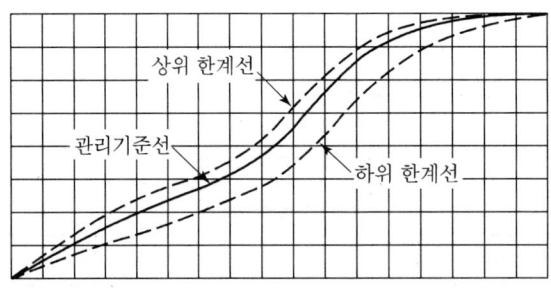

② 사선 공정표

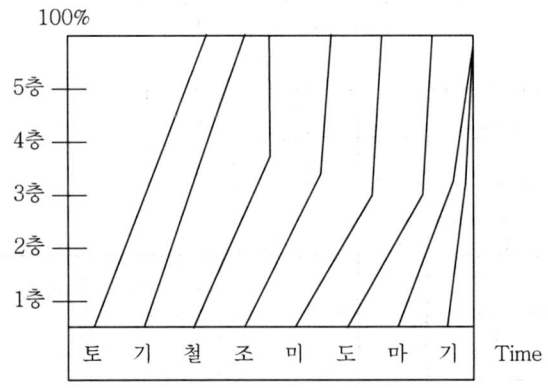

3) PERT & CPM

① Network식

② 원(○)과 화살표(→)로써 상호 작업을 연결하여 표시한 공정표

③ ADM기법(Arrow Diagramming Method)

④ PERT와 CPM의 차이

구분	PERT	CPM
개발연도	1958	1957
배경	잠수함 개발(미해군)	플랜트, 설계(듀퐁)
목적	공기 단축	공사비 절감
일정계산	Event 중심	Activity 중심
시간견적	3점 추정	1점 추정
대상	신규	경험사업
여유시간	Slack	Float
MCX	無	有(핵심이론)

4) PDM(Precedence Diagramming Method)
① ADM기법과 달리 노드(node)안에 작업을 표기
화살표 연결하여 표기한 network 공정표
② 1964, 스탠포드 대학, network
③ 반복적이고 많은 작업이 동시에 일어날 때 ADM보다 효율적
④ 컴퓨터 적용이 용이

〈 ADM과 PDM의 비교 〉

ADM	PDM
Activity type network Activity On Arrow(AOA)	Event type network Activity On Node(AON)
○→○→○ A B ○→○→○ C D	[A]→[B] ↘ [C]→[D]
Dummy O	Dummy ×
FTS	STS, STF, FTS, FTF 연결관계가 다양

〈 표기방법 〉

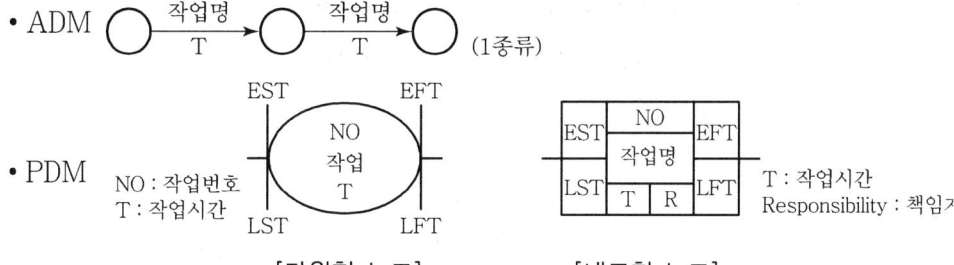

- ADM ○─작업명─○─작업명─○ (1종류)
      T   T

- PDM [타원형 노드]   [네모형 노드]
   NO : 작업번호
   T : 작업시간
   T : 작업시간
   Responsibility : 책임자

〈 연결관계 〉
- ADM : F → S
- PDM : 다양하다(4종류)

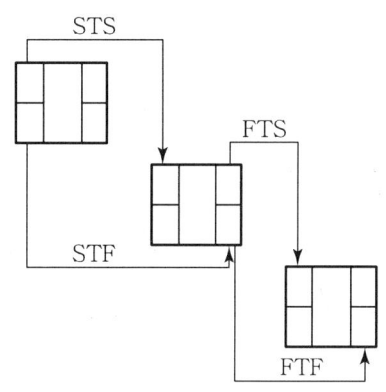

5) Overlapping 기법
   ① PDM기법을 응용 발전시킨 것
   ② 선후 작업간의 overlapping 관계를 연결선으로 간단하게 표시

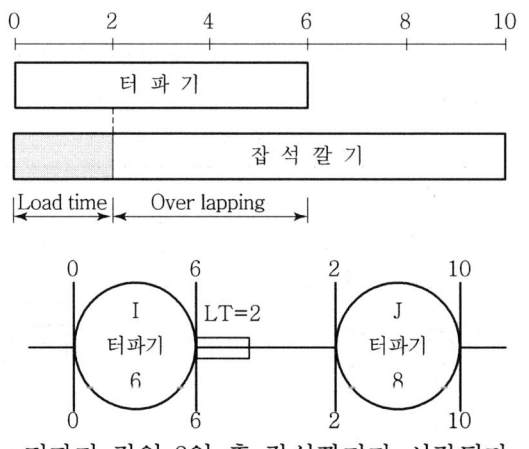

터파기 작업 2일 후 잡석깔기가 시작된다.

6) LOB(LSM)
   ① Line Of Balance(Linear Scheduling Method)
   ② 공정마찰
   ③ 시간과 공정 진행과의 관계를 사선으로 표기
   ④ 반복되는 각 작업들의 상호관계를 명확하게 표기
   ⑤ 도로공사, 고층 골조공사

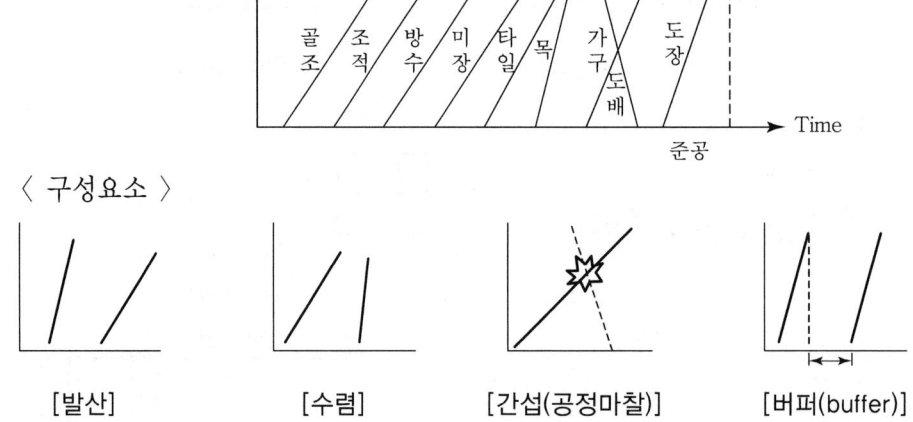

7) Tact 공정관리

① 각 작업을 일정하게 반복되도록 <u>공정의 동기화(同期化)</u>

② <u>생산을 평준화</u>하여 작업의 <u>낭비나 대기시간 감소</u>

③ 마감공사의 합리적인 운영 관리

④ 개념도

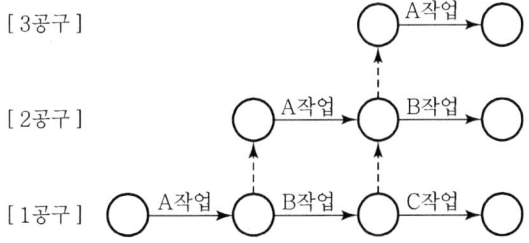

연속적인 작업을 위한 단위시간(Tact Time)을 정하고 흐름 생산이 되게 하는 방식

⑤ 제반 활동체계
- 1개 흐름 생산체제 구축
- 공정순서에 따른 설비 배치
- 전공정의 동기화(同期化) 생산체제 구축
- 작업자의 다공정 담당
- 작업자의 다기능공화
- 서서 하는 작업 배치
- 설비의 소형화
- U-turn line 배치

2 Network

1) 작성순서

① 작성준비

② 내용검토

③ 시간견적

④ 일정계산

⑤ 공기조정

⑥ 공정표 작성

2) 작성 기본원칙

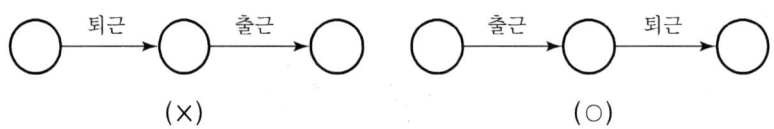

① 공정 원칙
- 작업 순서에 따라 배열

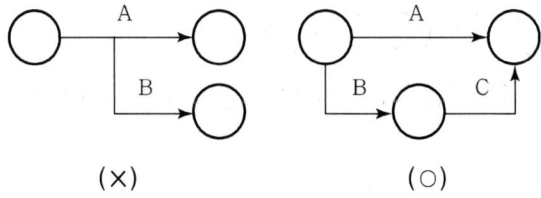

② 단계 원칙
- 작업의 개시점과 종료점, event로 연결

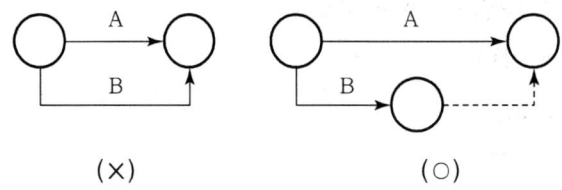

③ 활동 원칙
- Event 사이에 반드시 1개의 activity만 존재

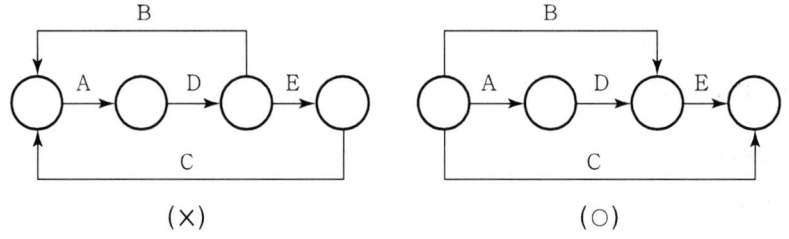

④ 연결 원칙
- 오른쪽 일방통행

3) 구성요소

① Event : 단계, 결합점, ○으로 표시
- 작업의 개시점, 종료점을 의미

② Activity : 작업, 활동, → (화살표, arrow)로 표시
- 단위 작업

③ Dummy : 명목작업 ⇢ (점선화살표)로 표시
  • 명목상 작업, 소요시간 0, CP 가능
④ Path : 경로 ○―○―○
  • 2개 이상의 activity가 연결되는 작업진행경로
⑤ LP(Longest Path)
  • 임의의 작업구간(path)에서 가장 긴 경로
  • LP는 반드시 CP가 되는 것은 아니다.
⑥ CP(Critical Path)
  • 최초 개시점에서 마지막 종료점까지 경로중 가장 긴 path
  • 굵은 선(→), 또는 이중선(⇒)으로 표시

Critical path(Limit path)	주공정(한계, 임계, 위험)	여유없음, 공기영향
Sub CP(Semi CP)	부 주공정	여유 적음, 주의
Non CP	비 주공정	여유 있음, 덜 긴박

4) 일정계산
  ① EST(Earliest Starting Time : 가장 빠른 개시시각)
  ② EFT(Earliest Finishing Time : 가장 빠른 종료시각)
  ③ LST(Latest Starting Time : 가장 늦은 개시시각)
  ④ LFT(Latest Finishing Time : 가장 늦은 종료시각)
  ⑤ TF(Total Float : 총 여유)
  ⑥ FF(Free Float : 자유 여유)
  ⑦ DF(Dependent Float : 종속여유, 간섭여유)
    후속작업의 토털 플로트에 영향을 미치는 여유시간

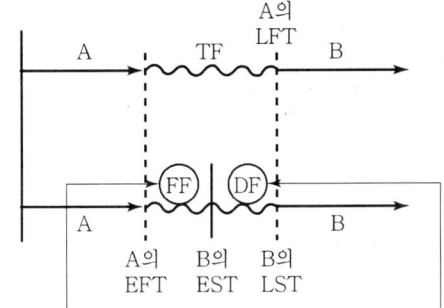

- Slack : 결합점에서 생기는 여유

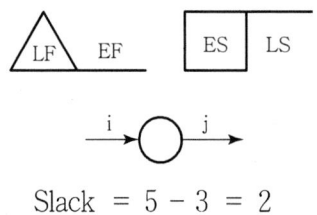

Slack = 5 - 3 = 2

※ Dummy 종류

① Numbering dummy
 - 논리적 순서와 관계 ×, 요소작업의 중복을 피하기 위해 도입

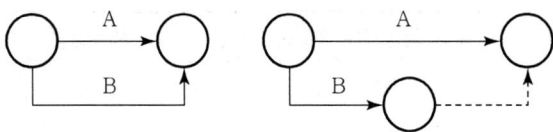

② Logical dummy
 - 요소 작업 간의 전후 관계를 규정
  연결관계의 제약을 나타내기 위한 dummy

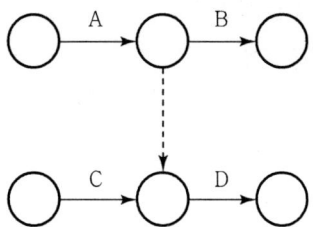

③ Connection dummy
 - 작업간의 연결의미, 삭제, 생략가능

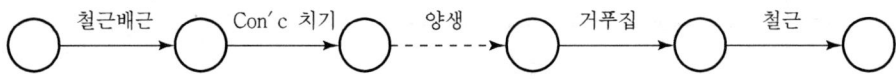

④ Time lag dummy
 - Connection dummy 시간들(scale)을 표기

3 공기단축

1) 목적
   ① 공기 만회
   ② 공사비 증가 최소화

2) 기법
   ① 지정공기(T_0) : 공사시작전
                    - MCX
   ② 진도관리(follow up) : 공사중

3) MCX
   - Minimum Cost Expediting 최소 비용 계획

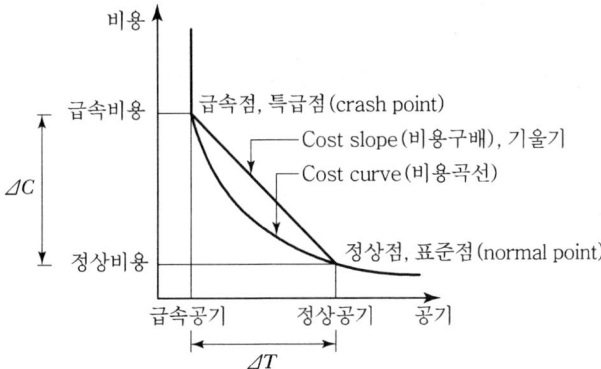

   ① Cost slope(비용구배)
   $$CS = \frac{\Delta C}{\Delta T} = \frac{급속비용 - 정상비용}{정상공기 - 급속공기}$$
   (공기 1일 단축하는 데 소요되는 추가비용)

   ② Extra cost(추가공사비)
   $$EC = CS \times 단축일수$$

   ③ Total cost(총공사비) = normal cost + extra cost

   ④ 공기단축 요령
   - 1단계 : • CP에서 CS가 가장 적은 작업에서 단축
   - 2단계 : • CP가 2개가 될 수 있다.
            • CP가 sub CP ×
            • Sub CP → CP 표시

- 3단계 : • 공기단축이 불가능 작업 × 표시
         • CP가 복수가 되면 CS가 적은 것부터 단축
⑤ 최적 공기
  • 직접비 : 공기 ↓, 공비 ↑
  • 간접비 : 공기 ↓, 공비 ↓

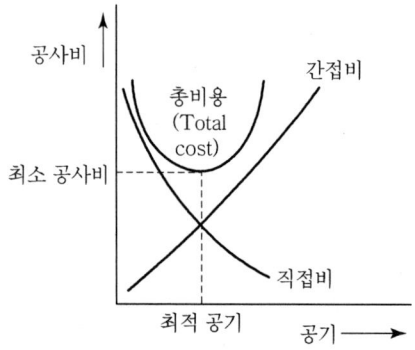

  • 직접비와 간접비의 합(총공사비)이 최소가 될 때의 공기

4) 공기만회 대책

┌ 6M : Man, Material, Machine, Money, Method, Memory
└ 6요소 : 공정, 품질, 원가, 안전, 공해, 기상

4 자원배당

1) 개요

    자원(노무, 자금, 장비, 자재)소요량과 투입가능량 상호 조정
    자원의 비효율성을 제외하며 비용증가를 최소화하는 기법

2) 목적

    ① 자원 변동의 최소화
    ② 자원의 효율적 이용
    ③ 유효시간 최소화(자원의 시간 낭비 제거)
    ④ 공사비 절감

3) 방법

    ① 공정표 작성
    ② 일정계산

③ EST에 의한 부하도
④ LST에 의한 부하도
⑤ 균배도(평준화, 산봉도, leveling)

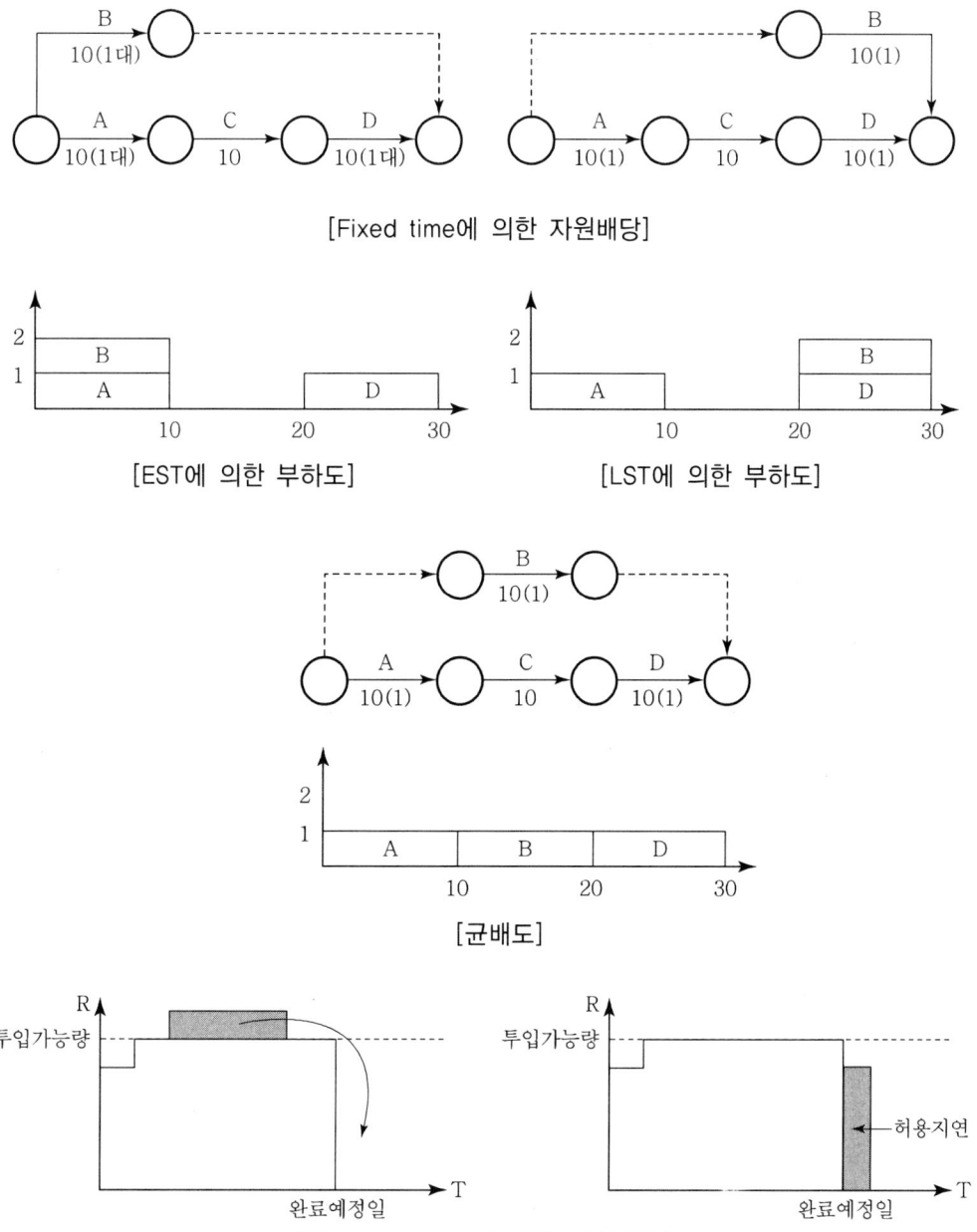

4) 자원배당 대상

   ① 노무(Man) : 일일 동원 자원 최소화
   ② 자금(Money) : 정확한 기성금 지불
   ③ 장비(Machine) : 가동률 극대화
   ④ 자재(Material) : 적기에 적정량 반입

5 진도관리(follow up)

1) 주기(cycle)
   - 계획 공정표와 실적공정표 비교, 전체 공기를 준수할 수 있도록 공기지연대책 강구, 수정 조치하는 것
     - 공사종류, 난이도, 공기
     - 2주, 4주 기준
     - 최대 30일 초과 ×

2) 개요
   ① 지연 원인 : 6M & 6요소
   ② 지연형태

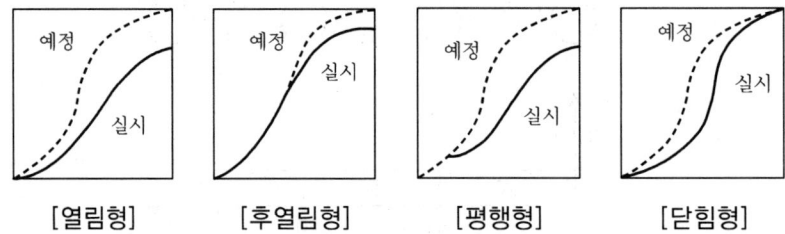

   [열림형]　　[후열림형]　　[평행형]　　[닫힘형]

3) 진도관리 곡선
   - 공정관리 곡선
   - Banana 곡선

4) 진도관리방법

① 횡선식·사선식 공정표 파악(planning, scheduling)
② 공사진척 check
③ 완료작업 → 굵은 선 표시
④ 지연작업 → 원인 파악, 조정, 촉진
⑤ 과속작업 → 내용 파악

monitoring ─┐
            ├ controlling
updating ──┘

5) EVMS

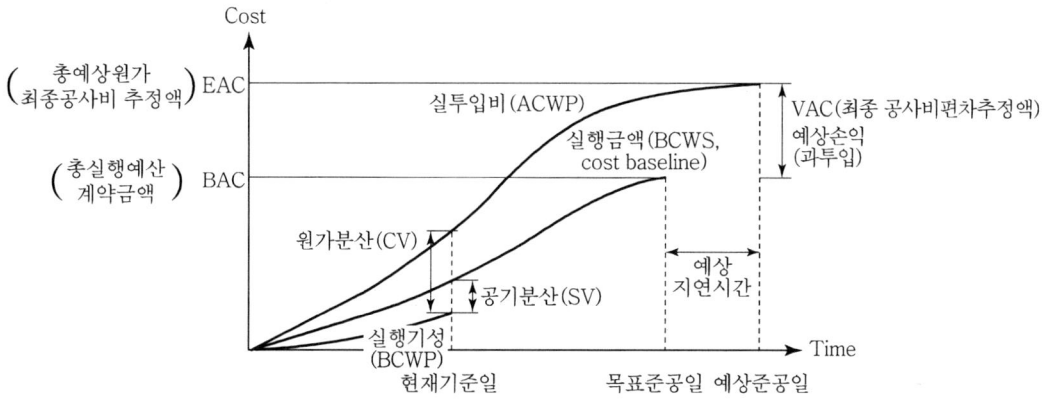

ex) 토공사

BCWS : $10m^3 \times 1,000 = 10,000$
BCWP : $8m^3 \times 1,000 = 8,000$
ACWP : $8m^3 \times 1,300 = 10,400$

① 개요
- Earned Value Management System
- C/SCSC, C-spec, 점차 발전시킨 것
  Cost & Schedule Control System Criteria

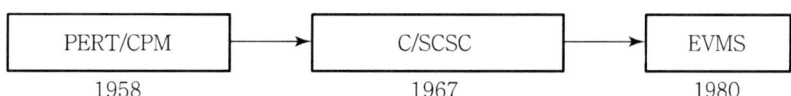

PERT/CPM (1958) → C/SCSC (1967) → EVMS (1980)

② EVMS의 구성요소

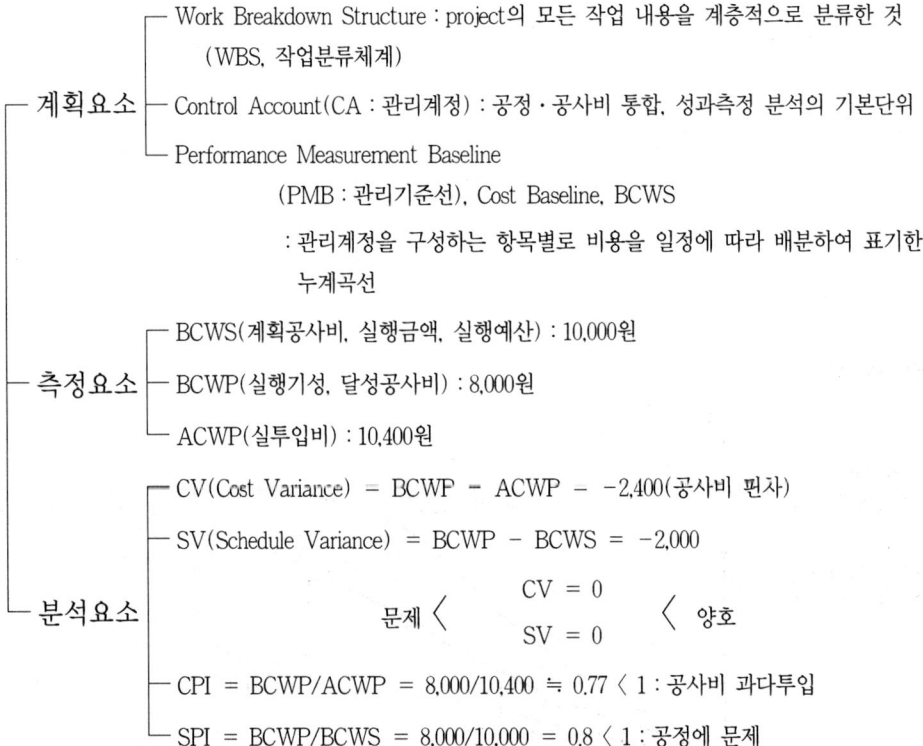

③ 기대효과
- 향후공사비에 대한 예측이 가능
- 공사진척 현황 파악 용이
- 원가, 견적, 공정관리 등을 유기적으로 연결
- 종합적인 원가 관리체계 구축

6 공기와 시공속도

1) 개요

① 공사비 구성요소 ─ 직접비 : 재료비, 노무비, 경비
　　　　　　　　 └ 간접비 : 일반관리비, 이윤

② 공기에 영향을 주는 요소 ┬ 민원 : 소음, 진동
　　　　　　　　　　　　　├ Q.C : 고급화, 정밀도
　　　　　　　　　　　　　└ 자원 : 4M 반입, 지연

2) 공기와 기성고

① 공기와 매일기성고
② 공기와 누계기성고
③ 진도관리곡선

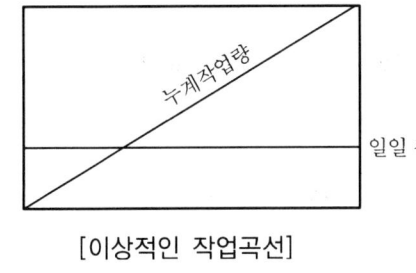

[이상적인 작업곡선]

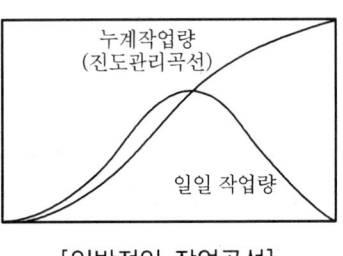

[일반적인 작업곡선]

3) 최적시공속도

- 경제적 시공속도

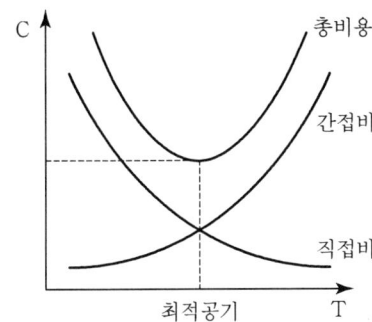

4) 채산시공속도

손익분기점 이상이 되는 시공속도

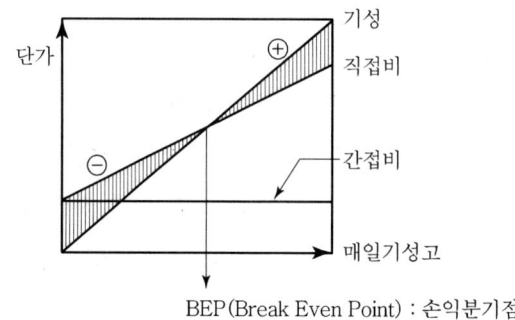

BEP(Break Even Point) : 손익분기점

※ Milestone(중간관리일)

[한계착수일]　　　[한계완료일]　　　[절대완료일]

① 한계착수일(Not earlier than date)
　　지정된 날짜보다 일찍 작업에 착수할 수 없는 한계착수일
② 한계완료일(Not later than date)
　　지정된 날짜보다 늦게 완료되어서는 안되는 한계완료일
③ 절대완료일(Not later & Not earlier than date)
　　정확한 날짜에 완성되어야 하는 절대완료일

※ TACT 공정관리(多工區 同期化)

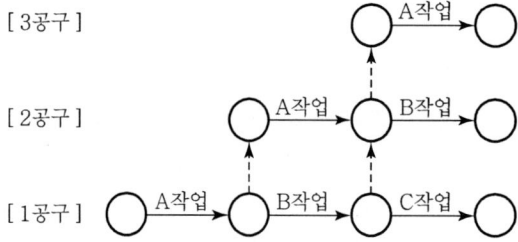

연속적인 작업을 위한 단위시간(tact time)을 정하고 흐름 생산이 되게 하는 방식

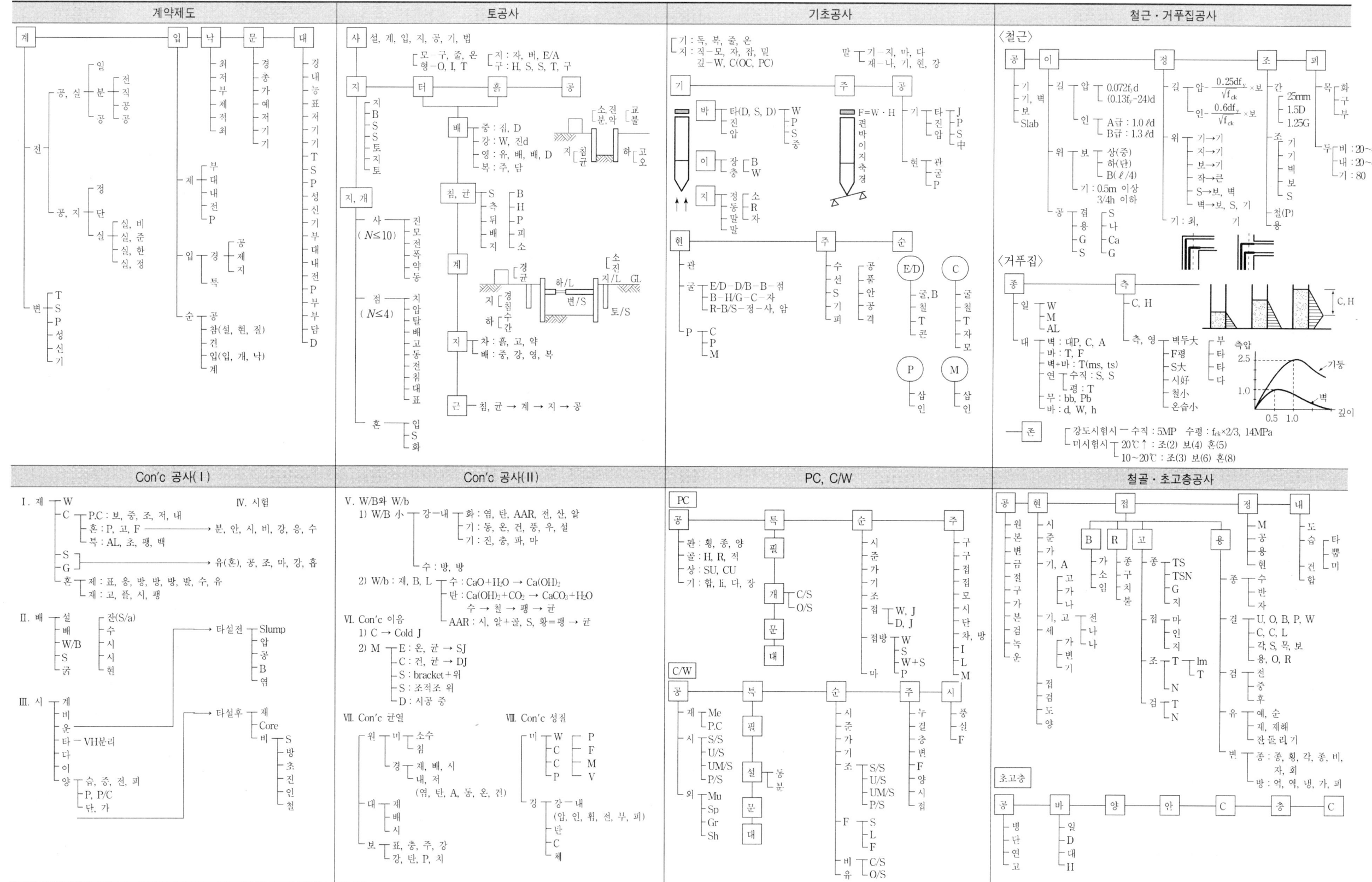

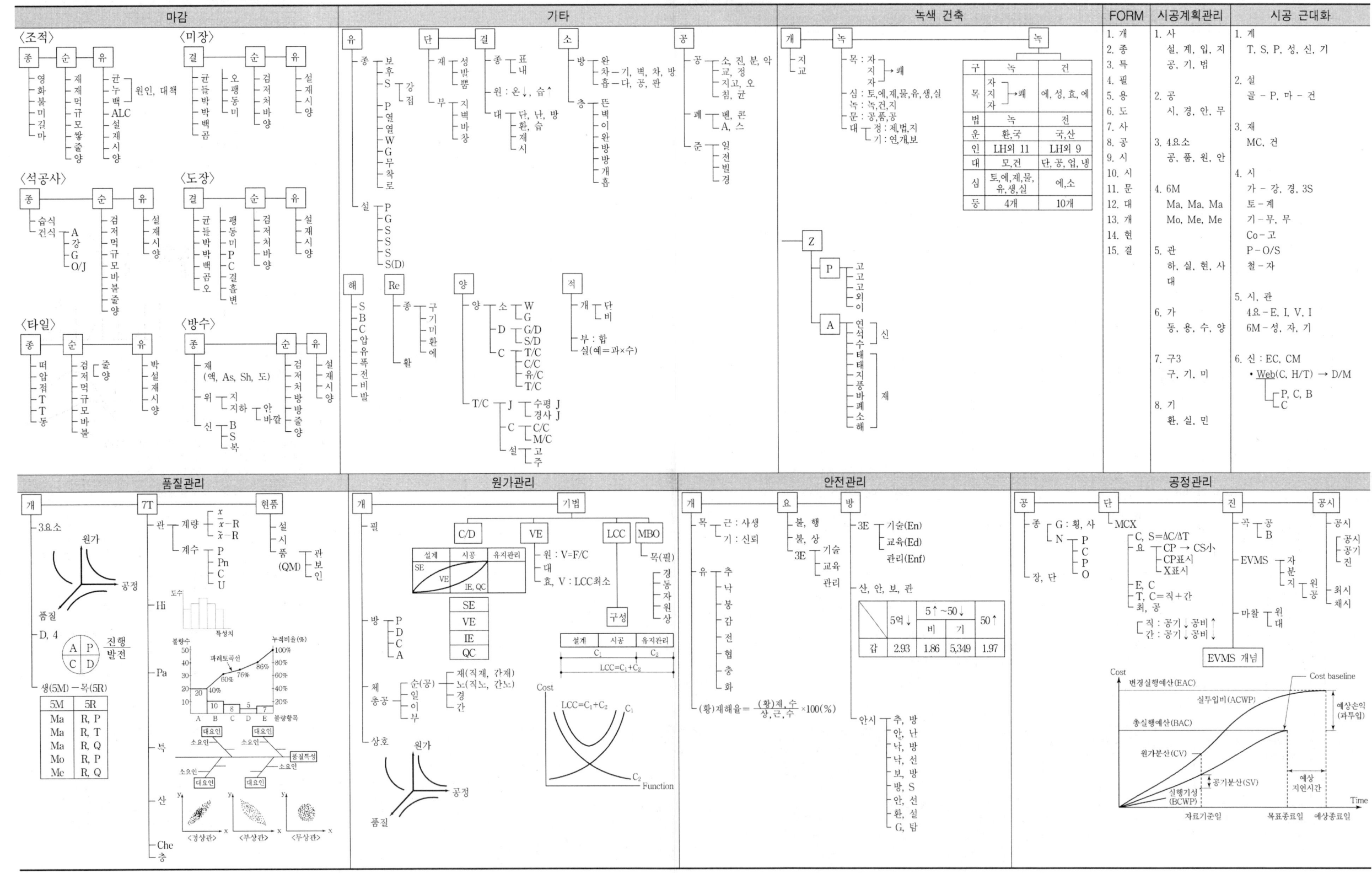

永生의 길잡이-열일곱

■ 길은……

철학자는 "길은 생각하는 데 있다"고 말합니다.

과학자는 "길은 창안하는 데 있다"고 말합니다.

입법자는 "길은 법을 정하는 데 있다"고 말합니다.

정치가는 "길은 시간을 잘 보내는 데 있다"고 말합니다.

애주가는 "길은 마시는 데 있다"고 말합니다.

애연가는 "길은 담배 피우는 데 있다"고 말합니다.

정신의학자는 "길은 대화 속에 있다"고 말합니다.

독재자는 "길은 겁을 주는 데 있다"고 말합니다.

재벌은 "돈으로 길을 살 수 있다"고 말합니다.

산업가는 "길은 일하는 데 있다"고 말합니다.

종교인은 "길은 열심히 기도하고 예배드리는 데 있다"고 말합니다.

사탄은 "길은 없다"고 말합니다.

建築施工技術士의 필독서 !!

金宇植 院長의
현장감 넘치는 講義를 직접 경험할 수 있는 교재

길잡이

저자 : 金宇植
판형 : 4×6배판
면수 : 1,792면
정가 : 95,000원

: **주관식(2, 3, 4교시)을 위한 기본서 길잡이**

다음과 같은 점에 중점을 두었다.
1. 건축공사 표준시방서 기준
2. 관리공단의 출제경향에 맞추어 내용 구성
3. 기출문제를 중심으로 각 공종의 흐름 파악에 중점
4. 공종 관리를 순서별로 체계화
5. 각 공종별로 요약, 정리
6. Item화에 치중하여 개념을 파악하며 문제를 풀어나가는 데 중점

용어설명 上·下

저자 : 金宇植
판형 : 4×6배판
면수 : 2,100면
정가 : 95,000원

: **단답형(1교시)을 위한 기본서 용어설명**

다음과 같은 점에 중점을 두었다.
1. 최근 출제경향에 맞춘 내용 구성
2. 시간 배분에 따른 모범답안 유형
3. 기출문제를 중심으로 각 공종의 흐름 파악
4. 간략화·단순화·도식화
5. 난이성을 배제한 개념파악 위주
6. 개정된 건축 표준시방서 기준

장판지랑 암기법

저자 : 金宇植
판형 : 4×6배판
면수 : 242면
정가 : 25,000원

: **간추린 공종별 요약 및 암기법**

다음과 같은 점에 중점을 두었다.
1. 문제의 핵심에 대한 정리 방법
2. 각 공종별로 요약·정리
3. 각 공종의 흐름파악에 중점
4. 최단 시간에 암기가 가능하도록 요점정리

그림·도해

저자 : 金宇植
판형 : 4×6배판
면수 : 1,208면
정가 : 70,000원

: **고득점을 위한 차별화된 그림·도해**

다음과 같은 점에 중점을 두었다.
1. 최단기간에 합격할 수 있는 길잡이
2. 차별화된 답안지 변화의 지침서
3. 출제빈도가 높은 문제 수록
4. 새로운 item과 활용방안
5. 문장의 간략화, 단순화, 도식화

핵심 · 120문제

저자 : 金宇植
판형 : 4×6배판
면수 : 570면
정가 : 30,000원

: 시험 출제 빈도가 높은 핵심 120문제

다음과 같은 점에 중점을 두었다.
1. 최근 출제 빈도가 높은 문제 수록
2. 시험 날짜가 임박한 상태에서의 마무리
3. 다양한 답안지 작성 방법의 습득
4. 새로운 item과 활용방안
5. 핵심 요점의 집중적 공부

공종별 · 기출문제

저자 : 金宇植
판형 : 4×6배판
면수 : 1,024면(上)
정가 : 40,000원
면수 : 1,136면(下)
정가 : 40,000원

: 고득점을 위한 기출문제 완전 분석 공종별 기출문제

다음과 같은 점에 중점을 두었다.
1. 기출문제의 공종별 정리
2. 문제의 핵심 요구사항을 정확히 파악
3. 기출문제를 중심으로 각 공종의 흐름파악에 중점
4. 각 공종별로 요약, 정리
5. 최단 시간에 정리가 가능하도록 요점정리

회수별 · 모범답안
(최근 5회 : 87회~91회)

저자 : 金宇植
판형 : 4×6변형판
면수 : 474면
정가 : 28,000원

: 최단기간 합격을 위한 회수별 모범답안

다음과 같은 점에 중점을 두었다.
1. 회수별 기출문제를 모범답안으로 작성
2. 모범답안으로 기출문제 유형, 문제경향을 요약, 분석정리
3. 차별화된 답안지로 모범답안 작성
4. 합격을 위한모범답안 풀이
5. 기출된 문제를 회수별 모범답안으로 편의제공

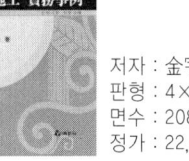

건설시공 실무사례

저자 : 金宇植
판형 : 4×6배판
면수 : 208면
정가 : 22,000원

: 현장 시공경험에 의한 건설시공 실무사례

다음과 같은 점에 중점을 두었다.
1. 현장실무에서 시공중인 공법을 사진과 설명으로 구성
2. 시공순서에 따른 설명으로 쉽게 이해할 수 있다.
3. 시공실무경험이 부족한 분들을 위한 현장 사례로 구성
4. 건설현장의 흐름에 대한 이해를 높여준다.

면접분석

저자 : 金宇植
판형 : 4×6배판
면수 : 1,186면
정가 : 50,000원

: 2차(면접)합격을 위한 필독서 공종별 면접분석

다음과 같은 점에 중점을 두었다.
1. 면접 기출문제 내용을 공종별로 분석
2. 면접관이 질문하는 공종에 대한 대비책으로 정리
3. 각 공종 면접내용으로 요점정리

저자약력 著者略歷

김우식
金宇植

- 한양대학교 공과대학 졸업
- 공학박사
- 한양대학교 공과대학 대학원 겸임교수
- 한국기술사회 감사
- 한국기술사회 건축분회 분회장
- 한국건축시공기술사협회 회장
- 국민안전처 안전위원
- 제2롯데월드 아쿠아리움 정부합동안전점검단
- 기술고등고시합격
- 국가직 건축기좌(시설과장)
- 국가공무원 7급, 9급 시험출제위원
- 국토교통부 주택관리사보 시험출제위원
- 한국산업인력공단 검정사고예방협의회 위원
- 브니엘고, 브니엘여고, 브니엘예술중·고등학교 이사장
- 자유한국당 중앙위원(교육분과 부위원장)
- 건축시공기술사 / 건축구조기술사 / 건설안전기술사
- 토목시공기술사 / 토질기초기술사 / 품질시험기술사 / 국제기술사

건축시공기술사
장판지랑 암기법

발행일 / 2009. 1. 10 초판 발행
        2012. 3. 20 개정 5판1쇄
        2014. 3. 10 개정 6판1쇄
        2016. 1. 20 개정 7판1쇄
        2018. 5. 25 개정 8판1쇄
        2019. 3. 10 개정 8판2쇄
        2020. 2. 20 개정 8판3쇄
        2021. 3. 10 개정 9판1쇄
        2022. 1. 30 개정 10판1쇄
        2023. 1. 10 개정 10판2쇄
        2024. 2. 20 개정 10판3쇄
        2025. 6. 20 개정 11판1쇄

저 자 / 김우식
발행인 / 정용수
발행처 / 예문사

주 소 / 경기도 파주시 직지길 460(출판도시) 도서출판 예문사
T E L / (031) 955-0550
F A X / (031) 955-0660
등록번호 / 11-76호

정가 : 25,000원

※ 이 책의 무단 복제·전송·배포·2차 저작물 작성행위는 저작권법 제136조의 권리의 침해죄에 해당되어 5년 이하의 징역 또는 5,000만원 이하의 벌금에 처하게 되거나, 이를 병과하게 됩니다.

• 파본 및 낙장은 구입하신 서점에서 교환하여 드립니다.
• 예문사 홈페이지 http : //www.yeamoonsa.com

ISBN 978-89-274-5862-3   13540

본 서적에 대한 의문사항이나 난해한 부분에 대해 아래와 같이 저자가 직접 성심성의껏 답변해 드립니다.
• 서울지역 ➡ 매주 토요일 오후 4:00~5:00
                  전화 : (02)749-0010 (종로기술사학원)
                  팩스 : (02)749-0076 구) 용산건축·토목학원
• 부산지역 ➡ 매주 수요일 오후 6:00~7:00
                  전화 : (051)644-0010(부산건축·토목학원)
                  팩스 : (051)643-1074
• 대전지역 ➡ 매주 토요일 오후 5:00~6:00
                  전화 : (042)254-2535(현대건축·토목학원)
                  팩스 : (042)252-2249

특히, 팩스로 문의하시는 경우에는 독자의 성명, 전화번호 및 팩스번호를 꼭 기록해 주시기 바랍니다.
• 홈페이지 http://www.jr3.co.kr
• 동 영 상 http://www.jr3.co.kr(종로기술사학원 동영상 센터)
• 카   페 http://cafe.naver.com/archpass
           (카페명 : 김우식 건축시공기술사 공부방)
• E-mail : acpass@hanmail.net